# 编审人员


主　编　杨　霞　张建红

副主编　潘子涵　吴　莉　刘　麟
　　　　李　赞　孙启国

编　者　（按姓氏拼音排序）
　　　　褚玉婷（培黎职业学院）
　　　　高博伦（培黎职业学院）
　　　　李　赞（江苏农林职业技术学院）
　　　　刘　麟（培黎职业学院）
　　　　潘子涵（培黎职业学院）
　　　　秦新惠（酒泉职业技术学院）
　　　　孙启国（江苏农林职业技术学院）
　　　　唐伟杰（培黎职业学院）
　　　　吴　莉（培黎职业学院）
　　　　徐佳丽（培黎职业学院）
　　　　杨　霞（培黎职业学院）
　　　　袁玉涛（培黎职业学院）
　　　　俞慧胜（甘肃天润薯业有限责任公司）
　　　　张建红（培黎职业学院）

主　审　王媛花（江苏农林职业技术学院）

高等职业教育“十四五”规划教材

# 植物组织培养技术

杨　霞　张建红　主编

中国农业大学出版社
·北京·

## 内 容 简 介

本教材以"工作任务驱动、实践和理论相整合"为设计理念，以植物种苗繁育技术能力培养为主线，按植物组织培养生产流程从"培养基配制-外植体的选择与灭菌-继代增殖培养-组培苗的驯化与移栽"的全过程进行设计。围绕组培技术在农业生产上应用的相关领域，全书分为植物组织培养技术的认知、植物组织培养的基本条件、马铃薯组培快繁技术、百合组培快繁技术、葡萄组培快繁技术和创新创业 6 个部分编写，每一部分下分若干项目，每一项目以任务为主线设计知识点（技能点），将立德树人融入课程建设，培养学生的"三农"情怀。

本教材可供高等职业院校农学、种子生产与经营、园艺等专业教学使用，同时也适合作为职业技能培训教材及供相关技术人员参考使用。

**图书在版编目(CIP)数据**

植物组织培养技术 / 杨霞，张建红主编． -- 北京 ：中国农业大学出版社，2024.8.

ISBN 978-7-5655-3255-9

Ⅰ. Q943.1

中国国家版本馆 CIP 数据核字第 2024UD9080 号

**书　　名**　植物组织培养技术

Zhiwu Zuzhi Peiyang Jishu

**作　　者**　杨　霞　张建红　主编

**策划编辑**　张　玉　　**责任编辑**　张　玉

**封面设计**　中通世奥图文设计

**出版发行**　中国农业大学出版社

**社　　址**　北京市海淀区圆明园西路 2 号　　**邮政编码**　100193

**电　　话**　发行部 010-62733489，1190　　读者服务部 010-62732336

编辑部 010-62732617，2618　　出　版　部 010-62733440

**网　　址**　http://www.caupress.cn　　**E-mail** cbsszs@cau.edu.cn

**经　　销**　新华书店

**印　　刷**　运河（唐山）印务有限公司

**版　　次**　2025 年 2 月第 1 版　　2025 年 2 月第 1 次印刷

**规　　格**　185 mm×260 mm　　16 开本　　13.25 印张　　318 千字

**定　　价**　50.00 元

# 前　言

植物组织培养是21世纪发展起来的一门新技术。由于科学技术的进步，尤其是外源激素的应用，组织培养不仅从理论上为相关学科提出了可靠的实验证据，而且一跃成为一种大规模、批量工厂化生产种苗的新方法，并在生产上得到越来越广泛的应用。党的二十大报告提出“加强教材建设和管理”，体现了对教材建设的高度重视。本教材编者结合多年植物组织培养快繁工作经验和甘肃省精品课程“植物组织培养技术”的开发建设基础，组建了一支融教学、科研、生产人员为一体的教材编写团队，团队成员由学校双师型教师、生产第一线的企业技术专家组成，基于工作过程、校企结合共同完成工学结合教材的开发和编写工作。

本教材以“工作任务驱动、实践和理论相整合”为设计理念，以植物种苗繁育技术能力培养为主线，按植物组织培养生产流程从“培养基配制-外植体的选择与灭菌-继代增殖培养-组培苗的驯化与移栽”的全过程进行设计。围绕组培技术在农业生产上应用的相关领域，全书分为植物组织培养技术的认知、植物组织培养的基本条件、马铃薯组培快繁技术、百合组培快繁技术、葡萄组培快繁技术和创新创业6个项目编写，每一项目以任务为主线设计知识点（技能点），将立德树人融入课程建设，培养学生的“三农”情怀。

本教材由杨霞、张建红主编并负责起草编写大纲，设计内容体系和知识技能点，对全书进行统稿。具体分工为：杨霞编写项目一、项目三任务四、任务五；张建红编写项目六；潘子涵、秦新惠编写项目三任务一、项目四任务一、项目五任务一；吴莉、褚玉婷编写项目三任务二、项目四任务二、项目五任务二；刘麟、高博伦编写项目二；李赞、徐佳丽编写项目三任务三、项目四任务三、项目五任务三；孙启国编写项目四任务五、项目五任务五；唐伟杰、袁玉涛编写项目三任务六、项目四任务四、项目五任务四；俞慧胜编写项目三任务七。

本教材可供高等职业院校农学、种子生产与经营、园艺等专业教学使用，同时也适合作为职业技能培训教材及供相关技术人员参考使用。

由于编者水平有限，书中难免会有疏漏及不当之处，恳请专家和读者批评指正。

**编　者**

2024年3月

# 目　录

# 数字资源目录

# 项目一　植物组织培养技术的认知

## 任务一　行业认知

### 【学习目标】

**知识目标**

掌握植物组织培养的概念。
理解植物细胞的全能性。
掌握植物组织培养的全过程。
了解植物组织培养的应用。

**能力目标**

能够理解和应用植物组织培养技术的原理和方法。
能够分析植物组织培养过程中遇到的问题。
能够评估和优化植物组织培养的效率和效果。

**素养目标**

培养对植物科学的兴趣。
理解科学、技术与社会之间关系。
弘扬工匠精神,具备良好的职业操守。

### 【前导知识】

视频1:植物组织培养认知

## 一、植物组织培养的意义、概念和类型

### (一)植物组织培养的意义

植物组织培养技术是在植物生理学的基础上发展起来的一项植物生物技术,它运用工

程学原理，利用人工培养基对植物的器官、组织、细胞或原生质体进行培养，改变植物性状，生产植物产品，是为人类生产和生活服务的一门综合性技术，也是现代生物技术的核心技术之一。

在植物组织培养的基础上发展起来的快速繁殖技术（也称为试管苗工厂化生产）特别适合用于苗木繁殖，这项技术对控制苗木病毒、提高苗木产量和品质、降低成本及减少传统农业所造成的环境污染等都具有重要意义。近年来该技术在农业生产上的应用发展十分迅速，并取得了较好的经济效益和社会效益。

此外，植物组织培养技术在育种、生产药用物质、种质离体保存及植物学基础研究等方面也发挥了重要的作用。

## （二）植物组织培养的概念

植物组织培养（plant tissue culture）是指在无菌条件下，将离体的植物器官、组织、细胞或原生质体，培养在人工配制的培养基（medium）上，人为控制适宜的培养条件，使其生长、分化、增殖，发育成完整植株或生产次生代谢物质的过程和技术。由于植物组织培养是在脱离植物母体条件下的试管内进行的，所以也称为离体培养（in vitro culture）或试管培养（test-tube culture）。凡是用于离体培养的材料（器官、组织、细胞、原生质体），统称为外植体（explant）。

## （三）植物组织培养的类型

根据不同的分类依据可以将植物组织培养分为不同类型。

（1）根据培养材料的来源分类　将植物组织培养分为 6 种培养类型：植株培养、胚胎培养、器官培养、组织培养、细胞培养和原生质体培养（表 1-1-1）。

**表 1-1-1　不同培养材料来源的植物组织培养**

| 序号 | 培养类型 | 材料来源 |
|---|---|---|
| 1 | 植株培养（plant culture） | 完整植株 |
| 2 | 胚胎培养（embryo culture） | 胚珠中分离出来的成熟或未成熟胚 |
| 3 | 器官培养（organ culture） | 植物的根（根尖、根段）、茎（茎尖、茎段）、叶（叶原基、叶片、叶柄）、花器（花瓣、雄蕊）、果实、种子等 |
| 4 | 组织培养（tissue culture） | 分离出植物各部位的组织（如分生组织、形成层、表皮、薄壁组织等）或已诱导的愈伤组织 |
| 5 | 细胞培养（cell culture） | 植物体的单个细胞或较小细胞团 |
| 6 | 原生质体培养（protoplast culture） | 除去细胞壁的原生质体 |

（2）根据培养基状态分类　可将植物组织培养分为 2 种培养类型：固体培养和液体培养（表 1-1-2）。

**表 1-1-2　不同培养基状态的植物组织培养**

| 序号 | 培养基类型 | 添加物 | 状态 |
|---|---|---|---|
| 1 | 固体培养 | 加入琼脂等凝固剂 | 培养基凝固 |
| 2 | 液体培养 | 不加入琼脂等凝固剂 | 培养基为液体 |

注：液体培养又分为静止培养、振荡培养（培养过程中，将培养基和外植体放入振荡器中振荡而完成的培养过程，主要应用于组织培养和细胞培养）、旋转培养（培养过程中，将培养基和外植体放入摇床旋转而完成的培养过程，主要应用于器官脱分化培养）和纸桥培养（培养过程中，在培养基中放入滤纸，再将材料置于滤纸上而进行的培养过程，主要应用于植物脱毒茎尖培养）4 种类型。

（3）根据培养方法分类　可将植物组织培养分为 4 种培养类型：平板培养、微室培养、悬浮培养和单细胞培养（表 1-1-3）。

**表 1-1-3　不同培养方法的植物组织培养**

| 序号 | 培养类型 | 培养方法 |
|---|---|---|
| 1 | 平板培养 | 将制备好的单细胞悬浮液，按照一定的细胞密度，接种在 1 mm 左右厚的薄层固体培养基上进行培养 |
| 2 | 微室培养 | 人工制造一个小室，将单细胞培养在小室中的少量培养基上，使其分裂增殖形成细胞团 |
| 3 | 悬浮培养 | 将单个游离细胞或小细胞团悬浮在液体培养基中进行增殖培养 |
| 4 | 单细胞培养 | 在离体条件下对植物单个细胞进行增殖培养 |

（4）根据培养过程分类　可将植物组织培养分为 2 种培养类型：初代培养和继代培养（表 1-1-4）。

（5）根据培养基的作用分类　可将植物组织培养分为 3 种培养类型：诱导培养、增殖培养和生根培养。

（6）根据培养目的分类　可将植物组织培养分为 4 种培养类型：脱毒培养、微体快繁、试管育种和试管嫁接。

**视频 2：植物组织培养的过程**

**表 1-1-4　不同培养过程的植物组织培养**

| 序号 | 培养类型 | 培养过程 |
|---|---|---|
| 1 | 初代培养（primary culture） | 将植物体上分离下来的外植体进行最初培养的过程 |
| 2 | 继代培养（subculture） | 由于营养物质的枯竭、水分的散失以及一些组织代谢产物的积累，将初代培养诱导产生的培养物重新分割，转移到新鲜培养基上继续培养的过程称为继代培养，也称为增殖培养，一般每隔 4～6 周进行 1 次继代培养 |

（7）根据培养时的光照条件分类　可将植物组织培养分为 2 种培养类型：光培养和暗培养。

## 二、植物组织培养的原理及过程

### (一)植物组织培养的原理

植物组织培养利用的原理是植物细胞的全能性。植物细胞的全能性是指植物体的任何一个细胞都携带有该物种的全部遗传信息,离体细胞在一定的条件下具有发育成完整植株的潜在能力。

**1. 体细胞全能性证明**

(1)植物细胞　1958 年 Steward 和 Reinert 分别在胡萝卜贮藏根的韧皮部细胞培养中获得体细胞胚(somatic embryo)或称胚状体(embryoid)。

(2)动物细胞　1997 年,英国生物学家首次用羊的体细胞成功地克隆出一只小羊——多莉。

**2. 细胞全能性的绝对性与相对性**

细胞全能性只有在适当的条件下才能实现。

细胞全能性能力:受精卵>生殖细胞>分生组织细胞>普通组织细胞。

### (二)植物组织培养的全过程

图 1-1-1 展示了植物组织培养的过程。

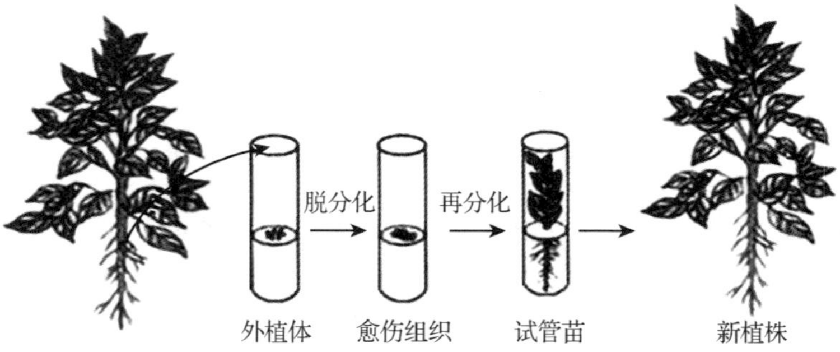


**图 1-1-1　植物组织培养过程**

(1)脱分化(dedifferentiation)　又称为去分化,是指在一定条件下,已分化成熟细胞或静止细胞脱离原状态而恢复到分生状态的过程,即形成愈伤组织的过程。

(2)愈伤组织(callus)　是指外植体在培养一段时间以后,通过细胞分裂,形成的一团无定形、高度液泡化、具有分生能力而无特定功能的薄壁组织(图 1-1-2)。

(3)再分化(redifferentiation)　是指在一定的条件下,植物的成熟细胞经历了脱分化形成愈伤组织后,再由愈伤组织形成完整植株的过程。

(4)试管苗(test-tube plantlet)　是指外植体在试管容器中经无菌培养所得到的植物种苗(图 1-1-3)。

图 1-1-2 愈伤组织

图 1-1-3 试管苗

## 三、植物组织培养的特点

植物组织培养是 20 世纪发展起来的一门新技术，由于科学技术的进步，尤其是外源激素的应用，使植物组织培养不仅从理论上为相关学科提供可靠的实验证据，而且一跃成为一种大规模、批量工厂化生产种苗的新方法，并在生产上得到越来越广泛的应用。植物组织培养之所以发展迅速、应用广泛，是由于其具备以下 5 个特点。

**1. 植物组织培养材料来源范围广泛**

由于植物细胞具有全能性，单个细胞、小块组织、茎尖或茎段等经过离体培养均可再生成完整的植株。在实际生产中，多以茎尖、茎段、根、叶片、子叶、下胚轴、花瓣、花药等器官或组织作为外植体，并且所需材料只有几毫米，甚至不到 1 mm。如果用细胞或原生质体培养时，所需材料更小。由于植物组织培养取材较少，培养效果较好，对于新品种的推广和良种复壮更新，尤其是名、优、特、新、奇品种的保存、利用与开发，都有很高的应用价值和重要的实践意义。

**2. 外植体遗传信息稳定**

由于植物细胞具有细胞全能性，在植物组织培养中，单个细胞或小块组织经组培能够得到再生组织，培养中获得的各种水平无性系，如细胞、组织块、器官或小植株，材料均来自单一的个体，遗传信息稳定，能够遗传植物的优良性状。

**3. 培养条件可以人为控制，可连续周年试验或生产**

植物组织培养采用的植物材料完全是在人为提供的培养基和小气候环境条件(温度、光照、湿度等环境条件完全可以人为控制)下进行生长，摆脱了大自然中四季、昼夜的变化以及灾害性气候的不利影响，且条件单一，对植物生长极为有利，便于连续、稳定地进行周年培养或生产(图 1-1-4)。

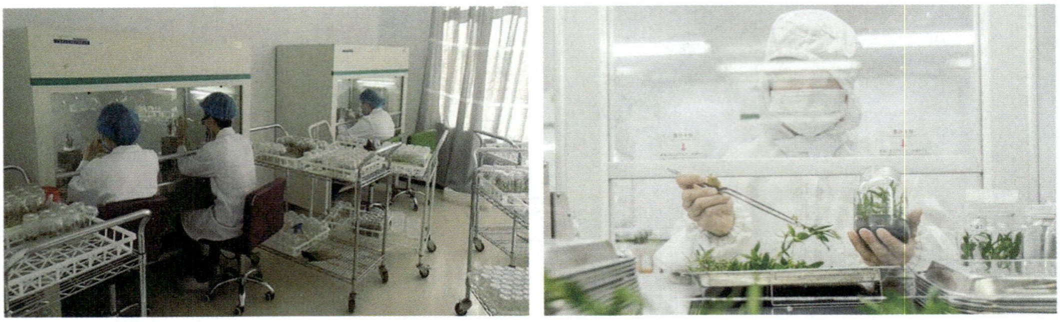

图 1-1-4　植物组织培养条件

**4. 生长周期短，繁殖速度快**

植物组织培养由于人为控制培养条件，可根据不同植物、不同器官、不同组织的不同要求而提供不同的培养条件，来满足组培植株快速生长的要求，缩短培养周期。植株体也比较小，一般 20～30 d 就能完成一个繁殖周期，每一个繁殖周期可增殖几倍到几十倍，甚至上百倍，植物材料以几何级数增加。

植物组织培养在良种苗木及优质脱毒种苗的快速繁殖方面的优势也是其他方法无可比拟的。虽然植物组织培养需要一定的设备及能源消耗，但由于植物材料能以几何级数繁殖生产，故总体来说成本低廉，且能及时提供规格一致的良种苗木及优质脱毒种苗。一些珍稀繁殖材料往往以单株的形式存在，单单依靠常规无性繁殖方法，需要几年或几十年才能繁殖出为数不多的苗木，而用植物组织培养的方法可在 1～2 年内生产上百万株整齐一致的优质种苗(图 1-1-5)。比如取非洲紫罗兰的 1 枚叶片进行培养，经 3 个月培养就可得到 5 000 株小苗。

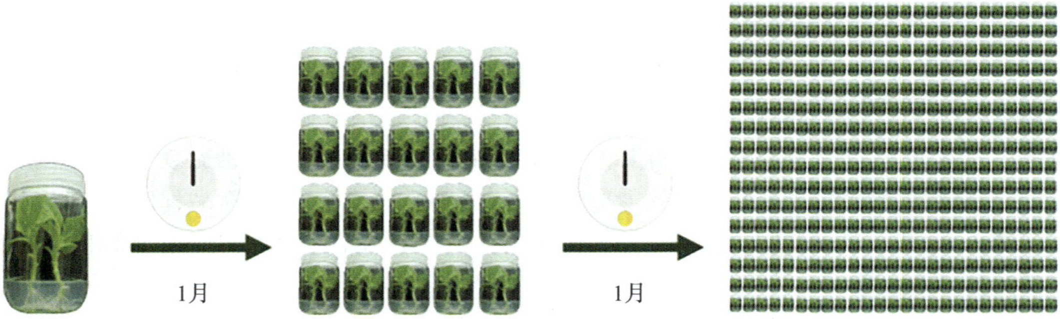


图 1-1-5　脱毒种苗的快速繁殖

**5. 管理方便，利于工厂化生产和自动化控制**

植物组织培养是在一定的场所和环境下，人为提供一定的温度、光照、湿度、营养、激素等条件，进行高度集约化、高密度的科学培养生产，可比盆栽、田间栽培繁殖省去中耕除草、施肥浇水、病虫害防治等一系列繁杂的劳动，大大节省了人力、物力及田间种植所需要的土地，并可通过仪器仪表进行自动化控制，有利于工厂化生产(图 1-1-6)。

图 1-1-6　植物组织培养的工厂化生产

## 四、植物组织培养在农业上的应用

植物组织培养在农业生产上主要应用于植物快繁、植物脱毒、新品种培育、植物种质资源保存及生产有用的次生代谢物等方面。

### (一)植物离体快速繁殖

植物离体快速繁殖是植物组织培养在生产上应用较广泛、经济效益较高的一项技术,主要应用于那些通过其他方式不易繁殖或繁殖率较低的植物繁殖上。其商业性应用始于 20 世纪 70 年代的美国兰花工业,20 世纪 80 年代已被认为是能够带来全球经济效益的产业。通过离体快繁可在较短时期内迅速扩大植物的数量,在合适的条件下每年可繁殖出几万倍,乃至百万倍的幼苗。如 1 个草莓芽 1 年可繁殖 1 亿个芽,1 个兰花原球茎 1 年可繁殖 400 万个原球茎,1 株葡萄 1 年可繁殖 3 万株。

植物组培快繁技术在我国也得到了广泛地应用,到目前为止已报道有上千种植物的快速繁殖获得成功,包括观赏植物、蔬菜、果树、大田作物及其他经济作物。我国已有 300 多家科研单位和种苗工厂进入批量生产阶段。如海南、广东、福建的香蕉苗,云南、上海的鲜切花种苗,广西的甘蔗种苗,山东的草莓种苗,江苏、河北的速生杨种苗等。图 1-1-7 为马铃薯的组培快繁。

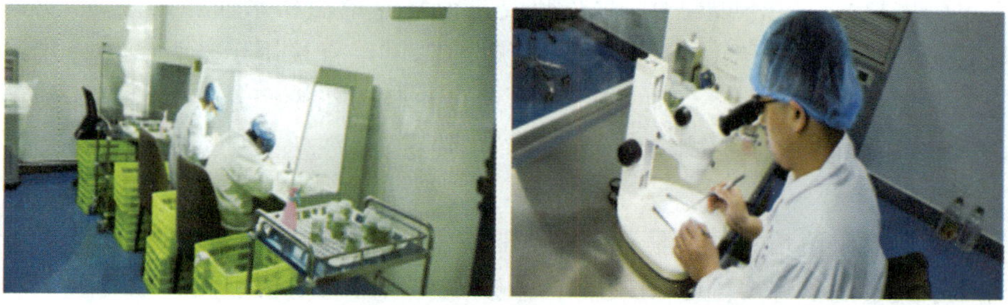

图 1-1-7　马铃薯的组培快繁

### (二)脱毒苗的培育

植物脱毒往往是和植物快繁结合在一起应用的。植物在生长发育过程中几乎都要遭受到不同程度的病毒侵染,特别是靠无性繁殖的植物,感染病毒后会代代相传,越来越重,严重地影响了产量和品质，给生产带来巨大损失。如草莓、马铃薯、甘薯、葡萄、香蕉等植物感染病毒后会造成产量下降、品质变劣；兰花、菊花、百合、康乃馨等观赏植物受病毒危害后，造成产花少、花小、花色暗淡，大大影响了其观赏价值。解决这种问题的方法只有进行脱毒培养。如：大蒜脱毒后叶面积增加 58%～96%，蒜头增产 32%～114%，蒜薹增产 66%～175%；甘薯脱毒后增产 17%～158%，并且大中薯率提高；马铃薯脱毒后株高增加 63%～86%，增产 50%～90%；柑橘无病毒苗可提高产量 15%～45%，并且着色好，糖度高；草莓无病毒苗可提高产量 20%～60%。

自 20 世纪 50 年代发现采用茎尖培养方法可除去植物体内的病毒以来，脱毒培养就成为解决病毒病危害的主要方法。植物的脱毒原理是：在植物体内病毒分布不均匀，在茎尖 0.1～1 mm 的部位含量较低或者不含有病毒，切取一定大小的茎尖分生组织进行培养，再生植株就可能脱除病毒，从而获得脱毒苗。脱毒苗恢复了植物原有的优良种性，生长势明显增强，整齐一致，产量提高，品质得到改善。如大蒜脱毒后蒜头直径由 4.7 cm 增长到 7.2 cm；马铃薯脱毒后亩增产 50%～100%，近两年脱毒的种薯已在主产区普及，推广面积达 11.3 万 $hm^2$，而且在日本、荷兰、越南等国也已大面积应用；兰花、水仙、大丽花等观赏植物脱毒后植株生长势强，花朵变大，产花量上升，色泽鲜艳。

目前，利用组织培养脱除植物病毒的方法已广泛应用于花卉、果树、蔬菜等植物上，并且我国已建立了很多脱毒种苗生产基地，培养脱毒苗供应全国生产栽培，经济效益非常可观。

### （三）植物新品种的培育

#### 1. 花药和花粉培养（单倍体育种）

通过花药或花粉培养可获得单倍体植株，不仅可以迅速获得纯的品系，更便于对隐性突变的分离，较常规育种大大地缩短了育种年限。1964 年，印度的 Guba 和 Maheshwari 培养毛叶曼陀罗花药获得了第一株单倍体植株，从而促进了花药和花粉培养的研究，以后在烟草、水稻、小麦、玉米、番茄、甜椒、草莓、苹果等多种植物上获得成功。如 1974 年我国科学家用单倍体育成世界上第一个作物新品种——烟草‘单育 1 号’，之后又育成水稻‘中花 8 号’、小麦‘京花 1 号’等新品系。

由于单倍体植株往往不能结实，在花药或花粉培养中用秋水仙碱处理，可使染色体加倍，获得同源二倍体的纯合系，其后代不会性状分离，可以直接用于选育杂种一代的亲本或性状纯合的常规品种。与常规育种方法相比，通过花药和花粉培养获得单倍体的单倍体育种方法，可以在短时间内得到作物的纯系，从而加快了育种进程。

#### 2. 胚培养

胚培养是植物组织培养中最早获得成功的技术。在植物种间杂交或远缘杂交中，杂交不孕给远缘杂交带来了许多困难，采用胚的早期离体培养可以使胚正常发育并成功地培养出杂交后代，并通过无性系繁殖获得数量多、性状一致的群体，从而育成新品种。如苹果和梨杂交种、大白菜与甘蓝杂交种、栽培棉与野生棉的杂交种等。胚培养已在 50 多个科、属中获得成功。利用胚乳培养可以获得三倍体植株，再经过染色体加倍获得六倍体，进而育成植株生长旺盛、果实大的多倍体植株。

#### 3. 细胞融合

通过原生质体的融合，可部分克服有性杂交不亲和性，获得体细胞杂种，从而创造新物种或优良品种。目前已获得40多个种间、属间甚至科间的体细胞杂种植株或愈伤组织，有些还进一步分化成幼苗。

**4. 选择细胞突变体**

离体培养的细胞处于不断分裂的状态，容易受到培养条件和外界因素如射线、化学物质等的影响而发生变异，从中可以筛选出对人们有用的突变体，进而育成新品种。目前，用这种方法已筛选到抗病虫、抗寒、抗盐、抗除草剂毒性、高赖氨酸、高蛋白、矮秆高产的突变体，有些已用于生产。

**5. 植物基因工程**

植物基因工程是在分子水平上有针对性地定向重组遗传物质，改良植物性状，培育优质高产作物新品种，大大地缩短了育种年限，提高了工作效率，为人类开辟了一条诱人的植物育种新途径。迄今为止，已获得转基因植物百余种。植物基因转化的受体除植物原生质体外，愈伤组织、悬浮细胞也都可以作为受体。几乎所有的植物基因工程的研究最终都离不开应用植物组织培养技术和方法，它是植物基因工程必不可少的技术手段。

**6. 有用次生代谢物的生产**

利用植物组织或细胞的大规模培养，可以生产一些天然有机化合物，如蛋白质、糖类、脂肪、药物、香料、生物碱及其他生物活性物质等。这些次生代谢产物往往具有一些特定的功能，对人类有重要的影响和作用。目前，利用单细胞培养产生的蛋白质，给饲料和食品工业提供了广阔的原料生产前景；利用组织培养方法生产微生物以及人工不能合成的药物或有效成分，有些已投入生产。目前，已发现有60多种植物在培养组织中的有效物质的含量高于原植物，如粗人参皂苷在愈伤组织中含量为21.4%，在分化根中含量为27.4%，而在天然人参根中的含量仅为4.1%。目前，利用植物组织培养生产的有用次生代谢产物主要集中在制药工业中一些价格高、产量低、需求量大的化合物上（如紫杉醇、长春碱、紫草宁等），其次是油料（如小豆蔻油、春黄菊油）、食品添加剂（如生姜、洋姜等）、色素、调味剂、饮料、树胶等。

**7. 种质资源的离体保存**

种质资源是农业生产的基础，由于自然灾害、人为活动已造成相当数量的植物消失或正在消失，特别是具有独特遗传性状的物种。如果采用植物组织培养的方式，将种质资源的外植体放到无菌环境中进行培养，并置于低温或超低温条件下保存则可以达到长期保存的目的，可节约大量的人力、物力和土地，还可挽救濒危物种（图1-1-8）。如1个0.28 $m^3$的普通冰箱可存放2 000支试管苗，但容纳相同数量的苹果植株则需要近6 $hm^2$土地。

**图1-1-8　离体保存**

离体保存的种质资源无菌、材料小、可长期保存，便于地区间和国际间进行交流、转移，如草莓茎尖在 4 ℃黑暗条件下，培养物可以保持生活力达 6 年之久，中间只需每 3 个月加入些新鲜培养液。再如胡萝卜和烟草等植物的细胞悬浮物，在 −196～−20 ℃的低温下贮藏数月，尚能恢复生长，再长成植株。

**8. 人工种子**

人工种子(artificial seed)概念是由美国生物学家 Murashige 于 1978 年提出来的，是指植物离体培养中产生的胚状体或不定芽，被包裹在含有养分和保护功能的人工胚乳和人工种皮中。人工种子技术是在组培的基础上发展起来的新兴生物技术，具有工厂化大规模制备和贮藏、迅速推广、种子萌发率高等优点。目前，兰花、胡萝卜、小麦、杂交水稻等人工种子已进入开发阶段，可以实现工厂化、自动化生产。

人工种子在自然条件下能够像天然种子一样正常生长，它可为某些珍稀物种的繁殖以及转基因植物、自交不亲和植物、远缘杂种的繁殖提供有效的手段。

图 1-1-9 “手指玫瑰”观赏组培

**9. 观赏组培**

观赏组培是指在透明的塑料瓶中进行植物组织培养。观赏组培的植株长势慢，可观叶或观根，有些是可以开花的植物，如“手指玫瑰”。可将培养瓶做成各种个性十足的流行款式，培养基可以用各种鲜艳的颜色染色，使其更具有观赏价值。观赏组培瓶可用于室内装饰，或做成手机、钥匙等的装饰物(图 1-1-9)。

# 工作任务　行业认知

## 【任务描述】

各小组在教师和组培企业工作人员的带领下进行现场参观，在参观过程中列出重点了解的事项和内容。

## 【任务实施】

### 一、参观准备

实验分组和材料见表 1-1-5。

表 1-1-5　实验分组和材料

| 学生分组 | 材料 |
| --- | --- |
| 每小组 4 人 | 笔、纸、放大镜等 |

### 二、教师讲解

在组培企业内讲解马铃薯种薯创新研究中心概况，并温馨提示学生现场参观过程中的一些注意事项。

## 三、学生参观

（1）做好参观前的准备：消毒、换工作服、穿拖鞋等。

（2）进入马铃薯种薯创新研究中心，参观马铃薯工厂化生产和自动化控制，认真观察培养条件、培养材料、外植体等。

（3）在参观过程中若发现问题，及时记录，看不清楚，则借助放大镜进行仔细观察。

## 四、组内讨论

学生参观过程中记录环节流程、操作技法与注意事项。小组讨论、仔细观察分析培养条件、培养材料及外植体的特点，并将观察记录填写在表中，将观察图片与记录表（表 1-1-6）上传学习平台。

**表 1-1-6　行业认知记录表**

组别：　　　　　　　　　　　　　　　　　　　　　　　　　　日期：

| 名称 | 特点 |
|---|---|
| 培养条件 | |
| 培养材料 | |
| 外植体 | |

## 五、讨论与评价

小组自检任务完成情况，并分析讨论存在的问题；教师抽检、点评，最后小组间互评实践成果。填写表 1-1-7 行业认知评分表。

**表 1-1-7　行业认知评分表**

组别：　　　　　　　　　　　　　　　　　　　　　　　　　　日期：

| 序号 | 主要环节 | 考核内容 | 分值 | 自评 30% | 教师 70% | 总评 |
|---|---|---|---|---|---|---|
| 1 | 消毒 | 是否采取穿实验服、套鞋套、戴帽子等无菌措施 | 20 | | | |
| 2 | 观察 | 参观过程中是否认真观察记录 | 30 | | | |
| 3 | 讨论 | 发现的问题分析是否合理 | 30 | | | |
| 4 | 团队配合 | 分工明确，井然有序 | 20 | | | |
| 5 | 综合得分 | | | | | |

## 【任务小结】

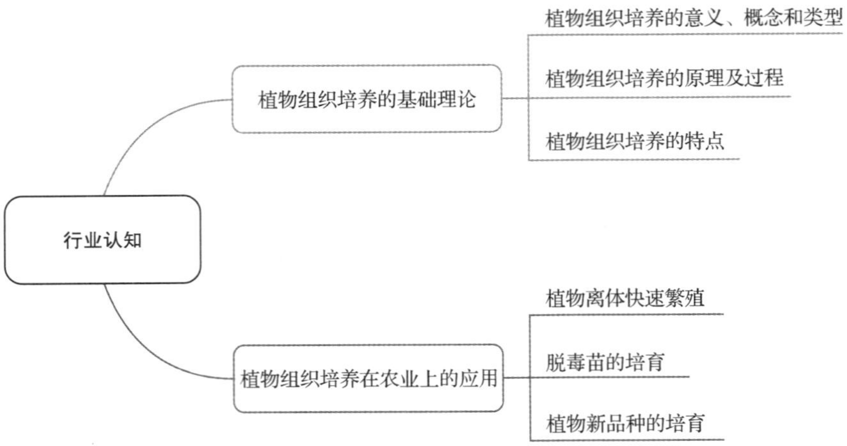


## 【问题探究】

1. 植物组织培养有什么特点?
2. 谈一谈植物组织培养在农业上的应用。

课程思政:植物组织培养的发展历程

## 【拓展知识】

### 一、植物组织培养新技术

#### (一)植物开放式组培技术

植物开放式组培,简称开放组培,是在使用抗菌剂的条件下,使植物组织培养脱离严格无菌的操作环境,不需高压灭菌锅和超净工作台,利用塑料杯代替组培瓶,在自然开放的有菌环境中进行的植物组织培养。崔刚等采用中医理论,从多种植物中提取具有杀菌、抗菌作用的活性物质,成功研制出了具有广谱性杀菌能力的抗菌剂,并且通过开放组培方法成功建立了葡萄外植体的开放式培养。采用开放式组培技术,在培养基中添加抑菌剂,克服了非灭菌条件下魔芋组织培养污染的问题,有效地简化了实验步骤,降低了生产成本。开放组培技术突破了人工光源培养的限制,实现了大规模利用自然光进行植物组织培养的目标。

#### (二)无糖组培技术(光独立培养法)

在植物组织培养过程中,小植株生长依靠培养基中的糖,辅以人工光照,使植株进行异养和自养生长。由于传统的组培技术中使用的是含糖培养基,杂菌很容易侵入培养容器中繁殖,造成培养基的污染。为了防止杂菌侵入,通常将培养容器密闭,这样会造成植物生长缓慢，植物也容易出现形态和生理异常，同时还增加了费用。20 世纪 80 年代末，日本千叶大学古在丰树教授发明了一种全新的植物组培技术——无糖组培技术，又称为光自养微繁技术。

该技术是植物组织培养的一种新概念，是环境控制技术和生物技术的有机结合。其特点是：将大田温室环境控制的原理引入到常规组织培养中，通过改变碳源的供给途径，用 $CO_2$ 气体代替培养基中的糖作为组培苗生长的碳源，采用人工环境控制的手段，提供适宜不同种类组培苗生长的光、温、水、气、营养等条件，促进植株的光合作用，从而促进植物的生长发育，使之由异养型转变为自养型，从而达到快速繁殖优质种苗的目的。由于该培养基主要采用多孔无机物质，如蛭石、珍珠岩和砂等作为培养基，因此不易引起微生物的污染。无糖组培技术的优点在于可大量生产遗传性状一致、生理一致、发育正常、无病毒的组培苗，并且缩短驯化时间，降低生产成本。目前，无糖组培技术已经成功地应用于半夏、草莓、花椰菜的培养中，并且取得了很好的实验效果。但是，这种方法对环境要求较高，若无糖组培环境不能被控制且达不到一定的精度，就会严重影响组培苗的质量和经济效益。随着理论研究的不断深入及相关配套技术的不断完善，无糖组培技术必将成为今后组培生产的一种重要手段。

### （三）新型光源在组培上的应用

目前，应用在植物组织培养上的新型光源主要有 LED、CCFL、SILHOS。LED 即发光二极管，被誉为 21 世纪的新型光源，具有效率高、寿命长、不易破损等优点。LED 波长正好与植物光合成和光形态建成的光谱范围相吻合，光能的有效利用率可达 80％～90％。因为能对不同光质和发光强度实现单独控制，因此，在植物组织培养中采用 LED 照明，可以调控组培植物的生长发育和形态建成，缩短培养周期。

CCFL 即冷阴极荧光灯管，具有直径小、寿命长、热量低、红蓝光比例可控、耗电量低等优点。可作为植物组培苗的光源，运用此光源为文心兰试管苗提供光照条件，结果表明文心兰的地上部分、鲜重和试管苗的高度都有显著提高。随着进一步改进，CCFL 照明系统将成为植物组织培养中的主要光源。

SILHOS 是另一种新型光源，这是一种间接照明系统，其侧部发出均匀一致的光线，光线进入反射空间经反射薄膜反射后均匀分布。此新型光源具有如下特点：

①只需要 1 盏荧光灯就能提供均匀的照明，它通过一个独特的反射曲镜使光线均匀分布。

②避免在照明过程中产生热量，冷空气从一侧输送管进入后带走灯管所产生的热量，然后从另一侧管道将热量输送出去，可调整和控制由照明设备引起的环境温度变化。

③SILHOS 光源通过直立输送管道可以减少培养架不同培养层之间的温度差异。

这些新型光源克服了高压钠灯、金属卤化物灯和荧光灯寿命短、发热量大以及发光率不理想等缺点。它们的应用将为组培苗的生长提供更加适宜的光照条件，有利于试管苗的生长，并且能延长光源的使用寿命，降低生产成本，还对试管苗栽培成活率有促进作用，随着相关技术的成熟和制造成本的降低，它将成为未来组培的应用光源。

## 二、植物组织培养的发展史

图 1-1-10　德国植物生理学家 Haberlandt

### (一)探索阶段(20 世纪初至 20 世纪 30 年代中期)

根据德国植物学家 Schleiden 和德国动物学家 Schwann 的细胞学说[细胞学说(cell theory)的两条最重要的基本原理：地球上的生物都是由细胞构成的；所有的生物细胞在结构上都是类似的]，1902 年，德国植物生理学家 Haberlandt(图 1-1-10)提出了细胞全能性概念，认为离体培养的植物细胞具有通过体细胞胚胎发生过程而发育成完整植株的潜在能力。为了证实这一点，他用 Knop 培养液中离体培养小野芝麻、凤眼兰的叶肉细胞和万年青属植物的表皮细胞。由于选择的实验材料高度分化和培养基过于简单，且限于当时的技术条件，导致培养并没有获得成功，他只观察到细胞的增长，并没有观察到细胞分裂。但其实验对植物组织培养发展起了先导作用，激励了后人继续从事这方面的研究，在技术上也是一个良好的开端。

1904 年，Hanning 在无机盐和蔗糖溶液中对萝卜和辣根菜的胚进行培养，结果发现离体胚可以充分发育成熟，并提前萌发形成小苗。1922 年，Haberlandt 的学生 Kotte 和美国的 Robbins 在含有无机盐、葡萄糖、各种氨基酸和琼脂的培养基上，培养玉米、豌豆和棉花的茎尖和根尖，发现离体培养的组织可进行有限的生长，形成了缺绿的叶和根，但未发现培养细胞有形态发生能力。

在 Haberlandt 实验之后的 30 多年中，人们对植物组织培养的各个方面进行了大量的探索性研究，但由于对影响植物组织和细胞增殖及形态发生能力的因素尚未研究清楚，除了在胚和根的离体培养方面取得了一些结果外，其他方面的研究没有大的进展。

### (二)奠基阶段(20 世纪 30 年代末期至 20 世纪 50 年代末期)

这一时期，人们对植物组织培养的各个方面进行了大量的研究，从而为植物组织培养的快速发展和应用奠定了基础。直到 1934 年，美国植物生理学家 White[图 1-1-11(a)]利用无机盐、蔗糖和酵母提取液组成的培养基进行番茄根离体培养，建立了第一个活跃生长的无性繁殖系，使根的离体培养实验获得了真正的成功，并在以后 28 年间反复转移到新鲜培养基中继代培养了 1 600 代。

1937 年，White 又以小麦根尖为材料，研究了光照、温度、培养基组成等各种培养条件对生长的影响，发现了 B 族维生素对离体根生长的作用，并用吡哆醇、硫胺素、烟酸 3 种 B 族维生素取代酵母提取液，建立了第一个由已知化合物组成的综合培养基，该培养基后来被定名为 White 培养基。

与此同时，法国的 Gautherer[图 1-1-11(b)]在研究山毛柳和黑杨等形成层的组织培养实验中，提出了 B 族维生素和生长素对组织培养的重要意义，并于 1939 年连续培养胡萝卜根形成层获得首次成功，Nobecourt[1-1-11(c)]也由胡萝卜建立了与上述类似的连续生长的组织培养物。1943 年，White 出版了《植物组织培养手册》专著，使植物组织培养开始成为一门新兴的学科。White、Gautherer 和 Nobecourt 3 位科学家被誉为植物组织培养学科的奠基人。

a. White　　b. Gautherer　　c. Nobecourt

**图 1-1-11　植物生理学家**

1948 年,美国学者 Skoog 和我国学者崔澂在烟草茎切段和髓培养以及器官形成的研究中发现,腺嘌呤或腺苷可以解除培养基中 IAA 对芽形成的抑制作用,能诱导形成芽,从而认识到腺嘌呤和生长素的比例是控制芽形成的重要因素。1952 年,Morel 和 Martin 通过茎尖分生组织的离体培养,从已受病毒侵染的大丽花中首次获得脱毒植株。1953—1954 年,Muir 利用振荡培养和机械方法获得了万寿菊和烟草的单细胞,并实施了看护培养,使单细胞培养获得初步成功。1957 年,Skoog 和 Miller 提出植物生长调节剂控制器官形成的概念,指出通过控制培养基中生长素和细胞分裂素的比例来控制器官的分化。1958 年,英国学者 Steward 等以胡萝卜为材料,通过体细胞胚胎发生途径培养获得完整的植株,首次得到了人工体细胞胚,证实了 Haberlandt 的细胞全能性理论。

在这一发展阶段,通过对培养基成分和培养条件的广泛研究,特别是对 B 族维生素、生长素和细胞分裂素作用的研究,确立了植物组织培养的技术体系,并首次用实验证实了细胞全能性,为植物组织培养以后的迅速发展奠定了基础。

### (三)迅速发展阶段(20 世纪 60 年代至今)

20 世纪 60 年代至今,植物组织培养技术得以快速发展,科研工作者先后从大量的物种诱导获得再生植株,并广泛地应用于园艺和农业生产,单倍体育种、无菌苗的获得、快速繁殖等均是这个阶段的成就。

1960 年,英国学者 Cocking 用真菌纤维素酶分离番茄原生质体获得成功,开创了植物原生质体培养和体细胞杂交的工作,这是植物组织培养的第二个突破。同年,Morel 等培养兰花的茎尖,获得了快速繁殖的脱毒兰花。之后,国内外先后开创了兰花快速繁殖工作,并形成了“兰花产业”。在“兰花产业”高效益的刺激下,植物离体快速繁殖和脱毒技术得到快速发展,实现了试管苗产业化。目前,这一技术已在国内外大量应用,香蕉、甘蔗等不少作物均是这一技术直接应用的结果,并取得了巨大的经济效益和社会效益。

1964 年,印度学者 Guha 和 Maheshwari 成功地培养曼陀罗花药获得单倍体再生植株,从而促进了植物花药培养单倍体育种技术的发展。据 1996 年的报道统计,当时就已从 10

个科24个属的250个植物中，约有1/4的植物(如玉米、小麦、甘蔗、大豆、杨树、橡胶、棉花等)是我国科技人员首先诱导获得的。在此基础上，我国科学家率先将花药培养和常规育种方法相结合，培育出一批作物新品种或新品系，累计推广面积超过200万 $hm^2$。

另外，在这一时期人们对植物组织培养条件的研究不断深入，其中最典型的就是1962年，Murashibe和Skoog发表了适用于烟草愈伤组织快速生长的改良培养基，也就是现在广泛使用的MS培养基。

1971年，Takebe等在烟草组织培养上首次由原生质体培养获得了再生植株，这不仅证实了原生质体同样具有全能性，而且在实践上为外源基因的导入提供了理想的受体材料。1972年，Carlson等利用硝酸钠进行了两个烟草物种之间原生质体融合，获得了第一个体细胞种间杂种植株。1974年，Kao等建立了原生质体的高钙、高pH的聚乙二醇(PEG)诱导细胞融合法，把植物体细胞杂交技术推向新阶段。

随着分子遗传学和植物基因工程的迅速发展，以植物组织培养为基础的植物基因转化技术得到了广泛应用，并取得了丰硕成果。自1983年Zambryski等采用根癌农杆菌介导转化烟草，获得了首例转基因植物以来，利用该技术在水稻、玉米、小麦、大麦等主要农作物上取得了突破进展。迄今为止，通过农杆菌介导将外源基因导入植物已育成了一批抗病、抗虫、抗除草剂、抗逆境及优质的转基因植物，其中有的开始在生产上大面积推广使用。转基因技术的发展和应用表明组织培养技术的研究已开始深入到细胞和分子水平。

由于植物组织培养的迅速发展，各国科学家于1963年在英国成立了国际植物组织培养和生物技术联合会(IAPTC & B)，后改名为国际植物生物技术联合会(IAPB)，并且每4年召开1次国际会议，论文数和参加人数一届比一届多。除此之外，还有另外一个国际性学术组织，即体外生物学学会(SIVB)，该协会成立于1946年，起初名称为组织培养协会，后来改为现名，该学会每年均召开年会。有关方面的专著和丛书也在不断增加。目前有两种专门发表植物组织培养的国际刊物。它们是 *Plant Cell, Tissue and Organ Culture* 和 *In Vitro Cellular & Developmental Biology-Plant*。

# 任务二　岗位认知

## 【学习目标】

### 知识目标

掌握植物组培快繁工作岗位要求。

熟悉植物组培苗生产操作流程。

掌握植物组培快繁生产岗位技术工种的工作任务。

### 能力目标

能够明确组培工作岗位的任务、工作职责和任职要求。

### 素养目标

培养对植物科学和组织培养技术的热爱和兴趣。

培养对实验室工作的严谨性和精确性的尊重。

培养对工种团队合作和沟通能力的重视。

## 【前导知识】

无论组培企业的规模实力与技术水平如何，其工作岗位大体按照组培苗生产操作流程设置，组培苗生产工艺流程为：培养方案制订、培养基制备、接种、培养、驯化移栽、组培苗销售（图 1-2-1）。

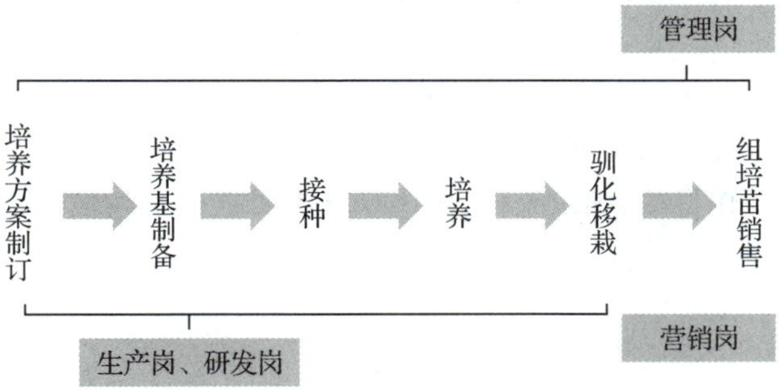


图 1-2-1　组培苗生产工艺流程

组培工作岗位根据工艺流程分为生产岗、研发岗、管理岗和营销岗。其中，生产岗的技术工种包括培养基制备工、接种工、培养工、驯化移栽养护工（图 1-2-2）。

图 1-2-2　生产岗的技术工种

## 一、培养基制备工

**1. 工作任务**

配制母液与制作培养基。

**2. 工作目标**

按需、准确、规范、熟练地配制母液和制作培养基。

**3. 工作职责**

(1)对培养基配制质量负全责。

(2)按照母液和培养基配制操作流程及技能要求配制。

(3)认真做好计算、核对与操作,及时填写、保存工作记录。

(4)保证桌面整齐无残留液,用品摆放合理有序,保持所用器具及工作区域的卫生。

**4. 知识和能力**

(1)清楚玻璃器皿的洗涤方法与标准,熟练清洗玻璃器皿。

(2)能熟练配制母液和制作培养基。

(3)清楚培养基制作目的、操作流程、各环节技能要求以及其他与培养基制备相关的理论知识。

## 二、接种工

**1. 工作任务**

进行外植体接种和继代、生根转接。

**2. 工作目标**

规范、熟练地进行无菌操作、污染率低。

**3. 工作职责**

(1)保持接种室(车间)洁净卫生。

(2)做好接种前的准备,严格按照无菌操作规程操作。

(3)遵守《接种须知》,认真做好工作记录。

(4)保质保量地完成生产任务。

**4. 知识和能力**

(1)准确识别植物器官,正确选择和处理外植体。

(2)根据不同外植体选择适宜的接种方法,具备娴熟、规范的无菌操作能力。

(3)具备无菌观念,清楚外植体表面灭菌、无菌操作的方法、规程与注意事项。

## 三、培养工

**1. 工作任务**

辅助培养室(车间)的管理。

**2. 工作目标**

培养材料正常生长分化,培养瓶分类管理,标识清晰,观察记录全面客观。

**3. 工作职责**

(1)保持接种室(车间)洁净卫生。

(2)每天及时拣出污染瓶、畸形苗。

(3)根据培养需要有效调控环境条件。

(4)定期做好观察记录,及时反馈。

(5)保证用电安全。

**4. 知识和能力**

(1)准确判断污染瓶和畸形苗,并有效处理。

(2)清楚组培原理、培养条件、常用的组培快繁方法与影响因素。

(3)具备组培苗观察能力和易发问题的分析解决能力。

(4)会使用相关设备、有效调控培养环境。

(5)能够根据培养对象实施科学、有效的管理。

## 四、驯化移栽养护工

**1. 工作任务**

负责组培苗的驯化移栽及日常养护工作。

**2. 工作目标**

组培苗成活率高,苗壮、长势好,达到规格要求。

**3. 工作职责**

(1)保持棚室整洁卫生。

(2)按照驯化移栽要求规范操作。

(3)精心管理,科学管理,保证组培苗生长发育的营养与环境条件。

(4)认真观察并有效解决生产问题。

(5)保证组培苗驯化移栽与生长质量和销售期。

**4. 知识和能力**

(1)能够根据驯化移栽对象制订科学的实施方案,并且熟练、规范地进行驯化移栽操作。

(2)熟悉相关设施设备的特点、性能与使用方法,具备简易栽培设施建造与维护能力。

(3)具备一定的栽培养护能力。

## 五、素质要求

爱岗敬业,诚实守信,吃苦耐劳,服从领导,遵守操作规范和职业道德,工作积极主动,具有责任心、成本意识、市场意识、创新意识、团队精神和科学思维方法,具备学习能力、沟通能力、计划能力、适应能力、分析问题能力和自我管理能力。

# 工作任务　岗位认知

## 【任务描述】

各小组在教师和组培企业工作人员的带领下现场参观组培快繁工作岗位,在参观过程中列出重点了解的事项和内容。

## 【任务实施】

### 一、参观准备

实验分组和材料见表 1-2-1。

表 1-2-1　实验分组和材料

| 学生分组 | 材料 |
|---|---|
| 每小组 4 人 | 笔、纸、放大镜等 |

### 二、教师讲解

在组培企业内讲解马铃薯种薯创新研究中心组培苗生产操作流程，并根据操作流程介绍工作岗位。

### 三、学生参观

(1)做好参观前的准备:消毒、换工作服、换拖鞋等。

(2)进入马铃薯种薯创新研究中心，参观马铃薯组培苗生产流程，认真观察生产岗技术工的规范操作。

(3)在参观过程中若发现问题，及时记录，如果看不清楚，则借助放大镜进行仔细观察。

### 四、组内讨论

学生参观过程中观察记录环节流程、操作技法与注意事项。小组讨论组培生产岗的任务、工作职责和任职要求，并记录填写在表 1-2-2 中，将观察图片与记录表上传学习平台。

表 1-2-2　岗位认知记录表

组别：　　　　　　　　　　　　　　　　　　　　　　　日期：

| 工作岗位 | 工作任务 | 工作职责 | 任职要求 |
|---|---|---|---|
| | | | |
| | | | |
| | | | |
| | | | |

### 五、讨论与评价

小组自检任务完成情况，并分析讨论存在的问题;教师抽检、点评，最后小组间互评实践成果(表 1-2-3)。

**表 1-2-3　岗位认知评分表**

组别：　　　　　　　　　　　　　　　　　　　　　　　　　　　　日期：

| 序号 | 主要环节 | 考核内容 | 分值 | 自评 30% | 教师 70% | 总评 |
|---|---|---|---|---|---|---|
| 1 | 消毒 | 是否采取穿实验服、套鞋套、戴帽子等无菌措施 | 20 | | | |
| 2 | 观察 | 参观过程中是否认真观察记录 | 30 | | | |
| 3 | 讨论 | 发现的问题分析是否合理 | 30 | | | |
| 4 | 团队配合 | 分工明确，井然有序 | 20 | | | |
| 5 | 综合得分 | | | | | |

## 【任务小结】

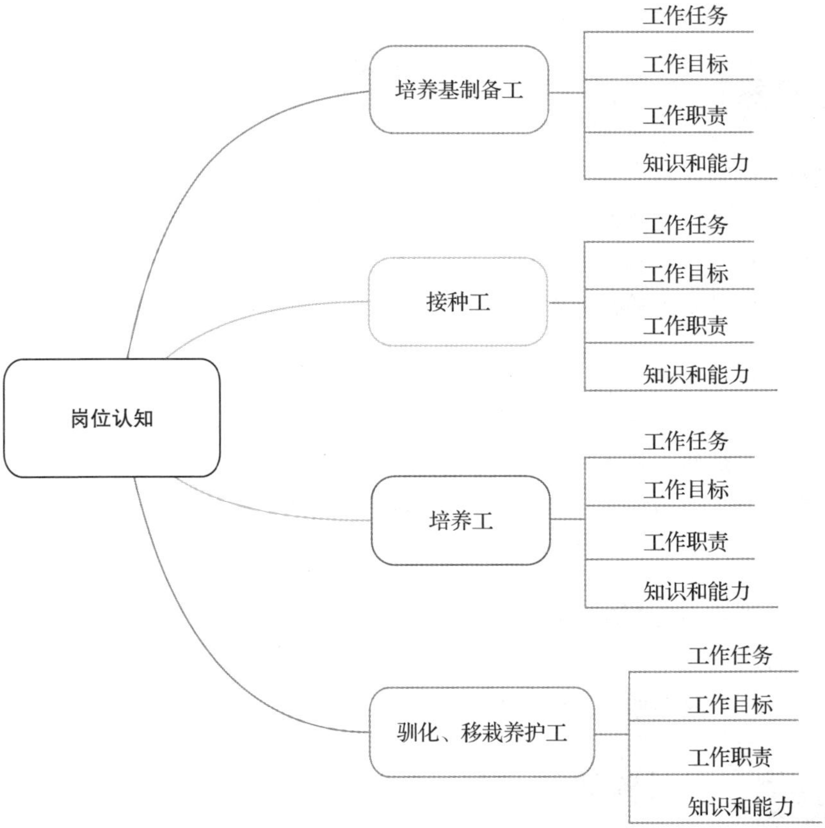


## 【问题探究】

1. 植物组培苗生产操作流程有几步？分别是什么？
2. 组培生产岗的技术工有几种？工作职责分别是什么？

**课程思政：爱岗敬业的时代楷模——张桂梅**

# 项目二　植物组织培养的基本条件

## 任务一　植物组培实验室和组培工厂

### 【学习目标】

**知识目标**

掌握植物组培实验室的基本组成。
掌握植物组培工厂的构成及功能。
了解植物组培实验室的设计和建造原则。

**能力目标**

能够独立完成植物组培实验室的设计。
能够独立承担植物组培实验室的管理任务。
能够操作和维护植物组培工厂中的各种设备。

**素养目标**

培养对工厂设施和设备的重视和热爱。
培养对植物组培技术的兴趣，增强对科学、技术与社会之间关系的理解。
培养各个部门和岗位的协同合作精神。

视频3：植物组培工厂的构成与功能

### 【前导知识】

#### 一、组培实验室的基本组成

组培实验室也称为组培室，是目前高校、科研单位和中小型企业进行实验研究及种苗小规模生产的一种组培设施。组培室一般由配制室、洗涤室、灭菌室、接种室、培养室、观察室、驯化室组成(图 2-1-1)。

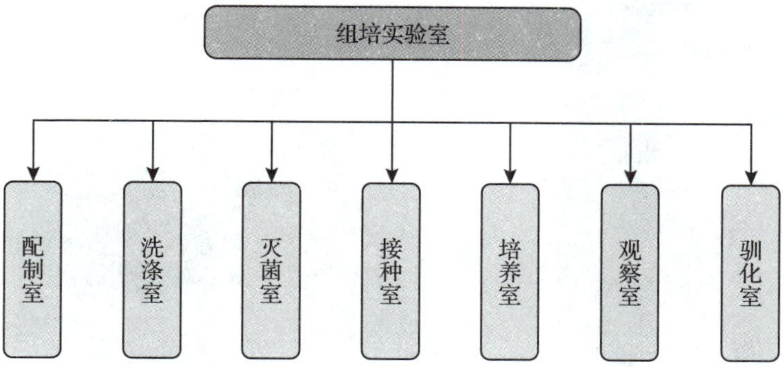


图 2-1-1　组培实验室组成

## (一)配制室

(1)主要功能:用于母液和培养基的配制。

(2)仪器与用具配置:蒸馏水器、冰箱、药品柜、电子天平、电子分析天平、电炉、电磁炉、各种培养器皿和玻璃器皿等。

## (二)洗涤室

(1)主要功能:培养容器和实验用具的洗涤、干燥和贮存;培养材料的预处理,组培苗的出瓶、清洁和整理等。

(2)仪器与用具配置:工作台、洗瓶机、药品柜、医用小平车、周转筐、组培筐等(图 2-1-2)。

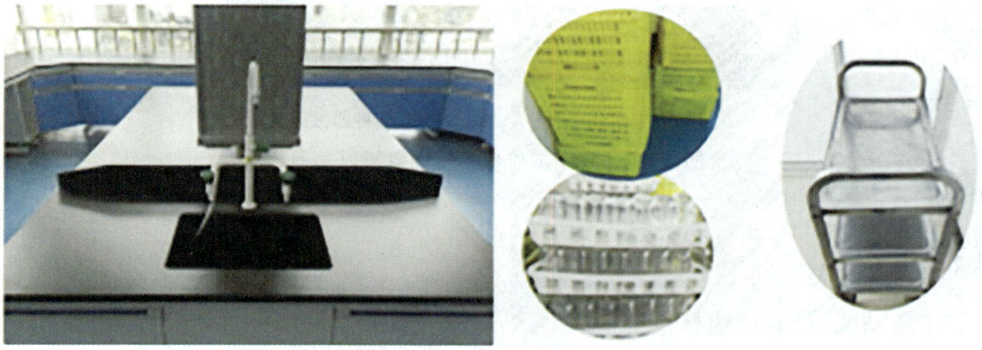

图 2-1-2　洗涤室用具

## (三)灭菌室

(1)主要功能:培养基、接种工具与用品的消毒灭菌。

(2)仪器与用具配置:高压灭菌器、干燥箱(图 2-1-3)。

## (四)接种室

(1)主要功能:离体植物材料的表面灭菌和接种,培养物的转接等无菌操作。接种室也称为无菌操作室,其无菌条件的好坏对组织培养的成功与否起着重要作用。

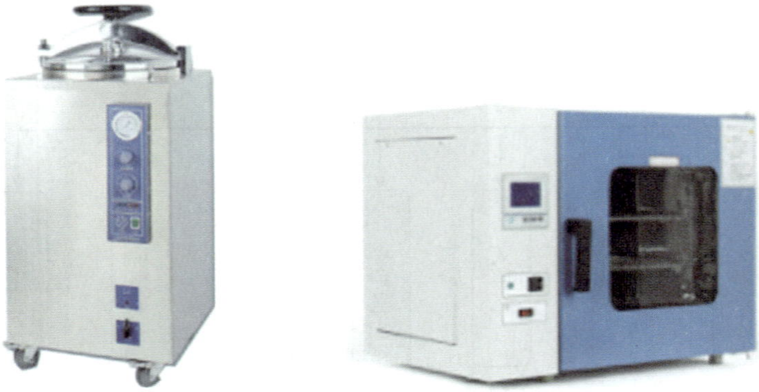

a. 高压灭菌器　　　　b. 干燥箱

图 2-1-3　高压灭菌器和干燥箱

(2)仪器与用具配置:超净工作台、接种器械灭菌器、液体过滤灭菌装置、医用小平车、接种器械、酒精灯等(图 2-1-4)。

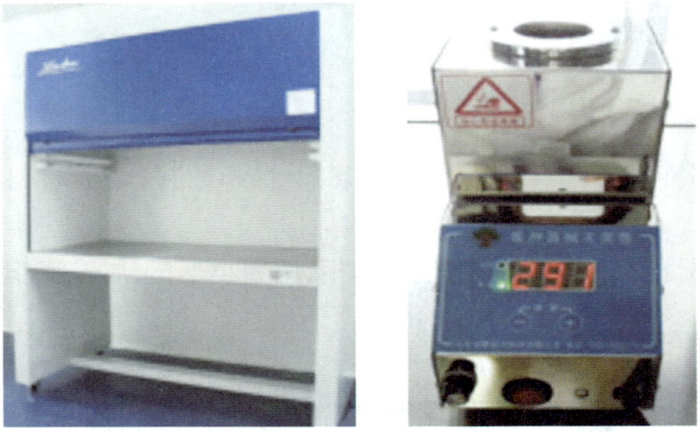

a. 超净工作台　　　　b. 接种器械灭菌器

图 2-1-4　超净工作台和接种器械灭菌器

## (五)培养室

(1)主要功能:培养植物材料。

(2)仪器与用具配置:培养架、日光照明灯、振荡培养箱、空调机、除湿机、加湿器、光照时控仪、温湿度计、照度计等(图 2-1-5)。

## (六)观察室

(1)主要功能:对培养材料进行细胞学或解剖学观察、鉴定与成分检测、培养物观察和摄影。

(2)仪器与用具配置:显微镜、解剖镜、离心机、酶标仪、PCR 扩增仪等(图 2-1-6)。

## (七)驯化室

(1)主要功能:提供组培苗炼苗的环境。

(2)仪器与用具配置:设备功能应实现自动控温、调湿、控光通风(图 2-1-7)。

a　　　　　　　　b

图 2-1-5　培养架(a)和光照时控仪(b)

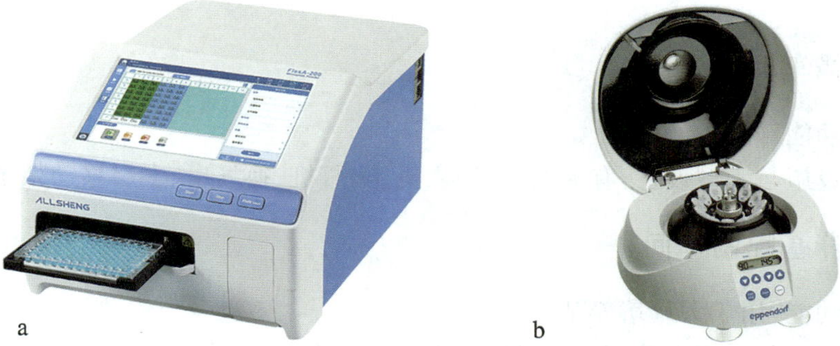


a　　　　　　　　b

图 2-1-6　酶标仪(a)和离心机(b)

图 2-1-7　驯化室

## 二、组培育苗工厂

组培育苗工厂包括组培苗生产车间和驯化栽培区。其中组培苗生产车间主要包括洗涤车间、培养基配制车间、灭菌车间、接种车间、培养车间和检测车间等。驯化、移栽区包括驯化、移栽车间和育苗苗圃(图 2-1-8)。与组培室相比,组培育苗工厂在设备与用品上有所不同,一是设备台套数量有所增加,二是部分设备趋于大型化和自动化,以满足规模生产的需要。

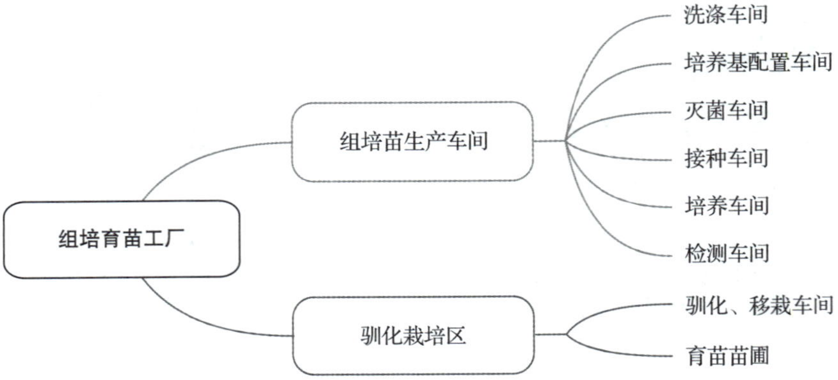


图 2-1-8 组培育苗工厂组成

### (一)洗涤车间

(1)主要功能:同洗涤室。

(2)主要设施与大型设备:有泡瓶池、洗衣机、洗瓶机、换气扇、多层移动架子车等。

### (二)培养基配制车间

(1)主要功能:用于大量培养基的生产。

(2)主要设施与大型设备:药品称量室、大容量培养基熬制锅(桶)、低温冰箱、培养基自动或半自动灌装机、多层移动架子车(图 2-1-9)。

### (三)灭菌车间

主要设施与大型设备:培养基冷却室、大型卧式高压灭菌锅、臭氧杀菌系统、多层移动架子车等。

### (四)接种车间

主要设施与大型设备:更衣室、手部消毒室、风淋室、空调净化系统、臭氧杀菌系统、气压门、超净工作台、多层移动架子车等(图 2-1-10)。

图 2-1-9 多层移动架子车

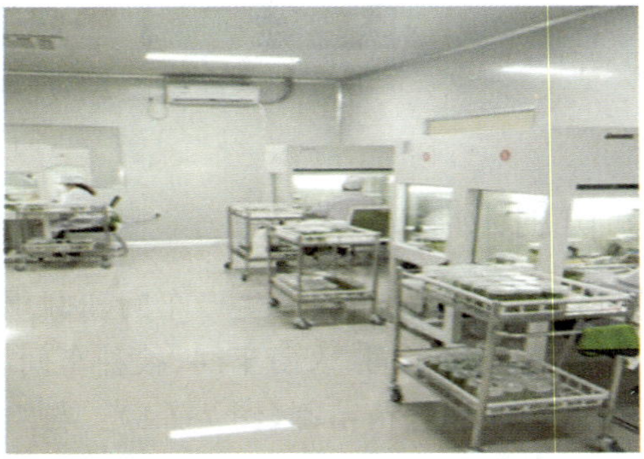

图 2-1-10 接种车间

### (五)培养车间

主要设施与大型设备:空调净化系统、臭氧杀菌系统、气压门、多层立体培养架、折叠梯子、脱毒处理室或人工气候室、多层移动架子车等(图 2-1-11)。

### (六)驯化移栽车间

主要设施与大型设备:驯化移栽床架、自动遮阳系统、地源热泵或锅炉水暖加温系统、移动喷灌系统、湿帘风机加湿降温系统等(图 2-1-12)。

图 2-1-11 培养车间

图 2-1-12 驯化移栽车间

### (七)育苗苗圃

主要设施与大型设备:连栋温室内设施设备同移栽驯化车间(图 2-1-13)。

图 2-1-13 现代化智能温室

## 三、组培实验室设计原则

建造组培室需要较大的投资,建成后的运转费用和维护费用也比较高,因此在设计组培室时要做到统筹规划,科学设计,既能避免一次性投资成本过高,又能充分发挥组培室的功能。

### (一)适用性原则

根据培养目的、培养规模、资金能力以及现有条件等来确定工厂(实验室)的大小。

### (二)合理性原则

根据生产工艺流程和操作步骤来确定实验室布局。

### (三)环保性原则

防止污染,选址于空气清新、光线充足、通风良好、环境清洁、水电齐备、交通便利的地方。

### (四)实用性原则

降低成本,体现经济实用性。

# 工作任务　熟悉组培工作环境

## 【任务描述】

各小组在本节课知识基础上结合行业认知和岗位认知,撰写组培工作环境总结报告。

## 【任务实施】

### 一、参观前准备

#### (一)接受任务单

根据教师下发的任务单和学习要求了解学习任务,课前通过教材、相关网站、视频等自主学习。

#### (二)计划

以小组为单位制定详细安排,包括各部门分工计划、组培工厂构成等。实验分组和材料见表 2-1-1。

表 2-1-1　实验分组和材料

| 学生分组 | 材料 |
| --- | --- |
| 每小组 4 人 | 笔、纸、多媒体材料等 |

### 二、讨论总结

小组讨论植物组培工厂的构成与功能,根据组培实验室设计原则,分析其合理性,撰写总结报告,将总结报告上传学习平台。

### 三、讨论与评价

小组自检任务完成情况,并分析讨论存在的问题;教师抽检、点评,最后小组间互评实践成果。熟悉组培工作环境评分表见表 2-1-2。

**表 2-1-2 熟悉组培工作环境评分表**

组别： 日期：

| 序号 | 主要环节 | 考核内容 | 分值 | 自评 30% | 教师 70% | 总评 |
|---|---|---|---|---|---|---|
| 1 | 消毒 | 是否采取穿实验服、套鞋套、戴帽子等无菌措施 | 20 | | | |
| 2 | 观察 | 参观过程中是否认真观察记录 | 30 | | | |
| 3 | 总结 | 参观总结是否合理到位 | 30 | | | |
| 4 | 团队配合 | 分工明确，井然有序 | 20 | | | |
| 5 | 综合得分 | | | | | |

## 【任务小结】

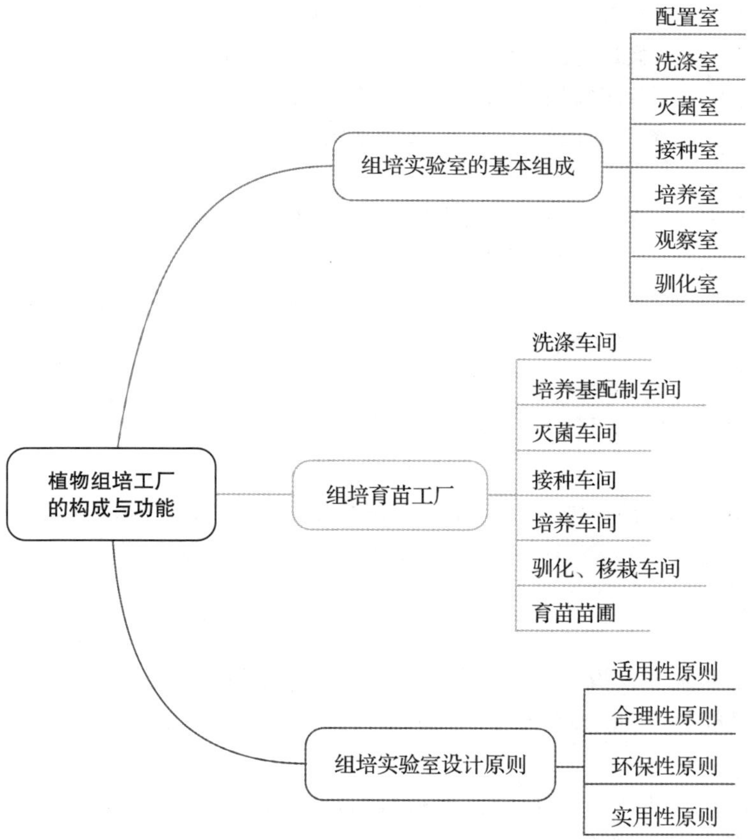


## 【问题探究】

1. 查找资料，进行植物组培实验室的优化，探讨是否有更科学经济的设计方案。

2. 与组培室相比，组培育苗工厂有什么特点。

课程思政：实验室安全事故典型案例

视频4:组培常用的仪器设备介绍

视频5:超净工作台使用

## 【拓展知识】

## 一、组培常用的仪器设备及使用方法

### (一)仪器设备

**1. 超净工作台**

操作方便自如,工作效率高,准备时间短。开机10 min即可操作,可长时间使用。在工厂化生产中,接种工作量很大,需要长久地工作时,超净工作台是很理想的设备。超净工作台功率在145～260 W,它装有小型鼓风机,空气先穿过一个前置过滤器,把大部分尘埃先过滤掉,然后再穿过一个细致的高效过滤器,除去大于0.3 μm的尘埃、细菌和真菌孢子等,最后以较洁净的气流吹到工作台面。超净空气的流速为每分钟24～30 m,这已足够防止附近空气袭扰而引起的污染,这样的流速也不会妨碍采用酒精灯对器械等的灼烧消毒。在这样的无菌条件下操作,就可以保证无菌材料在转移接种过程中不受污染。

**2. 空调机**

保证室内温度,一般为(25±2)℃,应安置在室内较高的位置,以便于排热散凉。

**3. 除湿机**

培养室的相对湿度应为70%～80%,湿度过高易长杂菌,湿度过低培养器皿内的培养基会失水变干,影响培养物的生长。

**4. 恒温**

用于植物材料的培养,可以控制温度、湿度及光照等。

**5. 烘箱**

用于干燥洗净的玻璃器,也可用于干热灭菌和测定干物重。用于干燥需保持80～100 ℃;进行干热灭菌保持150 ℃,达1～3 h;若测定干物重,则温度应控制在80 ℃烘干至完全干燥为止。

**6. 高压灭菌锅**

用于进行培养基和器械用具的灭菌。小规模实验室可选用小型手提式高压灭菌锅。如果是连续的大规模生产,应选用大型立式的或卧式的高压火菌锅。通常以电能作为能源。

**7. 冰箱**

主要用于贮存母液和各种易变质、易分解的化学药品以及植物材料等。

**8. 电子分析天平和托盘天平**

电子分析天平,用于称取大量元素、微量元素、维生素、激素等微量药品,精确度为0.000 1 g;托盘天平,用于称取用量较大的糖和琼脂等,其精确度为0.1 g,天平应放置在干燥、不受震动的天平操作台上。

电子天平使用注意事项:

(1)预热。

(2)干燥,里面放变色硅胶等干燥剂,外面远离水池。

(3)清理干净，称量完成后用天平刷将里面刷干净。

(4)保持水平，气泡处于中心位置。

(5)校正。

(6)密闭。

(7)量程。

**9. 显微镜及解剖镜**

种类较多，用于分离微茎尖可采用双筒解剖镜。双筒解剖镜在分离茎尖等较小组织时，便于观察、操作，通常放大 5～80 倍。放大 40 倍以上操作需要有相当熟练的技术和较好的工具。为方便操作，要有照明装置。解剖镜上带有照相装置，根据需要随时对所需材料进行摄影记录。

**10. 摇床与转床**

用于改善液体培养材料的通气状况及促进酶解原生质体的解离。一般在液体培养中转速为每分钟 100 次左右，在解离原生质体时转速为每分钟 80 次左右。

**11. 磁力搅拌器**

用于加速搅拌难溶的物质，如各种化学物质、琼脂粉等。磁力搅拌器还可加热，使溶质更快溶解。

**12. 电蒸馏水器**

采用硬质玻璃或金属制成，蒸馏水用于配制母液或培养基，配制培养基可用自来水，若实验要求严格的话，则必须用蒸馏水。

**13. 酸度计**

组织培养中培养基 pH 的准确度是十分重要的，应当使用酸度计，若无酸度计，也可使用 pH 试纸进行粗测。首次使用酸度计前，应用标准液调节定位，然后固定。测量 pH 时，待测液必须充分搅拌均匀。如果培养基温度过高，测量时要调整 pH 计上的温度使之和培养基温度相当。注意保护好玻璃电极，电极用后应用蒸馏水冲洗干净，盖上电极帽。

**14. 离心机**

用于收集原生质体，转速要求较低。一般为 1 000～4 000 r/min 即可。

## (二)各类器皿

**1. 培养器皿**

根据培养的目的和要求，可以采用不同种类、规格的玻璃器皿，其中以试管、三角瓶、培养皿等使用较多。最常使用的是三角瓶，规格有 100 mL、250 mL、500 mL 等，一般使用 100 mL 三角瓶，无论静止或振荡培养皆适用。三角瓶培养面积大，利于组织生长，受光也比试管好，由于瓶口较小，也不易污染。

培养皿常用 9 cm、12 cm 直径等规格，要求上、下能密切吻合，在游离细胞、原生质体、花粉等的静置培养、看护培养、无菌种子的发芽、植物材料的分离等都需采用。

试管常采用 18 mm×180 mm 或 20 mm×200mm 规格。可培养较高的试管苗，另外也不易污染。

工厂化生产可采用广口的 200 mL 罐头瓶，加盖半透明的塑料盖，由于瓶口大，所以大量繁殖时操作方便、工作效率高，也减少了培养材料的损伤，但缺点是易引起污染。

组培专用瓶：目前市场上出现了不同样式的组培专用瓶，根据不同植物生长特点及需要而设计，如兰花专用瓶，规格也不相同。

目前，培养容器和制备培养基所需的玻璃器皿逐渐被塑料器皿所代替。塑料容器具有质轻、透明、不易破碎、成本低等优点，如培养容器多为平底方盒形，可提高培养空间利用率，并能一层层地叠摞起来，从而节约空间。这类塑料制品多采用聚丙烯材料制成，能耐高温，可进行高压灭菌。有些产品为一次性消耗品，不但可节省洗涤人工，还可节省时间，提高效率。一次性塑料容器或带螺丝帽的玻璃瓶，不用另外配盖，使用时比较方便。

瓶口封塞要具有一定的通气性和密闭性，以防止培养基干燥和杂菌污染。以前封口常用棉塞，但这种封口办法夏季极易污染，且不易保持培养基的湿度。现在多采用聚丙烯塑料薄膜作为封口，以线绳结扎或橡皮圈箍扎。为了增加通气性，可在里面衬一层硫酸纸或牛皮纸，这样经济方便且通气好。也可采用专用的封口膜。

**2. 分注器**

小规模生产操作时可采用烧杯直接分装，大型实验室可采用医用“下口杯”作为分装工具，在“下口杯”的下口管上套一段软胶管，加一弹簧止水夹，使用时非常合适。更大规模或要求更高效率时，可考虑采用液体自动定量灌注设备。

**3. 离心管**

用于离心收集原生质体，一般采用 5 mL、10 mL 规格。

**4. 刻度移液管**

常用的有 0.1 mL、0.2 mL、0.5 mL、2 mL、5 mL、10 mL。用于配制培养基时吸取不同种类的母液，应多准备几支，分开使用。

**5. 细菌过滤器**

用于除去不能采用湿热灭菌法灭菌的液体中的细菌。一般采用 0.22 μm 微孔滤膜进行抽滤灭菌。包括滤头、注射器或采用抽滤装置如真空泵、吸滤瓶、滤气玻璃管等。

**6. 其他实验器皿**

在组织培养中配制培养基、贮藏母液、进行材料的消毒等都需要各种供化学实验用的玻璃器皿，包括 100 mL、250 mL、500 mL、1 000 mL 烧杯，10 mL、100 mL、1 000 mL 量筒，100 mL、1 000 mL 试剂瓶(棕色)等。

### (三)器械用具

**1. 镊子类**

常使用医疗用的镊子。有直镊和枪状镊两种。根据操作需要有各种类型，若用 100 mL 的三角瓶作为培养瓶，可用 20 cm 长的直镊，镊子过短，手容易接触瓶口，造成污染，镊子太长，使用起来不灵活。

**2. 剪刀类**

可采用医疗五官科用的中型剪刀。主要用于切断茎段、叶片等，也可以用弯形剪刀，由于其头部弯曲，可以深入到瓶口中进行剪切。

**3. 解剖刀**

切割较小材料和分离茎尖分生组织时，可用解剖刀。刀片要经常调换，使之保持锋利状态，否则切割时会造成挤压，引起周围细胞组织大量死亡，影响培养效果。

**4. 解剖针**

解剖针可深入到培养瓶中，转移细胞或愈伤组织。也可用于分离微茎尖的幼叶，可以自制。

**5. 接种工具**

包括接种针、接种钩及接种铲，由白金丝或镍丝制成。

**6. 钻孔器**

钻孔器用于取肉质茎、块茎、肉质根内部的组织。一般为T字形，口径有各种规格。

**7. 其他**

包括高温消毒器、酒精灯、电炉、试管架、搪瓷盘等多种设备。

## 二、植物组织培养实验室设计

在进行植物组织培养工作之前，首先应对工作中需要的最基本的设备条件有全面的了解，以便因地制宜地利用现有房屋新建或改建实验室。实验室的大小取决于工作的目的和规模。如果以工厂化生产为目的，实验室规模太小会限制生产，影响效率。在设计植物组织培养实验室时，应按组织培养程序来设计，避免某些环节倒排，引起日后工作混乱。植物组织培养是在严格无菌的条件下进行的，要做到无菌的条件，需要一定的设备、器材和用具，同时还需要人工控制温度、光照、湿度等培养条件。

植物组织培养实验室的建设需考虑两个方面的问题：一是所从事的实验的性质，即是生产性的还是研究性的，是基本层次的还是较高层次的；二是实验室的规模，规模主要取决于经费和实验性质。

植物组织培养实验室应该建立在空气清新、光线充足、通风良好、环境清洁、水电齐备、交通便利，避开各种污染源的地方，最好在常年主风向的上风方向，尽量减少污染，以利于组织培养的顺利进行，降低培养过程的污染率，培育出优质试管苗。也可因地制宜地利用现有房舍，按照实验室的要求改造成组织培养实验室，做到因陋就简，既能开展研究和生产工作，又不花费过多。规模化生产的植物组织培养实验室最好建在交通便利的地方，以便于培养出来的产品的运送。

# 任务二　组培室的管理

## 【学习目标】

### 知识目标

掌握玻璃器皿的洗涤方法，能够正确洗涤玻璃器皿。

掌握组培常用的灭菌方法。

### 能力目标

能够独立完成组培室的日常操作和管理任务。

能够针对不同的环境进行规范灭菌。

能够对不同的工具进行灭菌。

能够正确洗涤玻璃器皿。

**素养目标**

具备优良的工作作风和严谨的科学态度。

养成良好的工作习惯和具有谦虚好学的态度。

具备积极有效解决问题的职业精神。

## 【前导知识】

视频6:组培室管理

### 一、洗涤

植物组培快繁需要大量玻璃器皿。若新购、用过或已污染的玻璃器皿清洗不彻底,会给后期的培养基彻底灭菌带来压力,也可能造成材料在培养过程中发生污染,造成不必要的损失,甚至导致培养失败。因此,玻璃器皿的洗涤是植物组培快繁中很重要的一项工作。

针对不同状况的玻璃器皿通常采用不同的洗涤方法,要求透明锃亮、内外壁水膜均匀、不挂水珠、无油污和有机物残留。

#### (一)新购的玻璃器皿

新购的玻璃器皿清洗后才能使用,洗涤方法分为酸洗法和碱洗法(表2-2-1)。

表2-2-1　新购的玻璃器皿洗涤方法

| 步骤 | 酸洗法 | 碱洗法 |
| --- | --- | --- |
| 第一步 | 用1%稀盐酸或洗液浸泡4 h以上 | 用10%～20%温热洗衣粉水溶液或稀释的洗涤剂刷洗 |
| 第二步 | 用自来水清洗 | 用60%～70%热水或自来水清洗 |
| 第三步 | 用蒸馏水冲洗 | 用蒸馏水冲洗 |
| 第四步 | 倒扣在晾干架或工作台上晾干或烘干 | 倒扣在晾干架或工作台上晾干或烘干 |
| 第五步 | 放入无尘柜或无菌储存室保存 | 放入无尘柜或无菌储存室保存 |

#### (二)使用过但未污染的玻璃器皿

①自来水浸泡

↓

②清除残余培养基或残渣

↓

③自来水冲洗1次

↓

④用洗涤剂或洗衣粉水溶液浸泡并刷洗

↓

⑤用自来水冲洗或清水漂洗干净

↓

⑥用蒸馏水冲洗后晾干或烘干

↓

⑦放入无尘柜或无菌储存室保存

### (三)污染瓶

污染瓶的洗涤方法见表 2-2-2。

表 2-2-2 污染瓶的洗涤方法

| 步骤 | 污染较轻 | 污染较重 |
|---|---|---|
| 第一步 | 用 0.1% $KMnO_4$ 溶液或 75%酒精溶液浸泡消毒 | 高压湿热灭菌 |
| 第二步 | 清洗 | 清洗(先碱洗法,后酸洗法) |

### (四)移液管、量筒(杯)、容量瓶等玻璃量具

①在溶化的洗衣粉水溶液中浸泡 2 h 以上

↓

②用流水冲洗 0.5 h

↓

③用蒸馏水冲洗 1~2 次

↓

④置于移液管架上或倒扣在工作台上自然晾干

## 二、灭菌

灭菌是进行植物组织培养的关键环节之一,包括对植物材料、培养基、器皿器械、组培室等的灭菌。不同的灭菌对象所采用的灭菌方法也有不同,下面我们介绍几种常用的灭菌方法。

针对空间灭菌我们可采用以下方法。

### (一)喷雾灭菌

通常用 75%的酒精和 84 消毒液对接种室、培养室等进行喷雾灭菌,此方法不仅能有效杀死空气中的杂菌,同时能起到降尘作用(图 2-2-1)。

a. 84消毒液　　b. 75%的酒精

图 2-2-1 84 消毒液和 75%的酒精

## （二）射线灭菌

波长为 200～300 nm 的紫外线都有杀菌能力，可用于空间灭菌，一般照射 20～30 min（图 2-2-2）。需要注意的是紫外线可损伤皮肤和角膜，应注意防护。

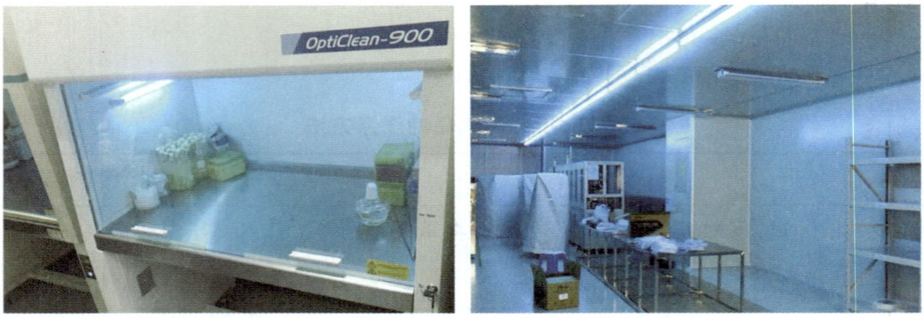


图 2-2-2　紫外线消毒

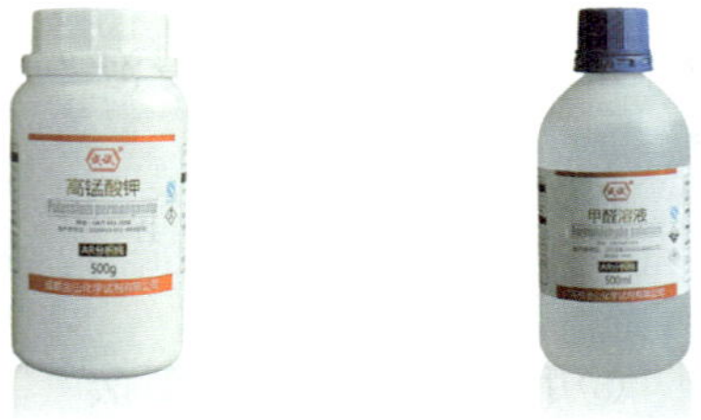


a. 高锰酸钾　　b. 甲醛溶液

图 2-2-3　高锰酸钾和甲醛溶液

## （三）熏蒸灭菌

组培室可定期用高锰酸钾和甲醛以 1∶2 的比例熏蒸灭菌（图 2-2-3）。熏蒸 24 h 后通风换气。

## （四）过滤灭菌

组培车间要求严格且规模较大，可采用空气净化设备通过过滤系统对空气进行灭菌，但投入较高。除此之外，超净工作台也是采用空气过滤灭菌，创造局部的无菌环境。

常用的器械灭菌方法如下。

**1. 干热灭菌**

干热灭菌是适用于玻璃器皿和金属器械的灭菌方法，即利用烘箱加热到 160～180 ℃杀灭微生物。此方法灭菌是物品要预先洗净并妥善包扎，放入箱内，以免灭菌后取用时重新污染。

**2. 湿热灭菌**

植物组织培养中最常用的灭菌方法是高压蒸汽灭菌法（图 2-2-4），适用于培养基、玻璃器皿、金属器械、布制品灭菌。通常灭菌温度 121 ℃，压力 124 kPa，20～30 min。

**3. 灼烧灭菌**

利用酒精灯或高温灭菌器进行灭菌。适用于金属器械如镊子、剪子、解剖刀（针）等。

a. 高压灭菌锅

b. 压力蒸汽灭菌锅

图 2-2-4　高压灭菌锅和压力蒸汽灭菌锅

组培室管理除了对环境和器械进行严格灭菌外，还要保证房间干燥、清洁卫生，药品管理要有专门的药品柜，各种药品要合理摆放，最好建立入库登记制度，做到同一药品先入先出，各类器皿使用后要按照规范洗涤干净后放入药品柜存放，小型仪器使用后也要清理干净后入柜。

## 工作任务　玻璃器皿的洗涤

### 【任务描述】

小组根据操作流程进行新购玻璃器皿、用过但未污染瓶、污染瓶和玻璃量具的清洗。

### 【任务实施】

#### 一、操作前准备

**(一)接受任务单**

根据教师下发的任务单和学习要求了解学习任务，课前通过教材、相关网站、视频等自主学习。

**(二)计划**

学生分组完成任务，每组 2 人。各小组根据任务制定洗涤方案，确定洗涤方法和所需设备用品，制定操作流程，做好人员分工。

准备所需仪器工具及试剂，详见表 2-2-3。

表 2-2-3　材料表

| | |
|---|---|
| 器皿 | 新购的玻璃器皿、使用过但未污染的玻璃器皿、污染瓶、玻璃量具 |
| 工具 | 移液管架、无尘柜、刷子、洗涤剂、洗衣粉 |
| 试剂材料 | 1%稀盐酸、0.1% $KMnO_4$ 溶液、75%酒精 |

#### 二、清洗

学生对照洗涤方案，分组轮流操作，要求洗涤方法选择适宜、操作程序正确、动作快捷、配合默契、达到洗涤标准。教师巡回指导。

## 三、清理现场

安排值日组清理现场,并分析讨论操作中存在的问题。

## 四、讨论与评价

小组自检任务完成情况,并分析讨论存在的问题;教师抽检、点评,最后小组间互评实践成果。玻璃器皿的洗涤评分表见表 2-2-4。

**表 2-2-4　玻璃器皿的洗涤评分表**

组别:　　　　　　　　　　　　　　　　　　　　　　　　日期:

| 序号 | 主要环节 | 考核内容 | 分值 | 自评 30% | 教师 70% | 总评 |
|---|---|---|---|---|---|---|
| 1 | 洗涤方法 | 洗涤方法选择是否适宜 | 30 | | | |
| 2 | 操作程序 | 操作程序是否正确 | 30 | | | |
| 3 | 洗涤标准 | 洗涤是否达标 | 20 | | | |
| 4 | 团队配合 | 分工明确,井然有序 | 20 | | | |
| 5 | 综合得分 | | | | | |

## 【任务小结】

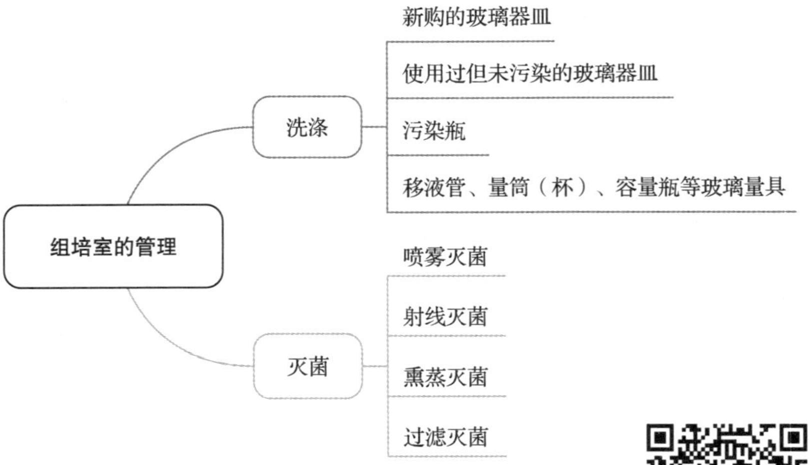


## 【问题探究】

1. 干热灭菌和湿热灭菌有什么区别?

2. 植物组培快繁需要的玻璃器皿清洗不彻底,会给后期的培养带来什么影响?

课程思政:组培室的管理之道

# 【拓展知识】

## 一、过滤灭菌

某些生长调节物质以及抗生素等物质在高温下易分解，可采用过滤灭菌法，把经过高压灭菌后的过滤器、滤膜、承接过滤灭菌后滤液的容器、移液管或移液枪枪头放入超净工作台，同时将配制好的需要过滤灭菌的生长调节物质、抗生素等一并放入超净工作台；双手消毒，在超净工作台内安装过滤灭菌器；将待过滤的生长调节物质等加入过滤漏斗或注射器内，启动减压过滤灭菌器或用力推压注射器活塞杆，使液体流过滤膜（图 2-2-5）；将滤液按照培养基培养要求加入的量，用移液管或移液枪（枪头已灭菌）立即加入 55 ℃左右已灭菌的培养基中，如果是液体培养基则可等液体培养基冷却后再加入。

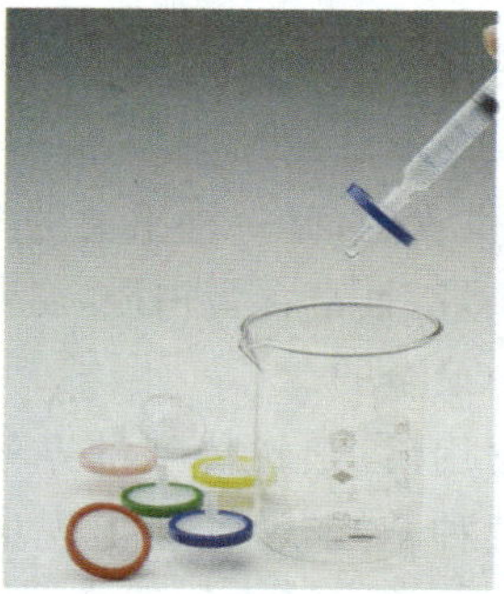

图 2-2-5　过滤灭菌器

视频 7：过滤灭菌器的结构和使用

## 二、臭氧消毒

臭氧以氧原子的氧化作用破坏微生物膜的结构，以实现杀菌作用。与其他杀菌剂不同的是：臭氧能穿入菌体内部，作用于蛋白质和脂多糖，改变细胞的通透性，从而导致细菌死亡；臭氧直接与细菌、病毒作用，破坏它们的细胞器和 DNA、RNA，使细菌的新陈代谢受到破坏，导致细菌死亡；臭氧透过细胞膜组织，侵入细胞内，作用于外膜的脂蛋白和内部的脂多糖，使细菌发生通透性畸变而溶解死亡。

臭氧杀菌，不残留有毒物质，对于公共场所、医院及厂矿企业净化室的消毒、杀菌及各种臭味的消除，可采用臭氧杀菌消毒去味。臭氧是高效、广谱、快速、无死角的杀菌剂，可移动，使用方便。臭氧灭菌一般用臭氧发生器（图 2-2-6），可 2～3 d 打开臭氧发生器消毒 30 min。

图 2-2-6　臭氧发生器

# 项目三　马铃薯组培快繁技术

## 【前导知识】

### 一、马铃薯组培意义

马铃薯属茄科，一年生草本植物，块茎可供食用，是一种重要的全球性经济作物，马铃薯块茎含有大量的淀粉，能为人体提供丰富的热量，且富含蛋白质、氨基酸及多种维生素、矿物质，尤其是所含维生素种类是所有粮食作物中最全的。

马铃薯原产于拉丁美洲，当被发现可以食用后，很快传到世界各地，成为栽培很广的一种作物。但是，从外地引进的马铃薯品种连续种植几代后，会出现植株逐渐变矮，分枝逐渐减少，叶片皱缩、向上卷曲，生长势衰退，块茎变小，产量连年下降，最后失去种用价值。这是因为马铃薯感染了病毒引起的退化现象。危害马铃薯的病毒有 30 多种，如 X 病毒、S 病毒、Y 病毒、M 病毒、A 病毒、花叶病毒、纺锤形块茎病毒等。病毒进入马铃薯植株后首先到达细胞内，利用细胞内提供的必要物质不断增殖，并向四周扩散，最后扩散到块茎当中。块茎播种后，病毒继续侵染增殖，因此病毒可在块茎中逐年积累，危害日益严重，可造成马铃薯减产 50%～80%。采用植物组织培养技术，通过一定良种繁殖体系生产优质种薯，是保证马铃薯高产稳产的一项有效措施。当前，全国马铃薯种植面积稳定在 8 000 万亩以上，马铃薯加工企业有 5 000 多家，产能达 170 多万 t，且有逐步增加的趋势。我国每年需合格种薯 240 亿 kg，因此，脱毒马铃薯推广具有广阔的市场前景，对于增加农民收入和马铃薯产业化具有十分重要的意义。

### 二、马铃薯生长环境条件

马铃薯喜冷，不耐高温和霜冻，解除休眠的块茎 4 ℃下发芽，发芽适温为 12～18 ℃。地上茎叶生长温度为 17～21 ℃，25 ℃以上时生长不良，叶变小，超过 30 ℃和低于 7 ℃茎叶停止生长，−1 ℃时受冻。

块茎形成要求昼温 14～24 ℃，夜温 12～14 ℃，土温 16～18 ℃。土温 20 ℃以上时块茎形成缓慢，而且容易引起退化，高温下养分多用于芽和匍匐茎生长，不易形成块茎，25～30 ℃时已经长成的块茎也变成细长茎。结薯期要求 12 h 左右的短日照和疏松、湿润、肥沃以及通气良好的土壤条件。土壤板结，会导致薯块表面粗糙和薯形不整。

## 三、马铃薯组织培养的发展

马铃薯组织培养是指通过无菌操作将马铃薯植株上的器官或组织的片段(外植体)切取下来，接种到培养基上，在人工控制的条件下进行培养，使其产生完整植株的过程，主要包括外植体的选择及预处理、愈伤组织的诱导和继代培养、愈伤组织分化为再生植株等步骤。1955 年，法国人莫勒尔和他的同事们以马铃薯茎尖为外植体成功地培养出无病毒植株。20 世纪 60 年代以后，由于组织培养技术日趋成熟和完善，世界各地的植物组织培养研究和产业化应用进入迅速发展阶段，几乎所有的马铃薯生产国都使用这项技术进行脱毒快繁，并部分地进行育种研究。我国于 20 世纪 70 年代初引进了马铃薯茎尖脱毒技术，1976 年于内蒙古建立了第 1 个马铃薯脱毒原种场，80 年代逐渐普及到全国各地。

# 任务一　MS 培养基的配制与灭菌

## 【学习目标】

### 知识目标

了解培养基的组成成分、分类及特点。

掌握 MS 培养基母液配制的基本流程。

掌握 MS 培养基配制的基本流程与注意事项。

掌握 MS 固体培养基灭菌与保存技术。

### 能力目标

会使用分析天平、高压灭菌锅等组培常用设备。

能够独立完成培养基的配制和灭菌工作。

### 素养目标

具备自主学习和团队协作能力。

具备坚持不懈的探索素养和积极有效解决问题的职业精神。

养成良好的工作习惯和具有谦虚好学的态度。

具备良好的职业道德素养，树立安全意识、生态理念。

## 【前导知识】

## 一、配制培养基的目的

离体培养材料缺乏完整植株的自养机能，需要以异养方式从外界直接获得其生长发育所需的各种养分。配制培养基的目的就是人为提供植物所需的营养和水分，以满足离体植物材料生长发育的需要。

视频 8:培养基的成分与作用

## 二、培养基的成分与作用

培养基的主要成分包括水、无机成分、有机营养、植物生长调节物质、培养物的支持材料等 5 大类物质。

### (一) 水

水是原生质体的重要组成部分,也是植物一切代谢过程的介质和溶剂,还可以作为某些代谢过程的原料或参与者,是植物生命活动中不可缺少的物质,所以它在培养基中所占的比例是最大的。它能提供植物生长所需的 C、H、O 元素,在配制母液和培养基中,通常使用无菌水或蒸馏水,不但可以保持母液和培养基配方的准确性,也可减少发霉变质;大规模生产时,可以用自来水代替蒸馏水。

### (二)无机成分

无机成分是指植物在生长发育时所必需的各种化学元素,植物若缺乏这些元素就会出现缺素症,导致生长发育不良。根据植物体对氮和矿质元素需求量的多少,分为大量元素和微量元素。无机元素在培养基中的作用及供应形式见表 3-1-1。

**表 3-1-1　无机元素在培养基中的作用及供应形式**

| 种类 | 在培养基中的浓度 | 元素名称 | 作用 | 供应物质 |
|---|---|---|---|---|
| 大量元素(N、P、K、Ca、Mg、S 等) | >0.5 mmol/L | N | 是蛋白质、酶、叶绿素、维生素、核酸、磷脂、生物碱等的组成成分,是生命不可缺少的物质 | N 素以硝态氮($NO_3^-$)和铵态氮($NH_4^+$)两种形式供应。大多数培养基既有 $NO_3^-$ 又含有 $NH_4^+$。$NH_4^+$ 对植物生长较为有利。作为供应物质有 $KNO_3$、$NH_4NO_3$ 等 |
| | | P | 磷脂的主要成分。在植物组织培养过程中,向培养基内添加磷,不仅能增加养分、提供能量,而且也促进外植体对 N 的吸收,增加蛋白质在植物体中的积累 | 常用的物质有 $KH_2PO_4$ 或 $NaH_2PO_4$ |
| | | K | 与糖类合成、转移及氮素代谢等有密切关系。K 增加时,蛋白质合成增加,维管束、纤维组织发达,对胚的分化有促进作用 | 常以 KCl、$KNO_3$ 等盐类提供 |
| | | Ca | 是构成细胞壁的一种成分,对细胞分裂、保护细胞膜有显著作用 | 常以 $CaCl_2 \cdot 2H_2O$ 提供 |

续表 3-1-1

| 种类 | 在培养基中的浓度 | 元素名称 | 作用 | 供应物质 |
|---|---|---|---|---|
| 大量元素（N、P、K、Ca、Mg、S等） | >0.5 mmol/L | Mg | 是叶绿素的组成成分，又是激酶的活化剂 | 常以 $MgSO_4 \cdot 7H_2O$ 提供 |
| | | S | 是含硫氨基酸和蛋白质的组成成分 | 常以 $MgSO_4 \cdot 7H_2O$ 提供 |
| 微量元素（Fe、B、Mn、Cu、Mo、Co等） | <0.5 mmol/L | Fe | 用于合成细胞色素、过氧化氢酶，对叶绿素的合成和延长生长起重要作用 | Fe元素不易被植物直接吸收，并且容易沉淀失效。因此，通常在培养基中加入由 $FeSO_4 \cdot 7H_2O$ 与 $Na_2$-EDTA（螯合剂）配成的螯合态铁，可以减轻沉淀，提高利用率 |
| | | B | 促进花粉管的萌发和伸长 | 常以 $H_3BO_3$ 提供 |
| | | Mn | 是DNA、RNA合成酶的活化剂，参与植物的光合作用和呼吸代谢过程，影响根的生长 | 常以 $MnSO_4$ 提供 |
| | | Zn | 参与植物的生长代谢 | 常以 $ZnSO_4 \cdot 7H_2O$ 供应 |
| | | Cu | 是质体蓝素、抗坏血酸氧化酶的重要元素，有促进离体根生长的作用 | 常以 $CuSO_4$ 提供 |
| | | Mo | 参与氮的代谢 | 常以 $NaMoO_4 \cdot 2H_2O$ 提供 |
| | | Co | 是维生素 $B_{12}$ 的重要组成成分 | 常以 $CoCl_2 \cdot 2H_2O$ 供应 |

总之，植物必需营养元素可组成结构物质，也可参与物质新陈代谢，同时，在维持离子浓度平衡、胶体稳定、电荷平衡等电化学方面起着重要作用。

## （三）有机营养

培养基中若只含有大量元素与微量元素，常称为基本培养基。根据不同的培养目的，基本培养基中往往要加入一些有机物以利于植株快速生长。常加入的有机物成分主要有以下几类。

**1. 糖类**

糖是碳水化合物，为培养物生长发育提供碳源，维持培养基渗透压。最常用的糖类是蔗糖，也可使用葡萄糖、果糖、麦芽糖、半乳糖、甘露糖和乳糖等。蔗糖使用浓度一般在2%～5%，常用3%，但在胚培养、花药培养和原生质体培养时，多采用4%～15%的高浓度。生根培养时适当降低蔗糖浓度，有利于提高试管苗的自养能力。不同糖类对培养物生长的影响不同，一般来说，以蔗糖为碳源时，离体培养的双子叶植物的根生长得更好，而以葡萄糖为碳源时，单子叶植物的根生长得更好。在大规模生产时，为降低生产成本，可用食用的白砂糖、绵白糖代替蔗糖，但在代替前一定要进行小规模的生产性试验。

**2. 维生素**

维生素在植物细胞里主要以各种辅酶的形式参与多种代谢活动，对生长、分化等起促进作用。植物细胞和组织进行离体培养时，也能合成一些必需的维生素，但合成数量明显不足。因此，必须在培养基中人为添加一种或几种维生素，以利于植物细胞的生长发育，使植物组织生长健壮。常用的维生素浓度为 0.1～1.0 mg/L，不同的维生素在植物组织培养中发挥的作用见表 3-1-2。

**表 3-1-2　植物培养基中常用的维生素种类及作用**

| 维生素名称 | 在植物组织培养中的作用 |
|---|---|
| 维生素 $B_1$（烟酸硫胺素） | 促进愈伤组织的产生，全面促进植物生长 |
| 维生素 $B_6$（盐酸吡哆醇） | 促进根系生长 |
| 维生素 $B_3$/维生素 PP（烟酸） | 与植物代谢和胚发育有一定关系 |
| 维生素 C（抗坏血酸） | 具有抗氧化的功能，防止组织褐变 |
| 维生素 $B_7$（生物素） | 是植物体内许多酶的辅助因子，在碳水化合物、脂类、蛋白质和核酸的代谢过程中发挥重要作用 |
| 维生素 $B_{11}$（叶酸） | 对蛋白质、核酸的合成，氨基酸代谢有重要作用 |

**3. 肌醇**

肌醇又称环己六醇，在糖类的相互转化中起重要作用。适当使用肌醇，能促进愈伤组织的生长、胚状体和芽的形成，对组织和细胞的繁殖、分化有促进作用，对细胞壁的形成也有作用，但肌醇用量过多易导致外植体褐变，一般使用浓度为 100 mg/L。

**4. 氨基酸**

氨基酸是蛋白质的组成成分，也是一种有机氮源，对植物外植体芽、根、胚状体的生长、分化均有良好的促进作用。植物组织培养中常用的氨基酸有丙氨酸、甘氨酸、谷氨酰胺、丝氨酸、酪氨酸、天冬氨酸以及多种氨基酸的混合物，如水解酪蛋白、水解乳蛋白等。其中，甘氨酸能促进根的生长；丝氨酸和谷氨酰胺有利于花药胚状体或不定芽的分化；半胱氨酸可作为抗氧化剂，防止培养材料褐化，延缓酚氧化。有机氮作为培养基中的唯一氮源时，离体组织生长不良，只有在含有无机氮的情况下，氨基酸类物质才有较好效果。

**5. 天然有机化合物**

植物组培快繁所用的天然有机化合物的成分比较复杂，大多含氨基酸、激素等一些活性物质，因而能明显促进细胞和组织的增殖与分化，并对一些难培养的材料有特殊作用。常用的天然有机化合物有椰乳（CM）、酵母提取液（YE）、马铃薯汁、香蕉汁、苹果汁、番茄汁等。天然有机物质的成分受到很多因素影响，实验重演性差，一般应尽量避免使用，对一些难以培养的材料，可在试验中适当添加；有一些天然有机物质高温灭菌时会受影响，可采用过滤灭菌的方法处理。

## (四)植物生长调节物质

植物生长调节物质是人工合成的对植物的生长发育有调节作用的化学物质和从生物中提取的天然植物激素，影响着植物细胞的分化、分裂、发育、形态建成、开花、结实、成熟、脱落、衰老和休眠以及萌发等许许多多的生理生化活动，虽然用量较小，但却是培养基的关键性物质,对植物组织培养起着决定性作用。常用的生长调节物质有生长素、细胞分裂素和赤霉素等多种物质。

**1. 生长素**

在组织培养中,生长素的主要作用是诱导愈伤组织的产生,促进根的生长。此外,与细胞分裂素协同促进细胞分裂和伸长。常用的生长素如表 3-1-3。

**表 3-1-3　培养基中常用的生长素种类及作用**

| 种类 | 作用 |
|---|---|
| 吲哚乙酸(IAA) | IAA 是天然存在的生长素,也可人工合成,其活力较低,对器官形成的副作用小,不耐高温,高压蒸汽灭菌时易被破坏 |
| 萘乙酸(NAA) | NAA 是人工合成的,性质比较稳定,耐高温高压,不易被分解破坏,与 IBA 相比,NAA 诱导生根的能力比较弱,诱导的根少而粗,但在某些植物上诱导的效果好于 IBA |
| 吲哚丁酸(IBA) | IBA 是天然合成的生长素,可被光分解和酶氧化,对根的诱导作用强烈,诱导的根多而长 |
| 2,4-二氯苯氧乙酸(2,4-D) | 2,4-D 是人工合成的生长素,在促进愈伤组织形成上启动能力比 IAA 高 10 倍,但对芽的形成和根的分化等方面效果不好,过量使用有毒害作用,一般在愈伤组织诱导时应用 |

在生理活性上,2,4-D 活性最强,NAA、IBA 居中,IAA 最弱。生长素配制时可先用少量 95%乙醇助溶,2,4-D 可以 0.1 mol/L 的 NaOH 或 KOH 助溶。一般生长素使用浓度为 1 mg/mL。

**2. 细胞分裂素**

细胞分裂素的主要作用包括促进细胞分裂与扩大;诱导芽的分化,促进侧芽萌发(细胞分裂素与生长素相互作用,当细胞分裂素/生长素比值高时,诱导分化出不定芽;比值低时,诱导分化出不定根);抑制根的分化;抑制顶端优势;延缓叶片衰老。常用的细胞分裂素有 6-苄氨基嘌呤(6-BA)、6-糠氨基嘌呤(6-KT)、2-异戊烯基腺嘌呤(2-ip)、玉米素(ZT)等。6-BA 和 KT 均是人工合成的,6-BA 的作用效果远远好于 KT,是应用最广泛的细胞分裂素。ZT 对芽的诱导效果很好,但价格较高、性质不稳定,在高温下易分解。一般细胞分裂素使用浓度为 0.05～5.0 mg/L。

**3. 赤霉素**

赤霉素有 20 多种,生理活性及作用的种类、部位、效应等各有不同,以 $GA_3$ 运用最广泛,可以促进幼苗茎的伸长生长;促进器官或胚状体的生长,促进不定芽发育成小植株;和生长素协同作用,对形成层的分化有影响,当生长素/赤霉素比值高时有利于木质部分化,比值低时有利于韧皮部分化;此外,赤霉素还用于打破休眠,促种子、块茎、鳞茎等提前萌发等。

**4. 其他植物生长调节物质**

植物组织培养中还用脱落酸、多效唑等植物生长调节物质。脱落酸(ABA)对体细胞胚的发生发育具有促进作用,同时可使体细胞胚发育成熟而不萌发,对部分不定芽的分化具有促进作用。多效唑(PP333)具有控制矮化,促进分枝、生根、成花,延缓衰老、增强植物抗逆性的作用,在植物组织培养中主要用于试管苗的壮苗生根,提高抗逆性和移栽成活率。

## (五)培养材料的支持物

### 1. 琼脂

琼脂是一种从海藻中提取的高分子碳水化合物,溶解在热水中成为溶胶,冷却至 40 ℃即凝固,成为凝胶。其本身不提供任何营养,固化效果好。市场上出售的琼脂有琼脂条和琼脂粉,琼脂条价格相对便宜,但杂质较多,凝固力差,用量较多,煮化的时间较长;琼脂粉纯度较高,凝固力强,煮化时间短,但价格较贵。一般琼脂以颜色浅、透明度好、洁净的为上品。

琼脂的凝固能力除与原料、厂家的加工方式有关外,还与高压灭菌时的温度、时间、pH 等因素有关,长时间的高温会使其凝固力下降,过酸过碱加上高温会使琼脂发生水解,丧失凝固能力,过酸会使培养基不易凝固,过碱易使培养基变硬。

### 2. 卡拉胶

卡拉胶是从麒麟菜、石花菜、鹿角菜等红藻类海草中提炼出来的亲水性胶体,卡拉胶为白色或浅褐色颗粒或粉末,无臭或微臭,口感黏滑,溶于约 80 ℃水,形成黏性、透明或轻微乳白色的易流动溶液,与 30 倍的水煮沸 10 min 后的溶液,冷却后即成胶体。在中性条件下,若卡拉胶在高温下长时间加热,也会水解,导致凝胶强度降低。与琼脂相比,卡拉胶做培养基透明度更高。

### 3. 其他

玻璃纤维、滤纸桥等也可替代琼脂。其中,在解决生根难的问题上经常采用滤纸桥法。其方法是将一张滤纸折叠成 M 形,放入液体培养基中,再将培养材料放在 M 形的中间凹陷处,这样培养物可通过滤纸的虹吸作用不断从液体培养基中吸收营养和水分,又可保持有足够的氧气。

## (六)其他添加物

### 1. 活性炭

在培养基中加入活性炭可利用活性炭的吸附性减少一些有害物质的不利影响,可降低玻璃化苗的产生频率,也有利于生根,但其本身对器官发育并无太大作用。活性炭的吸附作用没有选择性,既吸附有害物质,也吸附必需的营养物质,因此使用时应慎重。另外,高浓度的活性炭会削弱琼脂的凝固能力。所以,添加活性炭时要适当提高培养基中琼脂的用量。

### 2. 抗生素物质

在培养基中添加抗生素的主要目的是防止外植体内生菌造成的污染。在表面灭菌效果不理想时,可考虑使用抗生素物质,但使用抗生素应注意以下问题:①不同抗生素能有效抑制的菌种具有差异性,实践中要有针对性地选择抗生素种类;②当所有抗生素的浓度高到足以消除内生菌时,也会抑制有些植物的生长发育;③当单独使用抗生素对污染都无效时,应该考虑几种抗生素配合使用;④在停用抗生素后,污染往往显著上升,这可能是原来受抑制的菌类集体复活、集中暴发的结果。因此,总体来说,在高等植物组培快繁中,特别是商业性快繁中,应尽量避免使用抗生素。常用的抗生素有青霉素、链霉素、土霉素、四环素、利福平、卡那霉素和庆大霉素等,用量一般为 5～20 mg/L,且大部分抗生素要求过滤灭菌。

## 三、常用培养基的种类、配方及特点

### (一)培养基的种类

视频 9:培养基的种类

培养基的种类很多,应根据不同的植物、培养部位及培养目的选用不同的培养基(表 3-1-4)。

**表 3-1-4　培养基的种类**

| 分类依据 | 类别 | 特征 |
|---|---|---|
| 根据营养水平不同 | 基本培养基 | 只含无机盐、有机物、维生素、肌醇、氨基酸等营养成分的培养基,就是通常所说的 MS、White、$B_5$、$N_6$ 等培养基 |
| | 完全培养基 | 由基本培养基中添加适宜的植物生长调节物质、有机附加物、凝固剂等组成的可直接用于组织培养的培养基 |
| 根据态相不同 | 固体培养基 | 加入凝固剂(多为琼脂)的培养基 |
| | 液体培养基 | 不加凝固剂的培养基 |
| 根据培养的阶段不同 | 初代培养基 | 第一次接种外植体的培养基 |
| 依据作用不同 | 诱导培养基 | 用于诱导愈伤组织形成和器官分化尤其是芽形态发生的培养基 |
| | 增殖培养基 | 用于愈伤组织或芽增殖的培养基 |
| | 壮苗培养基 | 用于壮苗培养(在继代培养过程中,增殖的芽往往会出现生长势减弱,不定芽短小、细弱,无法进行生根培养的现象,即使能够生根,移栽成活率也不高,必须经过壮苗培养)的培养基 |
| | 生根培养基 | 用于诱导外植体生根的培养基,通常不加激素或加少量的生长素 |

### (二)几种常用的培养基配方(表 3-1-5)

**表 3-1-5　几种常用培养基的配方**

| 化合物名称 | 培养基含量/(mg/L) | | | | | | |
|---|---|---|---|---|---|---|---|
| | MS | White | $B_5$ | WPM | $N_6$ | KnudsonC | Nitsch |
| $NH_4NO_3$ | 1 650 | — | — | — | — | — | 720 |
| $KNO_3$ | 1 900 | 80 | 2 527.5 | 400 | — | — | 950 |
| $(NH_4)_2SO_4$ | — | — | 134 | — | 2 830 | 500 | — |
| $NaNO_3$ | — | — | — | — | 463 | — | — |
| KCl | — | 65 | — | — | — | — | — |
| $CaCl_2 \cdot 2H_2O$ | 440 | — | 150 | 96 | 166 | — | 166 |
| $Ca(NO_3)_2 \cdot 4H_2O$ | — | 300 | — | 556 | — | 1 000 | — |
| $MgSO_4 \cdot 7H_2O$ | 370 | 720 | 246.5 | 370 | 185 | 250 | 185 |
| $K_2SO_4$ | — | — | — | 900 | — | — | — |
| $Na_2SO_4$ | — | 200 | — | — | — | — | — |
| $KH_2PO_4$ | 170 | — | — | 170 | 400 | 250 | 68 |
| $FeSO_4 \cdot 7H_2O$ | 27.8 | — | — | 27.8 | 27.8 | 25 | 27.85 |
| $Na_2$-EDTA | 37.3 | — | — | 37.3 | 37.3 | — | 37.75 |
| $Na_2$-Fe-EDTA | — | — | 28 | — | — | — | — |

续表 3-1-5

| 化合物名称 | 培养基含量/(mg/L) | | | | | | |
|---|---|---|---|---|---|---|---|
| | MS | White | $B_5$ | WPM | $N_6$ | KnudsonC | Nitsch |
| $Fe_2(SO_4)_3$ | — | 2.5 | — | — | — | — | — |
| $MnSO_4 \cdot H_2O$ | — | — | — | 22.3 | — | — | — |
| $MnSO_4 \cdot 4H_2O$ | 22.3 | 7 | 10 | — | 4.4 | 7.5 | 25 |
| $ZnSO_4 \cdot 7H_2O$ | 8.6 | 3 | 2 | 8.6 | 1.5 | — | 10 |
| $CoCl_2 \cdot 6H_2O$ | 0.025 | — | 0.025 | — | — | — | 0.025 |
| $CuSO_4 \cdot 5H_2O$ | 0.025 | 0.03 | 0.025 | 0.025 | — | — | — |
| $MoO_3$ | — | — | — | — | — | — | 0.25 |
| $Na_2MoO_4 \cdot 2H_2O$ | — | — | 0.25 | 0.25 | — | — | — |
| KI | 0.83 | 0.75 | 0.75 | — | 0.8 | — | 10 |
| $H_3BO_3$ | 6.2 | 1.5 | 3 | 6.2 | 1.6 | — | — |
| $NaH_2PO_4 \cdot H_2O$ | — | 16.5 | 150 | — | — | — | — |
| 烟酸 | 0.5 | 0.5 | 1 | 0.5 | 0.5 | — | — |
| 烟酸吡哆醇 | 0.5 | 0.1 | 1 | 0.5 | 0.5 | — | — |
| 烟酸硫胺素 | 0.1 | 0.1 | 10 | 0.5 | 1 | — | — |
| 肌醇 | 100 | — | 100 | 100 | — | — | 100 |
| 甘氨酸 | 2 | 3 | — | 2 | 2 | — | — |

### (三)常用基本培养基的比较(表 3-1-6)

**表 3-1-6 常用基本培养基的比较**

| 基本培养基名称 | 培养基特点 | 主要使用范围 |
|---|---|---|
| MS | 无机盐和离子浓度较高，为较稳定的平衡溶液，其中钾盐、铵盐和硝酸盐含量较高 | 植物的器官、花药、细胞和原生质体培养 |
| $B_5$ | 含有较高钾盐和盐酸硫胺素，但铵盐含量低，这可能对有些培养物生长有抑制作用 | 南洋杉、葡萄等木本植物及豆科、十字花科植物的培养 |
| White | 无机盐含量较低，$MgSO_4$ 和硼素含量较高 | 生根培养 |
| $N_6$ | 成分较简单，但 $KNO_3$ 和$(NH_4)_2SO_4$ 含量高 | 小麦、水稻及其他植物的花药培养 |
| KM-8P | 有机成分较复杂，包括所有的单糖和维生素 | 禾谷类和豆科植物的原生质体融合的培养 |
| WPM | 硝态氮和钙、钾含量高，不含碘和锰 | 木本植物的茎尖培养 |

## 四、培养基的配制和保存

配制培养基有两种方法可以选择，一是购买培养基配方规定的所有化学试剂，根据需要自行配制；二是直接购买商品干粉培养基，如 MS、$B_5$ 培养基。目前，国内实验室和一些组培企业多是自行配制培养基，以控制研发和生产成本。

### (一)母液的配制与保存

植物组织培养中培养基的配制是最基础的工作，培养基中含有多种化学物质，其浓度、性质各异，特别是微量元素、维生素及植物生长调节物质用量少，称量很麻烦，不仅费时费工，且不准确。因此，为了节约时间，保证培养基配制准确性和便利性，培养基制备之前通常先配制母液。母液配制完成后放入冰箱存放，当制备培养基时，只需要按预先计算好的量吸取母液即可。母液是浓度较高的储备液，一般按一定的浓缩倍数，将大量元素、微量元素、铁盐、有机物类、激素类分别配制而成。配制流程如图 3-1-1 所示。

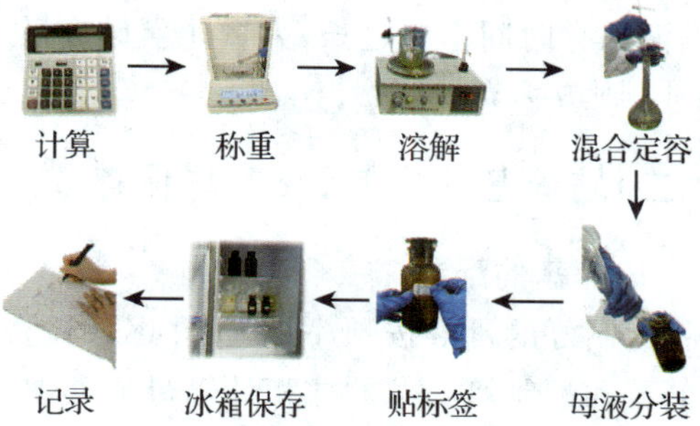


**图 3-1-1　母液配制流程**

**1. 基本培养基母液**

(1)大量元素母液：大量元素母液是指 N、P、K、Ca、Mg、S 等大量元素的混合液。一般配制成 10 倍或 20 倍的母液。配制时各种药品要分别称量、分别溶解，充分溶解后再按顺序混合，以免产生沉淀。混合时要注意 $Ca^{2+}$ 和 $SO_4^{2-}$，$Ca^{2+}$、$Mg^{2+}$ 和 $PO_4^{3-}$ 一起溶解易产生硫酸钙或磷酸钙沉淀，要错开加入，必要时钙盐可单独配制母液。

(2)微量元素母液：微量元素母液是指含除 Fe 以外的 Mn、B、Zn、Cu、Mo、Co 等微量元素的混合液。各种药品要分别称量、分别溶解，再混合；微量元素母液一般配制成 100 倍或 200 倍的母液。

(3)Fe 盐母液：由于 $Fe^{2+}$ 在水溶液中不稳定，容易与 $OH^-$ 或其他离子结合而发生沉淀，需单独配制。一般用 $FeSO_4 \cdot 7H_2O$ 和 $Na_2$-EDTA（乙二胺四乙酸二钠）配制成铁盐螯合剂比较稳定。一般配制成 100 倍或 200 倍的母液。

(4)有机物母液：有机物母液主要是维生素和氨基酸类物质，一般配制成 100 倍或 200 倍的母液。

**视频 10:大量元素母液配制**　**视频 11:微量元素母液配制**　**视频 12:铁盐母液配制**　**视频 13:有机物母液配制**

**2. 生长调节物质母液**

每种生长调节物质必须单独配成母液，浓度一般为 0.1～1.0 mg/mL，用时根据需要取用。因为生长调节物质用量较少，一次可配成 50 mL 或 100 mL。多数生长调节物质不溶于水或难溶于水，要先用适当的溶剂溶解，一般 IAA、IBA、$GA_3$、ZT、ABA 等先溶于少量的 95%的酒精中，再加水定容；NAA 可先溶于热水或少量 95%的酒精中，再加水定容；2,4-D 可用少量 1 mol/L NaOH 溶解后，再加水定容；KT 和 6-BA 先溶于少量 1 mol/L 的 HCl 中，再加水定容。

注意，配制母液的水应为蒸馏水或去离子水，选用药品应为分析纯或化学纯，母液配制后分别在母液瓶上贴上标签，注明母液名称、配制倍数、日期及配制人等详细信息，保存在 0～5 ℃的冰箱内。注意母液保存时间不要过长，大量元素母液最好 1 个月内用完。如发现母液有浑浊或沉淀现象发生，则应丢弃另配。

视频 14：MS 培养基的配制

## (二)培养基的配制、灭菌与保存

### 1. 培养基的配制

将配制好的母液按顺序排列，并逐一检查是否沉淀或变色；根据母液的倍数和配制培养基的体积计算母液移取量、琼脂和糖用量；在烧杯中加入一定量的水，称量琼脂和糖，倒入烧杯中溶解(琼脂需加热溶解)、再按母液的顺序依次加入所需量；定容至所需体积；随即用 0.1 mol/L 的 NaOH 和 HCl 将 pH 调至所需数值，培养基的 pH 因培养材料的来源不同而有差异，大多数植物都要求 pH 为 5.6～5.8。

将配好的培养基尽快分装到培养瓶中，分装时要掌握好培养基的量。培养基分装时，一般占培养瓶、三角瓶等培养容器的 1/5～1/3 为宜，若为培养瓶，则培养基的厚度一般以 2 cm 厚为宜，分装时要注意不要将培养基溅到瓶口，以免引起污染，分装后的培养基应尽快盖上盖子封口。工厂化生产培养基配制流程如图 3-1-2 所示。

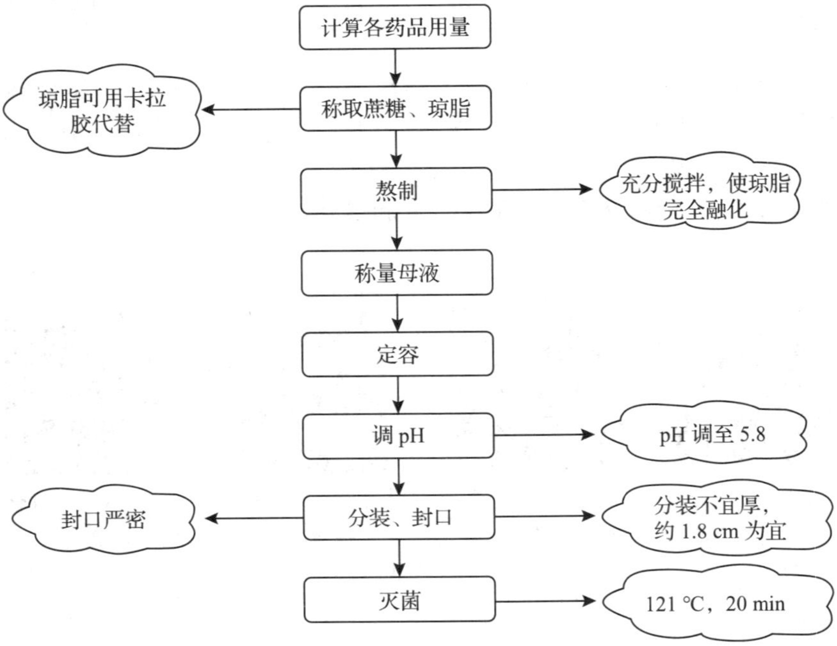


图 3-1-2　培养基配制流程

**2. 培养基的灭菌**

分装后应立即灭菌，若不及时灭菌应保存在冰箱中，24 h 内完成灭菌工作。培养基一般采用湿热灭菌法，即把分装好的培养瓶置入高压蒸汽灭菌器中进行高温高压灭菌。灭菌条件为压力 108 kPa，温度 121 ℃，时间 15～20 min。

视频 15：培养基的灭菌与保存

注意：某些生长调节物质如 IAA、ZT、ABA 等以及某些维生素遇热不稳定，不能进行高压灭菌，应使用过滤灭菌法。用量小时采用无菌注射器，用量大时采用抽滤装置。

**3. 培养基的保存**

灭菌好的培养基放置在干净、整洁无污染的地方保存，配制好的培养基应尽快使用，一般培养基的存放时间不超过 2 周。

## 工作任务一　配制 MS 培养基母液

### 【任务描述】

各小组合作配制 MS 培养基母液，掌握 MS 培养基母液配制时需要的营养成分，能够准确计算、称量各营养成分，配制过程规范。MS 培养基配方见表 3-1-7。

**表 3-1-7　MS 培养基配方**

| 母液名称 | 成分 | 配方用量/(mg/L) | 扩大倍数 | 称取量/mg | 母液体积/mL | 1 L 培养基吸取量/mL |
|---|---|---|---|---|---|---|
| 大量元素母液 | $NH_4NO_3$ | 1 650 | 10 | 16 500 | 1 000 | 100 |
| | $KNO_3$ | 1 900 | | 19 000 | | |
| | $MgSO_4 \cdot 7H_2O$ | 370 | | 3 700 | | |
| | $KH_2PO_4$ | 170 | | 1 700 | | |
| | $CaCl_2 \cdot 2H_2O$ | 440 | | 4 400 | | |
| 微量元素母液 | $MnSO_4 \cdot 4H_2O$ | 22.3 | 100 | 2 230 | 1 000 | 10 |
| | $ZnSO_4 \cdot 7H_2O$ | 8.6 | | 860 | | |
| | $H_3BO_4$ | 6.2 | | 620 | | |
| | KI | 0.83 | | 83 | | |
| | $NaMoO_4 \cdot 2H_2O$ | 0.25 | | 25 | | |
| | $CoCl_2 \cdot 6H_2O$ | 0.025 | | 2.5 | | |
| | $CuSO_4 \cdot 5H_2O$ | 0.025 | | 2.5 | | |
| 有机物母液 | 盐酸硫胺素 $B_1$ | 0.1 | 50 | 5 | 500 | 20 |
| | 盐酸吡哆素 $B_6$ | 0.5 | | 25 | | |
| | 烟酸 | 0.5 | | 25 | | |
| | 甘氨酸 | 2 | | 100 | | |
| | 肌醇 | 100 | | 5 000 | | |
| 铁盐母液 | $FeSO_4 \cdot 7H_2O$ | 27.8 | 1 000 | 2 780 | 1 000 | 10 |
| | $Na_2$-EDTA | 37.3 | | 3 730 | | |

# 【任务实施】

## 一、操作前准备

学生分组完成任务，每组 4 人，准备所需的药品和仪器用具(表 3-1-8)。

**表 3-1-8　所需药品和仪器用具表**

| 母液名称 | 药品 | 设备仪器 |
|---|---|---|
| MS 大量元素母液 | $KH_2PO_4$、$KNO_3$、$MgSO_4 \cdot 7H_2O$、$NH_4NO_3$、$CaCl_2 \cdot 2H_2O$ | 称量纸、药匙、蒸馏水、百分之一电子天平、500 mL 烧杯、1 000 mL 容量瓶、玻璃棒、胶头滴管、标签、记号笔、1 000 mL 广口瓶、冰箱等 |
| MS 微量元素母液 | $MnSO_4 \cdot 4H_2O$、$ZnSO_4 \cdot 7H_2O$、$H_3BO_3$、KI、$Na_2MoO_4 \cdot 2H_2O$、$CuSO_4 \cdot 5H_2O$、$CoCl_2 \cdot 6H_2O$ | 称量纸、药匙、蒸馏水、万分之一分析天平、100 mL 烧杯、1 000 mL 容量瓶、玻璃棒、胶头滴管、标签、记号笔、1 000 mL 广口瓶、冰箱等 |
| MS 铁盐母液 | $FeSO_4 \cdot 7H_2O$、$Na_2$-EDTA | 称量纸、药匙、蒸馏水、万分之一分析天平、500 mL 烧杯、酒精灯、石棉网、1 000 mL 容量瓶、玻璃棒、胶头滴管、标签、记号笔、1 000 mL 棕色广口瓶、冰箱等 |
| MS 有机物母液 | 甘氨酸、维生素 $B_1$、维生素 $B_6$、烟酸、肌醇 | 称量纸、药匙、蒸馏水、万分之一分析天平、100 mL 烧杯、1 000 mL 容量瓶、玻璃棒、胶头滴管、标签、记号笔、1 000 mL 广口瓶、冰箱等 |

## 二、教师演示(以大量元素母液为例)

### (一)计算

根据公式：药品称取量＝配方用量×扩大倍数×母液体积，完成表 3-1-9。

**表 3-1-9　大量元素母液配制表**

配制人：　　　　　　　　　　　　　　　　配制日期：

| 序号 | 化合物名称 | 配方用量/(mg/L) | 扩大倍数 | 称取量/mg | 母液体积/mL |
|---|---|---|---|---|---|
| 1 | $KH_2PO_4$ | 170 | | | 1 000 |
| 2 | $KNO_3$ | 1 900 | | | |
| 3 | $MgSO_4 \cdot 7H_2O$ | 370 | | | |
| 4 | $NH_4NO_3$ | 1 650 | | | |
| 5 | $CaCl_2 \cdot 2H_2O$ | 440 | | | |

### (二)称量

选择相应的药品按顺序排好，选用百分之一的电子天平，称量时将称量纸对折一下放入天平中，用药勺盛取药品放在称量纸上，观察称量数据的变化，当称量的药品快达到所需质量前，用一只手轻轻抖动另一只手，少量加入药品，称量的准确度为最后一位数的±5。

称量后药匙内多余的药品放入废药瓶，不可放回试剂瓶。称量好的药品分别倒入烧杯中。

### （三）溶解

在称量好的烧杯中分别加入 100 mL 左右的蒸馏水或去离子水溶解，用玻璃棒搅拌，直至药品完全溶解，防止产生沉淀。

### （四）混合定容

定容的步骤包括移液→洗涤→定容→摇匀，我们先将溶解好的溶液依次转移到 1 000 mL 容量瓶中，注意要将彼此会发生反应的化合物间隔倒入容量瓶内，充分摇匀，否则会引起大量元素母液发生沉淀，建议混配顺序是，磷酸二氢钾→硝酸钾→硫酸镁→硝酸铵→氯化钙。

移液时先将烧杯中溶解好的溶液用玻璃棒引流至容量瓶内，再用蒸馏水润洗烧杯 3～4 次，并将洗液全部转移至容量瓶中，直至溶质全部转移。定容时左手拿引流玻璃棒，右手拿蒸馏水，注意玻璃棒的下端要接触到容量瓶内壁，距离容量瓶口 2～3 cm，玻璃棒的上端不要碰到容量瓶口。在距离容量瓶刻度的 2～3 cm 时停下，改用胶头滴管定容，此时注意视线、刻度线、凹液面最低处处于同一水平线上。定容完成后，盖上塞子，一只手大拇指按住塞子，另一只手拖住瓶底，180°翻转摇匀 2～3 次即可。

### （五）母液分装

将定容好的母液倒入干净的广口瓶中。

### （六）贴标签

在广口瓶上贴好标签，注明母液名称、扩大倍数与配制日期以及配制 1 L 培养基时应移取的量，以方便培养基配制时移取母液。

### （七）冰箱保存

将母液瓶储放在 4 ℃左右的冰箱中保存，定期检查有无沉淀产生，如出现沉淀需重新配制。

### （八）填写记录单并整理工位

填写母液登记表。

将所有使用过的器皿用具等清洗干净，擦干后放回原来的位置；将天平擦干净，关闭电源，放回原来的位置；将桌面擦干净，凳子摆放整齐。

## 三、学生实操

学生按分组进行 MS 培养基母液的配制，注意分工明确，团队合作完成。完成表 3-1-10 至表 3-1-12。

**表 3-1-10　微量元素母液配制表**

配制人：　　　　　　　　　　　　　　　　配制日期：

| 序号 | 化合物名称 | 配方用量/(mg/L) | 扩大倍数 | 称取量/mg | 母液体积/mL |
|---|---|---|---|---|---|
| 1 | $MnSO_4 \cdot 4H_2O$ | 22.3 | | | 1 000 |
| 2 | $ZnSO_4 \cdot 7H_2O$ | 8.6 | | | |
| 3 | $H_3BO_3$ | 6.2 | | | |
| 4 | KI | 0.83 | | | |
| 5 | $Na_2MoO_4 \cdot 4H_2O$ | 0.25 | | | |
| 6 | $CuSO_4 \cdot 5H_2O$ | 0.025 | | | |
| 7 | $CoCl_2 \cdot 6H_2O$ | 0.025 | | | |

表 3-1-11 铁盐元素母液配制表

配制人： 配制日期：

| 序号 | 化合物名称 | 配方用量/(mg/L) | 扩大倍数 | 称取量/mg | 母液体积/mL |
|---|---|---|---|---|---|
| 1 | $FeSO_4 \cdot 7H_2O$ | 27.8 | | | 1 000 |
| 2 | $Na_2$-EDTA | 37.3 | | | |

表 3-1-12 有机元素母液配制表

配制人： 配制日期：

| 序号 | 化合物名称 | 配方用量/(mg/L) | 扩大倍数 | 称取量/mg | 母液体积/mL |
|---|---|---|---|---|---|
| 1 | 甘氨酸 | 2.0 | | | 1 000 |
| 2 | 维生素 $B_1$ | 0.1 | | | |
| 3 | 维生素 $B_6$ | 0.5 | | | |
| 4 | 烟酸 | 0.5 | | | |
| 5 | 肌醇 | 100 | | | |

注意：配制大量元素母液时可用百分之一或千分之一的天平称取药品，配制微量元素母液和有机物母液时应用万分之一的天平称取药品。

铁盐不易被植物吸收利用，只有螯合物才容易被植物吸收利用。将称量好的 $FeSO_4 \cdot 7H_2O$ 和 $Na_2$-EDTA 分别用 450 mL 蒸馏水或去离子水溶解，用酒精灯适当加热并不断搅拌，直至溶质完全溶解。

## 四、讨论与评价

小组自检任务完成情况，并分析讨论存在的问题；教师抽检、点评，最后小组间互评实践成果（表 3-1-13）。

表 3-1-13 MS 培养基母液配制评分表

配制人： 配制日期：

| 序号 | 主要环节 | 考核内容 | 分值 | 自评 | 教师 | 总评 |
|---|---|---|---|---|---|---|
| | | | | 30% | 70% | |
| 1 | 计算 | 母液扩大倍数选择正确 | 10 | | | |
| | | 根据扩大倍数，准确计算各成分称取量 | 15 | | | |
| 2 | 称量 | 分药分匙 | 5 | | | |
| | | 天平精确度选择正确 | 5 | | | |
| 3 | 溶解 | 充分溶解 | 10 | | | |
| 4 | 混合定容 | 混合顺序正确 | 15 | | | |
| | | 定容步骤正确 | 10 | | | |

续表 3-1-13

| 序号 | 主要环节 | 考核内容 | 分值 | 自评 | 教师 | 总评 |
|---|---|---|---|---|---|---|
| | | | | 30% | 70% | |
| 5 | 母液分装 | 母液分装到广口瓶中 | 2 | | | |
| 6 | 贴标签 | 标签内容填写无误 | 3 | | | |
| 7 | 团队配合 | 团队分工明确，操作过程井然有序 | 25 | | | |
| 8 | 综合得分 | | | | | |

# 工作任务二　配制 MS 固体培养基

## 【任务描述】

各小组合作配制 MS 固体培养基，掌握培养基配制的步骤，能够根据需要配制的培养基体积计算各母液及琼脂、蔗糖等的用量，能准确称量、移取各物质，能够精确调节 pH。

## 【任务实施】

### 一、操作前准备

学生分组完成任务，每组 4 人，准备所需仪器用具(表 3-1-14)。

**表 3-1-14　所需药品、仪器用具**

| 药品 | 设备仪器 | 用具 |
|---|---|---|
| MS 培养基的各种母液、琼脂、蔗糖、蒸馏水、0.1 mol/L NaOH、0.1 mol/L HCl | 百分之一电子天平、电磁炉、pH 计 | 玻璃棒、移液管、量筒、1 000 mL 容量瓶、1 000 mL 搪瓷量杯、培养瓶、标签、笔等 |

### 二、教师演示操作

培养基配制操作流程如图 3-1-3 所示。

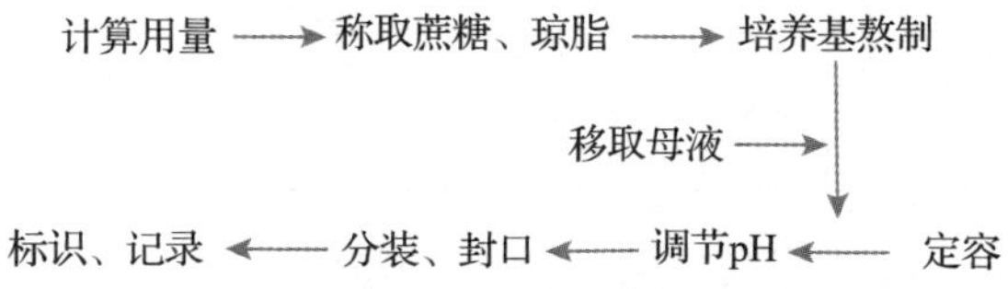


**图 3-1-3　培养基配制操作流程图**

各环节注意事项见下表 3-1-15。

表 3-1-15　各环节注意事项

| 环节 | 注意事项 |
|---|---|
| 计算 | 根据公式：母液移取量＝所需培养基体积/扩大倍数；蔗糖/琼脂称取量＝浓度×培养基体积，计算各物质的用量(按配制 1 L MS 培养基计算) |
| 称量 | 量取蔗糖和琼脂的量，根据药品的称取量选择适宜精度的天平，选择百分之一的电子天平，称量时将称量纸对折一下放入天平中，用药勺盛取药品放在称量纸上，观察称量数据的变化，当称量的药品快达到所需质量时，用一只手轻轻抖动另一只手，少量加入药品，称量的准确度为最后一位数的±5。称量后将药匙内多余的药品放入废药瓶，不可放回试剂瓶 |
| 培养基熬制 | 先在搪瓷量杯里加入 1/2 培养基体积的蒸馏水，大火煮开，然后加入称量好的琼脂和蔗糖，小火煮溶，这期间用玻璃棒不停搅拌，防止糊底。熬好的培养基液体澄清透明 |
| 移取母液 | 根据之前计算好的量，大量元素母液用 100 mL 的量筒量取，其他量比较少的母液用 10 mL 移液管移取。移液管使用之前先用要转移的液体润洗 3 次，移液时移取准确，一次性移取，不滴不漏，注意不要将母液吸入吸耳球，移液管与母液要一一对应。母液移取完成后，将母液转移到搪瓷量杯中 |
| 定容 | 在搪瓷量杯中加入蒸馏水定容至 1 L |
| 调节 pH | 当搪瓷量杯中的培养基温度降低至 50～55 ℃时，用 pH 计或精密试纸检测 pH，用 0.1 mol/L 的 NaOH 或 HCl 调节 pH 至 5.8±0.2 的范围 |
| 分装与封口 | pH 调整好之后将培养基趁热分装至培养瓶中，分装厚度 1～1.5 cm，注意不要将培养基溅到瓶口，分装好之后尽快盖上瓶盖进行封口，以免污染 |
| 标识与记录 | 在培养瓶上做好标记，标明培养基代号、操作人与时间，最后填写记录单，并整理工位。将所有使用过的器皿、用具等清洗干净，擦干后放回原来的位置；将天平擦干净，关闭电源，放回原来的位置；将桌面擦干净，凳子摆放整齐 |

完成表 3-1-16 MS 固体培养基配制表。

表 3-1-16　MS 固体培养基配制表

配制人：　　　　　　　　　　　　　　　　　　配制日期：

| 序号 | 培养基母液名称 | 扩大倍数/浓度 | 培养基体积/L | 本次需要量 |
|---|---|---|---|---|
| 1 | 大量元素母液 | | | |
| 2 | 微量元素母液 | | | |
| 3 | 铁盐母液 | | | |
| 4 | 有机物母液 | | | |
| 5 | 琼脂 | | | |
| 6 | 蔗糖 | | | |

## 三、学生实操完成任务

学生按分组进行 MS 固体培养基的配制，注意分工明确，团队合作完成。

## 四、讨论与评价

小组自检任务完成情况，并分析讨论存在的问题；教师抽检、点评，最后小组间互评实践成果（表 3-1-17）。

**表 3-1-17　MS 培养基母液配制评分表**

配制人：　　　　　　　　　　　　　　　　　　　　　　　　配制日期：

| 序号 | 主要环节 | 考核内容 | 分值 | 小组自评（30%） | 教师评价（70%） | 总评 |
| --- | --- | --- | --- | --- | --- | --- |
| 1 | 计算 | 母液移取量与蔗糖、琼脂称取量计算正确 | 10 | | | |
| 2 | 称取蔗糖、琼脂 | 天平称量，操作规范、正确 | 4 | | | |
| 3 | 培养基熬制 | 培养基不糊锅，熬制好的培养基清澈透明 | 10 | | | |
| | 移取母液 | 母液移取操作规范、正确（移液管润洗，一次性移取，移液管与母液瓶一一对应，母液勿吸入吸耳球等） | 10 | | | |
| 4 | 定容 | 定容操作规范、迅速，平视溶液凹面与刻度线齐平 | 4 | | | |
| 5 | 调 pH | 培养基温度在 50～55 ℃范围内准确迅速检测 pH（5.8±0.2） | 10 | | | |
| | | 不要调过头，以免影响培养基内离子浓度 | 5 | | | |
| 6 | 分装 | 分装厚度 1～1.5 cm，不要溅到瓶口，以免引起污染 | 4 | | | |
| 7 | 封口 | 封口时培养瓶倾斜不超过 45° | 4 | | | |
| 8 | 标识与记录 | 注明培养基名称、配制时间等 | 4 | | | |
| 9 | 操作顺序 | 整个培养基配制过程按正确顺序进行，规范操作 | 20 | | | |
| 10 | 团队配合 | 团队出勤率，分工明确，操作过程井然有序，操作台干净卫生 | 15 | | | |
| 11 | 小组综合得分 | | | | | |

# 工作任务三　MS培养基灭菌与保存技术

## 【任务描述】

各小组将制作好的MS固体培养基采用高压蒸汽灭菌法进行灭菌，要求严格按照灭菌步骤，合理设定灭菌温度和保压时间，保证培养基彻底灭菌，并将灭菌完成的培养基合理保存。

## 【任务实施】

### 一、操作前准备

学生分组完成任务，每组4人，准备所需仪器用具。包括：高压灭菌锅、隔热手套、培养基及其他需要灭菌的材料。

### 二、教师演示

#### （一）培养基高压蒸汽灭菌

（1）打开锅盖，加水至水位线，维持高水位线的灯是亮的。

（2）把已装好培养基的培养瓶，放入锅筒内，同时还可将需要灭菌的接种工具、包扎好的细菌过滤器、包好的滤纸（制作无菌滤纸）、罐装好蒸馏水（制作无菌水，不超过容器体积2/3）等放入灭菌锅内。

（3）然后盖上锅盖，对角旋紧螺丝，时间调至规定时间（如25 min），接通电源加热。

（4）当压力升至0.05 MPa时，打开放气阀，当压力回到"0"时关闭放气阀，灭培养基时需放2次冷气。当气压上升到0.105 MPa时，温度在121 ℃，开始计时，保持灭菌规定时间（25 min），25 min后关闭电源，缓缓打开放气阀。

（5）当压力降至"0"时打开锅盖，取出培养基和灭菌物品，培养基放于平台上冷凝。

#### （二）培养基保存方法

灭菌后取出培养瓶，让培养基自然冷却凝固，最好放置1 d后再使用。经过灭菌的培养基应置于10 ℃下保存，特别是含有生长调节物质的培养基最好在4～5 ℃低温下保存。含吲哚乙酸或赤霉素的培养基，要在配制后的1周内用完，其他培养基最多也不应超过1个月。在多数情况下，应在灭菌后2周内用完。

### 三、学生实操

学生按分组进行MS固体培养基的灭菌与保存，注意分工明确，团队合作完成。

### 四、讨论与评价

1. 现场随机口试，考查学生对高压灭菌锅使用方法的掌握程度。
2. 学生讨论培养基灭菌时的易发问题。

## 【任务小结】

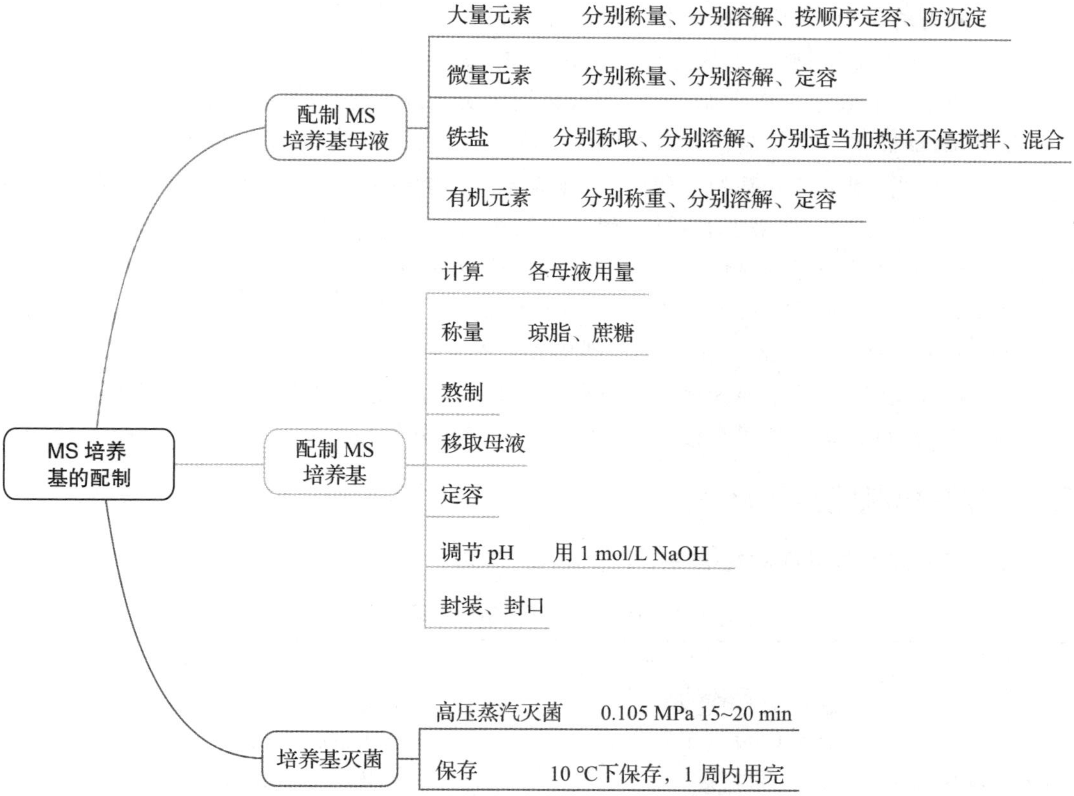


## 【问题探究】

1. MS 大量元素母液配制时，为何要注意 5 种盐类化合物的混合顺序？

2. 为什么不能用自来水配制培养基母液，而在培养基制备中可以用自来水代替蒸馏水？

课程思政：我国在植物组织培养和细胞全能性领域的历史贡献

## 【拓展知识】

### 一、培养基的 pH

培养基的 pH 因培养材料不同而异，大多数植物要求 pH 为 5.6～5.8，常用 1 mol/L 的 HCl 和 1 mol/L 的 NaOH 来调节培养基的 pH。

注：①经高温高压灭菌后，培养基的 pH 会下降 0.2，故调整后的 pH 应高于目标 pH 0.2 个单位；②pH 的大小影响琼脂的凝固能力，一般 pH＞6 时培养基会变硬，pH＜5 时琼

脂不能很好地凝固。

## 二、配制母液和培养基时需要注意的问题

使用储备的母液时，应在量取各种母液之前轻轻摇动盛放母液的瓶子，如果发现瓶中有沉淀、悬浮物或被微生物污染，应立即淘汰该母液，重新进行配制。

用量筒或移液管量取培养基母液之前，必须用所量取的母液将量筒或移液管冲洗 2 次。量取母液时，最好将各种母液按量取的顺序写在纸上，量取 1 种，划掉 1 种，以免出错。

在加热琼脂、制备培养基的过程中，操作者千万不能离开，否则沸腾的琼脂外溢，就需要重新称量、制备。此外，如果没有搪瓷量杯，可用大烧杯代替，但要注意大烧杯底的外表面不能沾水，否则加热时烧杯容易炸裂，使溶液外溢，造成烫伤。

调 pH 时，用滴管吸取 0.1 mol/L 的 NaOH 或 HCl，逐滴滴入培养液中，边滴边搅拌，并随时用 pH 计测试培养液的 pH，一直到培养液的 pH 为 5.8 为止。

培养液分装时，注意不要让培养液黏附到瓶口和瓶壁上。培养瓶中培养液的量为容量的 1/5～1/3 。每升培养液可分装 20～30 瓶。培养液分装完毕后，应及时封盖瓶口。

## 三、培养基配制的常见问题

培养基配制的常见问题见表 3-1-18。

**表 3-1-18　培养基配制的常见问题**

| 常见问题 | 原因 | 预防措施 |
| --- | --- | --- |
| 固体培养基灭菌后不凝固 | 琼脂贮藏时间过久 | 购买新琼脂 |
| | 培养基中添加 6-BA 过多 | 适当增加培养基中的琼脂添加量 |
| | 培养基过酸过碱 | 调整培养基 pH 至适宜 |
| | 培养基中添加活性炭过多 | 减少活性炭用量 |
| | 培养基灭菌时间过长或灭菌后久不放气 | 合理设定灭菌时间 |
| | 琼脂质量差 | 对新购的琼脂做凝固力试验 |
| 大量元素母液出现沉淀 | 母液浓缩倍数过大 | 合理确定母液浓缩倍数 |
| | 混合定容顺序不正确 | 科学确定大量元素混合顺序 |
| 培养基 pH 不符合要求 | pH 检测与调整有误差 | 熟悉 pH 计使用方法，选择适宜的 pH 调整方法 |
| | 培养基灭菌时间过长 | 合理设定灭菌时间 |
| | 培养基熬制时间过长 | 控制熬制时间 |
| 加入活性炭的培养基灭菌后颜色不均匀 | 培养基灭菌后凝固前未及时摇匀 | 空白培养基灭菌后持续摇匀，直到凝固 |

## 四、影响培养基湿热灭菌的因素

**1. 灭菌器内冷空气排出的程度**

冷空气的存在影响蒸汽的温度和穿透力，冷空气排出的程度和温度的关系如表 3-1-19 所示。

表 3-1-19　冷空气排出的程度和温度的关系

| 表压 | | 排出不同程度冷空气时灭菌器内的温度/℃ | | | | |
|---|---|---|---|---|---|---|
| ba/in² | kg/cm² | 全排出 | 排出 2/3 | 排出 1/2 | 排出 1/3 | 未排出 |
| 5 | 0.35 | 109 | 100 | 94 | 90 | 72 |
| 10 | 0.70 | 115 | 109 | 105 | 100 | 90 |
| 15 | 1.05 | 121 | 115 | 112 | 109 | 100 |
| 20 | 1.41 | 126 | 121 | 118 | 115 | 109 |
| 25 | 1.76 | 130 | 126 | 124 | 121 | 115 |
| 30 | 2.11 | 135 | 130 | 128 | 126 | 121 |

**2. 灭菌物品的数量、包装和放置**

(1)培养基等灭菌物品的包装不宜太大,也不宜扎太紧。

(2)放入灭菌锅内的物品应少于灭菌器容积的 85%。

(3)放置物品时,应留有空隙以利于蒸汽的穿透,切忌形成死腔(蒸汽无法穿透的物体部位)。

(4)陶瓷的盆、实验服、口罩等应垂直放置,空瓶的瓶口不应向上。

**3. 加热速度**

由于蒸汽穿透需要时间,所以当加热速度太快时,灭菌锅内的温度已达到所需的温度,但培养基等物品内部的温度仍然没有达到,则杀菌效果不理想。所以应按照正常速度加热。

**4. 超高热蒸汽**

在一定的压力下,若锅内的蒸汽温度超过饱和状态下应达到温度的 2 ℃以上,则为超高热蒸汽。虽然温度高,但水分不足,遇到培养基等灭菌物品不能凝结成水,导致不能释放出潜热,所以对灭菌不利。为了避免这种现象出现,锅内的水量应多于产生蒸汽所需的水量,即水量应充足。此外,灭菌物品不宜太干燥。

## 五、高压锅使用的注意事项

(1)装锅时严禁堵塞安全阀的出气孔,锅内必须留出空位,以保证水蒸气畅通。

(2)灭菌液体时,应采用耐热玻璃瓶灌装,灌装量以不超过 3/4 体积为好,切勿使用未打孔的橡胶或木塞瓶。

(3)在灭菌过程中,应注意排净锅内冷空气,锅内冷空气如排放不净会影响灭菌效果,达不到彻底灭菌的目的。

(4)高压锅长期使用后,若压力表的指示不正确或不能回复零位,应及时更换,压力表、安全阀每年至少要拿到专门机构进行检测一次。

(5)平时应保持设备清洁干燥,橡胶密封垫使用日久会老化,应定期更换。

(6)安全阀应定期检查其可靠性,当工作压力超过 0.165 MPa 时需要更换合格的安全阀。

(7)高压锅在工作时不能离开人。

## 【新工艺、新技术】

视频 16:全自动培养基制备机的应用

# 任务二　马铃薯脱毒苗的制取

## 【学习目标】

### 知识目标

掌握马铃薯脱毒的方法及原理。

掌握马铃薯外植体的选择与灭菌方法。

掌握马铃薯茎尖剥离技术。

### 能力目标

能够对马铃薯的外植体进行选择、处理和灭菌。

能够通过马铃薯茎尖脱毒技术得到脱毒苗。

### 素养目标

具备精益求精的工匠精神,形成一丝不苟的工作作风。

具备劳动精神,锻炼坚强意志。

## 【前导知识】

马铃薯于 17 世纪传至我国,从最早的只在高寒贫瘠土地种植,到现在已经成为许多地区的主要作物,从最初的只为解决粮食不够问题,到现在已成为四大主粮之一。目前,我国马铃薯种植面积居世界第一,种薯使用量也居世界第一,但由于病毒侵染引起的马铃薯退化却制约着产业的升级与发展。

目前在马铃薯作物各品种上已发现了多种病毒、类病毒,已报道的就有 30 多种,但仅少数病毒危害严重,如马铃薯 Y 病毒(PVY)、马铃薯卷叶病毒(PLRV)、马铃薯 A 病毒(PVA)和 X 病毒(PVX)以及马铃薯纺锤块茎类病毒(PSTV)等。

# 一、马铃薯脱毒方法和原理

## (一)茎尖分生组织培养脱毒方法和原理

茎尖分生组织培养以带有 1～3 个叶原基的茎尖为外植体,经过愈伤组织的分化而形成再生植株。一株被病毒侵染的植株并不是所有细胞都带有病毒,越靠近茎尖和芽尖的分生组织病毒浓度越低,并且有可能是不带病毒的。原因如下:

①分生组织有旺盛的新陈代谢活动。病毒的复制须利用寄主的代谢过程,因而无法与分生组织的代谢同步活动与竞争。

②分生组织中缺乏真正的维管组织。大多数病毒在植株内通过韧皮部进行迁移,或在细胞与细胞之间通过胞间连丝传输。且细胞到细胞之间的移动速度较慢,快速分裂的组织比病毒的复制速度快。

③分生组织中高浓度的生长素可能影响病毒的复制。因此,在茎尖组织培养方法研究中发现了一个明显的规律,茎尖大小对脱除病毒有影响,茎尖长度越小病毒含量越低,脱毒效果越好,但不易成活。

## (二)病毒唑处理

抗病毒化学药剂能够不同程度地脱除植物病毒,主要是利用抗病毒化学药剂来抑制病毒核酸与蛋白质的合成,或是改变寄主的代谢方式。

## (三)热处理脱毒

原理是在高于正常的某一温度范围(35～40 ℃)内,植物组织中的很多病毒可被部分地或完全钝化,从而抑制病毒的增殖,减缓病毒在植株体内的扩散速度,但很少伤害甚至不伤害寄主组织。

脱毒方法可联合使用,也可单独使用。

# 二、马铃薯脱毒苗的制取

**视频 17:马铃薯外植体的选择与处理**

## (一)外植体(脱毒材料)的选取

在马铃薯生长期间,田间选择具有原品种优良特性(包括株型、花色、成熟期等性状),生长健壮,无明显病毒性、类病毒性、真菌性、细菌性病害症状的马铃薯植株作为目标植株,做好标记,加强日常观测管理,防止病虫害侵染。成熟时提前单独收获并进行再次挑选,选择结薯率、单株产量和大薯率高,薯块无病斑、虫蛀和机械损伤的材料(植株),收获其块茎,带到实验室备用。

为了提高脱毒成功率,马铃薯脱毒材料的选择应尽可能地在原种繁育田及原原种繁育温室或网室中选择。由于马铃薯纺锤块茎病是由类病毒(PSTV)引起的,目前用植物茎尖分生组织方法难以脱除,因此在进行脱毒前,要对入选的块茎进行 PSTV 检测,淘汰带有 PSTV 的块茎。

## (二)外植体处理

### 1. 打破休眠

种薯收获后，可自然通过休眠期或采取人工打破休眠期。若人工打破休眠，可将块茎放入 35 ℃恒温培养箱中，每天光照 16 h，光照强度 2 000 lx，放置 30 d 左右后，用赤霉素溶液(浓度在 10%～20%)浸泡 20～30 min，做催芽处理。

### 2. 外植体灭菌

马铃薯选取芽作为外植体，由于外植体取自于田间，材料含微生物，不能直接培养，必须表面灭菌，才能培养。

(1)预处理。把入选的马铃薯块茎进行打破休眠和催芽处理后，当薯块顶芽生长至 1 cm 时，转入光照培养箱内，以每天 12 h 光照，照度 3 000 lx，37 ℃的高温处理 6～8 周。

(2)灭菌。剪取经过热处理后的发芽块茎上 2～3 cm 长的芽若干个，放入玻璃烧杯内，先用淡淡的加酶洗衣粉浸泡 1～2 min，同时不停振荡，冲刷芽上的尘土，然后在烧杯口扎块纱布，放在水龙头下，采用小水流冲洗，持续冲洗 2～3 h，最后用滤纸吸干芽表面水分后放入超净工作台进行严格消毒。在超净工作台内用 75%酒精浸泡 30～45 s，并不断振动，使 75%酒精作用到芽的每个部位，然后用无菌水冲洗 3～4 遍，根据不同的品种和芽尖的大小，用 0.1%升汞($HgCl_2$)浸泡并不断晃动 5～10 min，或在 5%漂白粉[$Ca(ClO)_2$]溶液中浸泡 5～10 min，最后用无菌水清洗 3～4 次。处理完后将芽放在滤纸上吸干水分待用(滤纸需提前灭菌)。灭菌过程见图 3-2-1。

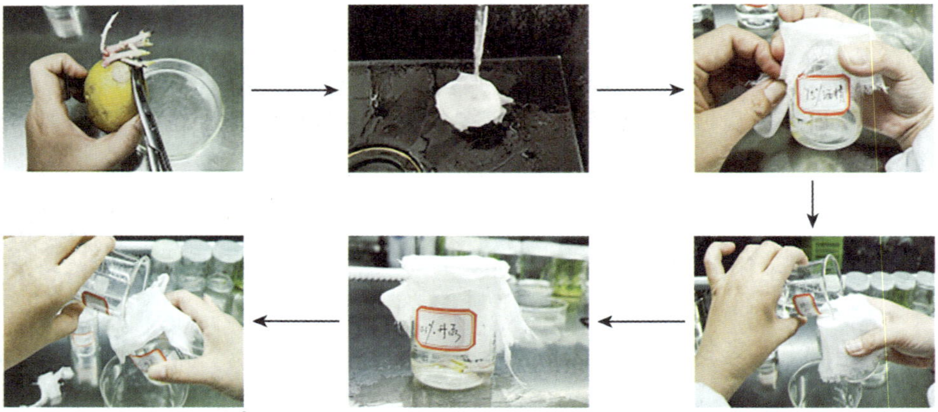

图 3-2-1　外植体灭菌过程

## (三)茎尖剥离及组织培养

视频 18：马铃薯茎尖剥离技术

### 1. 茎尖剥离

把消毒好的芽放在 40 倍的解剖镜下，剥去顶芽和腋芽上较大的幼叶，逐层剥离直到露出圆滑的生长点。小心切取大小 0.3～0.5 mm、含有 1～2 个叶原基的茎尖组织，立即接种到带有培养基的试管中，每支试管接种 1 个茎尖。

具体操作流程见图 3-2-2。

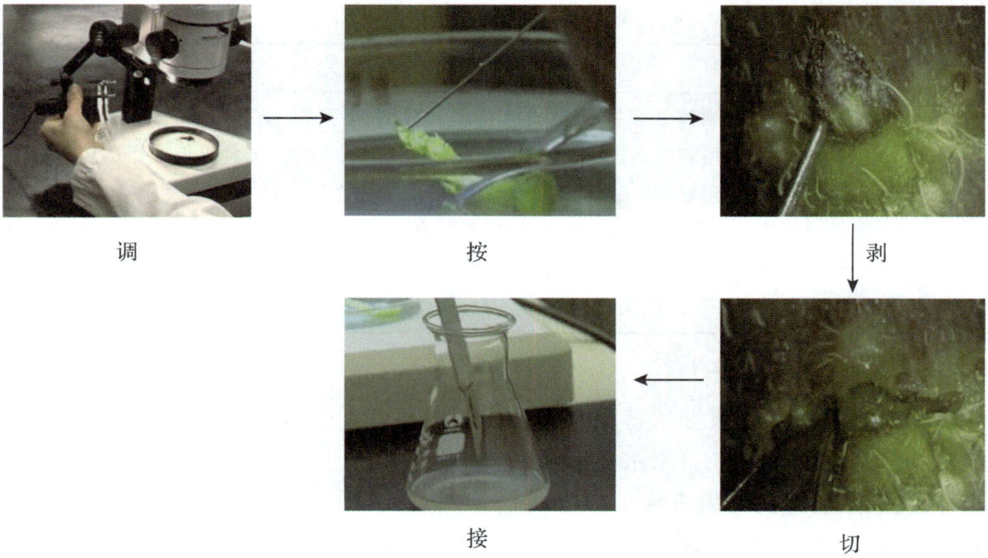


图 3-2-2　茎尖剥离流程

**2. 茎尖培养**

(1)培养基的选取。马铃薯茎尖培养较理想的培养基为 MS+NAA 0.5mg/L+6-BA 0.1 mg/L 或 MS+KT 0.4 mg/L+$GA_3$ 0.2 mg/L+NAA 0.1 mg/L,加入 $GA_3$ 对茎尖成苗有促进作用,培养基 pH 5.8～6.0。

(2)培养条件。温度:白天 24 ℃左右,晚上 18 ℃,上下浮动不超过 1 ℃。光照强度 1 500～2 000 lx,光照时间 14 h/d 为宜。30～40 d,茎尖可明显伸长,4 个月左右发育成 3～4 片叶的小苗。这时在无菌条件下进行单节切段,并接种于带有培养基的培养瓶中继续培养。25 d 左右又可进行单节切段扩繁。

## 工作任务　马铃薯脱毒苗的制取

### 【任务描述】

各小组选取合适的外植体进行茎尖剥离,要求操作流程规范、熟练、安全,污染率低。

### 【任务实施】

#### 一、操作前准备

学生分组完成任务,每组 2 人。

**1. 实验用品**

准备所需试剂及设备用品,见表 3-2-1。

表 3-2-1 试剂及设备用品

| 药品 | 设备仪器 | 用具 |
|---|---|---|
| 75%酒精、0.1%升汞、无菌水 | 双人超净工作台1台、器具消毒器2台 | 酒精灯2盏(装入3/4酒精)、滤纸、无菌杯、烧杯、外植体材料、马铃薯茎尖培养基、弯头剪刀、枪镊各4把、培养皿2套、工具支架2个(需提前用报纸包好,放入高压蒸汽灭菌锅中121 ℃、0.15 MPa、灭菌40 min)、200～500 mL手持喷壶(装好75%的酒精)、棉布或脱脂棉球放入装有75%酒精的酒精瓶、实验服2套、口罩2个、鞋套2双、医用帽2顶、毛笔、香皂、记号笔2支、医用小推车1台,塑料周转筐2个 |

**2. 外植体选取和消毒**

剪取经过热处理后的发芽块茎上2～3 cm长的芽若干个,用软毛刷轻轻逐个刷洗后放于烧杯中,用纱布封口,放于自来水下冲洗0.5 h后待用。

**3. 人员卫生消毒及环境灭菌**

教师和学生在缓冲间内换上干净的实验服,戴上口罩,套上鞋套,戴上帽子等进入接种室。学生在教师带领指导下,完成接种前工具摆放及环境灭菌工作。工具摆放时,消毒器、装有75%酒精的消毒瓶、冷却架、酒精棉瓶、喷壶等工具置于台面惯用手侧;培养基、发芽块茎等其他物品置于相对一侧;无菌培养皿、酒精灯放于人员正前方,酒精灯朝内;打开报纸包的工具,插入器械消毒器中。

环境灭菌时,先用75%的酒精喷洒空间进行降尘,再打开超净工作台和室内的紫外线灯照射30 min。

## 二、教师演示

操作如图3-2-3所示。

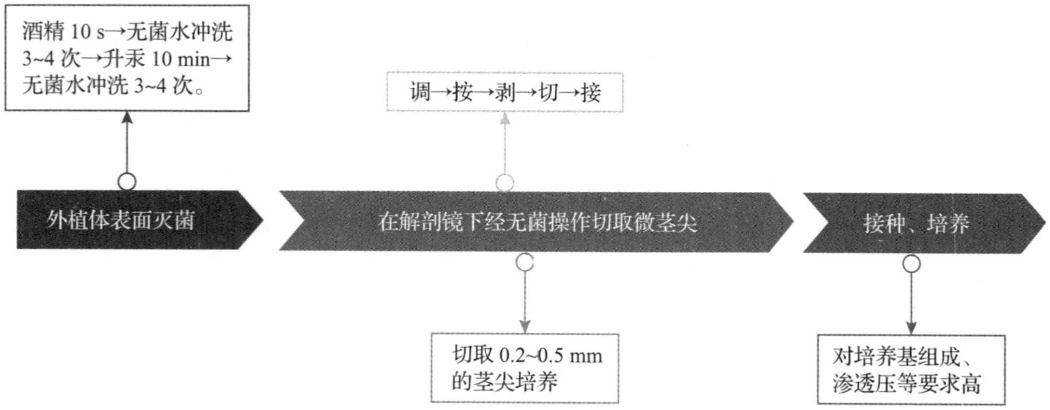


图 3-2-3 茎尖剥离操作流程

## 三、学生实操

学生再次进行消毒,从风淋室进入接种室。关闭室内和超净工作台紫外线灯。每位学生一个工位,开始操作。操作流程如图3-2-4所示。

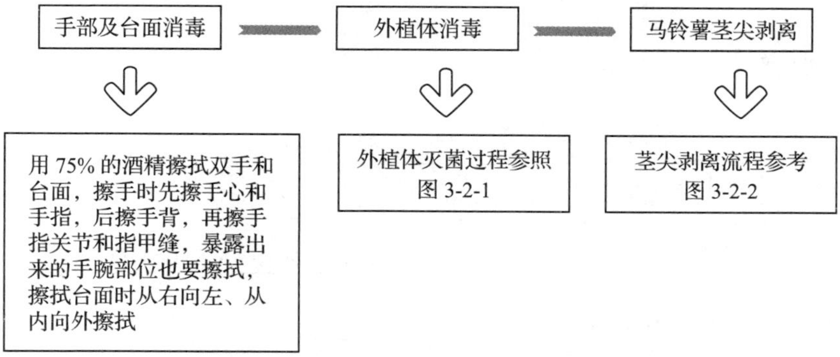


图 3-2-4　马铃薯茎尖剥离操作流程

## 四、讨论与评价

小组自检任务完成情况，并分析讨论存在的问题；教师抽检、点评，最后小组间互评实践成果。评分表见表 3-2-2。

表 3-2-2　马铃薯脱毒苗制取评分表

完成人：　　　　　　　　　　　　　　　　　　　完成日期：

| 序号 | 主要环节 | 考核内容 | 分值 | 自评 | 教师 | 总评 |
|---|---|---|---|---|---|---|
| | | | | 30% | 70% | |
| 1 | 外植体选取 | 外植体选取符合标准 | 10 | | | |
| | | 外植体按要求进行预处理 | 10 | | | |
| 2 | 外植体灭菌 | 按流程进行环境灭菌和人员清洁 | 10 | | | |
| | | 按流程进行外植灭菌 | 20 | | | |
| | | 对废液正确处理 | 10 | | | |
| 3 | 茎尖剥离 | 正确使用解剖镜、剥离方法正确 | 20 | | | |
| 4 | 仪器使用 | 正确使用超净工作台 | 10 | | | |
| 5 | 团队配合 | 团队分工明确，操作过程井然有序 | 10 | | | |
| 6 | 综合得分 | | | | | |

## 五、课后管理

脱毒苗培养，3 d 检查一次培养情况，组间互检接种效果及污染情况，讨论后做书面记录与改进方案。

## 【任务小结】

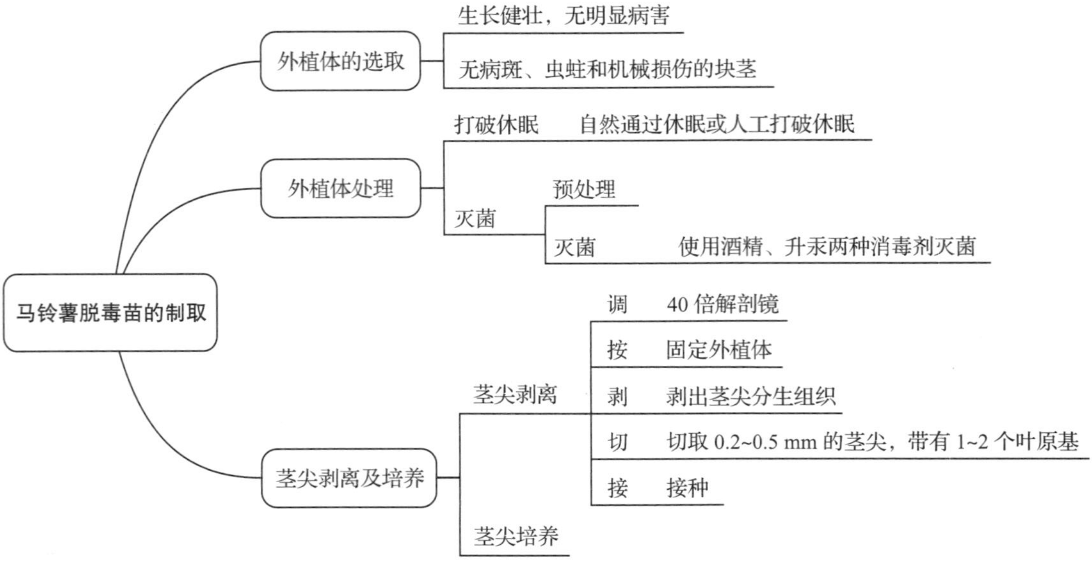


## 【问题探究】

1. 通过组培脱毒获得的脱毒苗会再次感染吗？为什么？
2. 说出几种脱毒培养的方法。

课程思政：
神奇的细胞

## 【拓展知识】

### 马铃薯病毒

#### (一)马铃薯病毒病及其危害

植物病毒为专性寄生物，只能在其寄主的活细胞内复制，马铃薯为营养体繁殖，病毒在寄主体内随继代繁殖而逐渐积累，导致马铃薯种性退化，产量严重降低，块茎大小、形状、口感等原有品质下降，影响马铃薯的商品性，导致马铃薯退化。

病毒位于马铃薯维管束环和芽眼内，随着薯芽萌发，维管束环内的病毒通过增殖而遍布整个植株。由于维管束与块茎所有芽相连，因此病毒可存在于所有从块茎萌发的芽内。然而有些病毒可能不会存在于受侵染块茎的所有芽内，这是由于维管束环或芽内转移障碍或病毒浓度过低。实验证明许多病毒在韧皮部转移速度快。病毒很少进入成熟叶片，很多病毒不能在根或在芽的分生组织定居。

目前，在马铃薯作物上已发现并报道的有 30 种以上不同的病毒和类病毒，所幸只有少数病毒对马铃薯危害严重，另一些认为不太重要的病毒可能在特殊生长环境中会引起严重的危害。

马铃薯生产田中两种以上病毒复合侵染的现象非常普遍，使马铃薯植株病毒病害症状更为复杂，不同病毒和病毒不同株系的复合侵染对马铃薯生产的质量和产量影响也较复杂。然而，病毒与症状之间的相互关系并不是绝对的，有时植株病毒侵染植株后并不产生明显症状，相反，有时植株表现明显病毒病症状，但与健康植株相比产量并未显著减少。

视频 19：马铃薯病毒病及其危害

## (二)我国马铃薯种薯生产中病毒发生情况

我国是世界上马铃薯生产第一大国，近年来，随着产业结构的调整和马铃薯深加工在世界范围的兴起与繁荣，我国马铃薯产业发展迅速，马铃薯在我国国民经济增长中占有重要比重。虽然脱毒种薯推广应用已多年，但近几年马铃薯生产质量安全普查结果表明，马铃薯病毒病仍然是制约我国马铃薯生产的主要因素。

马铃薯 Y 病毒、马铃薯 X 病毒、马铃薯 S 病毒、马铃薯 M 病毒、马铃薯 A 病毒和马铃薯卷叶病毒是普查重点，这六种病毒在全国各地都有发生，其中马铃薯 Y 病毒和马铃薯 S 病毒发病率较高，其次为马铃薯卷叶病毒。按照国标的检测方法，在马铃薯生长季节对各级种薯田随机抽样，目测检验，除在特殊环境下马铃薯晚疫病、马铃薯环腐病、马铃薯青枯病等会成为田间的主要病害外，多数情况下病毒病占马铃薯病害的主导地位。

我国幅员辽阔，几乎各种生态环境都有，植物病毒的流行取决于寄主、病毒和环境条件，危险性新病毒遇到适宜流行条件则会对当地马铃薯生产产生重要影响，因此，应重视了解较少的病毒和新病毒的发生与发展。

## (三)马铃薯病毒病症状

对马铃薯而言，通常要根据发生病毒侵染时作物在生命周期中所处的阶段来判断两种类型的症状。一种植物在生长期受感染(初期感染)会发展成初期症状。这样受感染的块茎携带着病毒，当再次种植时，在生长早期就会显示病害症状(继发感染植物)。这叫作继发症状。初期症状和继发症状也常用于表示其他病害发病的连续步骤。

常见的马铃薯病毒病症状类型(俗称马铃薯退化类型)有花叶、卷叶、束顶、矮生 4 种。花叶类型中有各式各样花叶症状，其致病病毒原复杂。由于品种抗病性不同，或者因温度条件等因素的影响，有时马铃薯病症相似，但其病原不同。而另 3 个类型(卷叶、束顶、矮生)的病原虽较单纯，但常与花叶型的病毒复合侵染，呈综合症状。其中矮生型病株，除某种病原的特定症状外，有时一些抗病性弱的马铃薯品种，如果被多种病原侵染，发病严重，导致植株生育停滞，从而造成植株矮缩现象。

其他原因也能引起类似病毒病症状，如遗传异常、非虫害和病原引起的生理异常以及由其他虫害或致病因子引起的异常。

## (四)马铃薯病毒传播方式

具有寄生特性的植物病毒要成功地传播，需要其他介体将它们从感病的细胞传到健康植株的细胞中去。但最有效的传播则需要植物病毒、传播介体、植株和环境同时达到最适的状态。

**1. 植株之间的接触传播**

当感病植株伤口流出的汁液侵染健康植株的伤口时才会发生这种类型的传播。要使这种类型的传播起作用,病毒应达到一定的浓度且寄主植物易受侵染。

(1)机械传播。即植株间的接触传播。侵染性病毒作为侵染源先沾染某物,后者再与健康植株接触而传播病毒。当手触摸过带毒植株后可以机械地传播病毒或偶然也会通过沾染病毒的衣服摩擦植株而机械地传播病毒。当动物在田间行走摩擦植株时也会以同样的方式传播病毒。然而,在田间最重要的侵染源是农用机具和田间作业。

(2)嫁接传播。在自然条件下很少发生这种病毒传播方式,马铃薯卷叶病毒可通过此方法传毒。

**2. 介体传播**

昆虫、线虫和真菌均是马铃薯病毒的传播介体,昆虫传播是最重要的传播方式,其中蚜虫(同翅目)传播更为重要。

蚜虫在摄食过程中能获取病毒,在随后的刺探和摄食过程中把病毒传播给健康植株。由于病毒类型的不同,也许在有效传播之前需要一段潜伏期。蚜虫带毒状态能够持续几分钟、几小时、几天或者终生。依据病毒保留时间的长短将病毒的传播分为 3 类:非持久性传播、半持久性传播或者持久性传播。

## (五)主要马铃薯病毒

虽然侵染马铃薯的病毒有二三十种,但对马铃薯生产影响较大的只有少数几种主要病毒。

**1. 马铃薯 Y 病毒(PVY)**

这种病毒属于马铃薯 Y 病毒科 *potyvirus* 属。病毒粒子是弯曲的螺旋结构纤丝,约长 750 nm,宽 11～12 nm。

目前在世界范围内已鉴定出 3 种主要株系。PVYO,代表普通的种类,初期感染造成程度不同的叶片枯斑和脉缩,次生感染造成严重的皱缩和花叶。PVYN 被称为坏死的株系,因为它造成烟草的叶脉坏死。马铃薯的主要症状是花叶并伴有一定程度的皱缩,敏感栽培品种有脉缩现象。这类病毒的一个变体叫作 PVYNTN 或 PVYNN,近来它在欧洲传播造成块茎上的坏死环。PVYC 造成茎条斑和大多数栽培品种的坏死。此株系的病毒近来较少在马铃薯上发现。一些变体被重新分类为其他 *Potyvirus* 的成员,即马铃薯病毒 V(PVV)。

PVY 寄主范围广泛,但大多数寄主属于茄科。由于其传播途径较复杂,因而在国内外马铃薯产区广泛传播,并且造成的敏感栽培品种减产可达 80%,与其他病毒尤其是 PVX 协同作用时造成更加严重的病害,称为皱缩花叶病,减产可达 50%～80%。

**2. 马铃薯卷叶病毒(PLRV)**

PLRV 被认为是马铃薯病毒中最重要的一种。它是黄症病毒科黄花病毒属的成员,具有六角形的等轴对称外形,直径为 26 nm,主要通过桃蚜传播。PLRV 有较窄的寄主范围,敏感性寄主主要属于茄科。

在大多数栽培品种中 PLRV 使初期感病植株卷曲并且顶端褪绿。使次生感病植株矮化,并且基部叶片卷曲、上竖。顶部的叶片黄化并显紫色。一些极度敏感品种的块茎内部有坏死斑，通常呈网状。

因栽培品种对 PLRV 的敏感性而造成的减产可达 90%。这种病毒几乎发生在所有马铃薯种植区域，然而，在高温气候地区（印度平原和北非）PLRV 感染并没有这么重。

**3. 马铃薯 X 病毒(PVX)**

这种病毒属于马铃薯 X 病毒属，由弯曲的纤丝螺旋构成特征性的病毒粒子，约长 515 nm，宽 13 nm。

虽然症状的严重性因栽培品种的敏感性不同和病毒的株系不同而异，但是潜伏性感染或轻度花叶是 PVX 引起的普遍症状。少数株系造成严重的花叶、皱缩甚至脉缩。PVX 在自然界中主要由接触传播。

PVX 在世界范围内分布于马铃薯和其他的茄科寄主中。除非和其他病毒（尤其是 PVY）一起感染植株，PVX 并不造成严重的减产。单纯由 PVX 感染造成的减产在 10%～30%。

**4. 马铃薯 S 病毒和 M 病毒(PVS 和 PVM)**

PVS 和 PVM 是香石竹病毒属的成员，具有特征性的螺旋结构，病毒粒子呈纤维状，稍有弯曲，长 650 nm，宽 12～13 nm。

PVS 在马铃薯上的症状很难辨别。严重的病毒株系感染敏感的栽培品种可观察到叶片呈青铜色、叶脉轻微下陷。PVM 的症状多样，从完全潜伏到严重的皱缩和花叶都存在。某株系感染会出现顶部叶片轻微卷曲。

PVS 和 PVM 都能以非持久性方式接触传播或通过蚜虫传播。它们的寄主范围都较窄。PVM 主要发生在某些气候温和的地区，例如东欧。由 PVS 和 PVM 造成的减产通常不超过 20%。

## 任务三　马铃薯脱毒苗的鉴定

### 【学习目标】

#### 知识目标

掌握常见的病毒检测方法。

掌握马铃薯脱毒苗鉴定的常用方法。

理解双抗体酶联免疫吸附法的基本原理。

#### 能力目标

能够灵活使用常见的病毒检测方法鉴定病毒。

能够熟悉双抗体酶联免疫吸附法的操作规程。

#### 素养目标

具备认真仔细观察的素养，善于总结并勇于探究和探索。

具备创新思维和解决问题的能力。

具备深厚的人文情怀和社会责任感。

## 【前导知识】

茎尖培养获得的试管苗，经严格检测后，才能确认为脱毒苗。马铃薯脱毒苗须检测的病害有：马铃薯X病毒(PVX)、马铃薯Y病毒(PVY)、马铃薯S病毒(PVS)、马铃薯M病毒(PVM)、苜蓿花叶病毒(AMV)、马铃薯卷叶病毒(PLRV)、马铃薯A病毒(PVA)、马铃薯帚顶病毒(PMTV)、马铃薯纺锤块茎类病毒(PSTV)、细菌性青枯、细菌性环腐、细菌性软腐和细菌性黑胫。

通常采用双抗体酶联免疫吸附法检测马铃薯病毒病，采用往复聚丙烯氨酰胺凝胶电泳检测技术检测马铃薯纺锤块茎类病毒。

## 一、马铃薯病毒病的检测技术及基本原理

植物病毒的诊断和病原的鉴定是病毒病防治的基础，目前常见的马铃薯病毒病的检测技术主要有以下几种。

**1. 生物学检测**

生物学测定方法是美国病毒学家霍姆斯(Holmes)在1929年发现的，是马铃薯病毒检测常用的一种方法。不同的病毒往往都有一套鉴别寄主或特定的指示植物。鉴别寄主是指接种某种病毒后能够在叶片等组织上产生典型症状的寄主；指示植物指接种某种病毒后能产生独特症状的一种寄主。根据试验寄主上表现出来的局部或系统症状，可以初步确定病毒的种类和归属。但是，生物学测定也有很多不足之处，如工作量大、检测时间长、灵敏度差，且病毒症状反应常受环境、土壤和气候条件的影响。马铃薯几种主要病毒及类病毒在特定的鉴别寄主上的症状见表3-3-1。

表3-3-1　马铃薯几种主要病毒及类病毒在特定的鉴别寄主上的症状

| 病毒名称 | 接种方式 | 在特定的鉴别寄主上的症状 |
|---|---|---|
| PVX | 汁液摩擦 | 千日红：接种5～7 d接种叶片出现紫红环枯斑<br>白花刺果曼陀罗：接种10 d后系统花叶<br>指尖椒：接种10～12 d接种叶片出现褐坏死斑点，以后系统花叶<br>毛曼陀罗：接种10 d后，接种叶片出现局部病斑及心叶花叶 |
| PVY | 汁液摩擦(或桃蚜) | 普通烟：接种初期明脉，后期有沿脉绿带症<br>洋酸浆：接种10 d接种叶片出现黄褐色枯斑，以后系统落叶症(16～18 ℃)<br>枸杞：接种10 d后接种叶片出现褐色环状枯斑，初侵染呈绿环斑 |
| PVS | 汁液摩擦 | 千日红：接种14～25 d接种叶片出现橘红色小斑点，略微凸出的小斑点<br>昆诺瓦藜：接种10 d后接种叶片出现局部黄色小斑点<br>德伯尼烟：初期明脉，以后系统绿块斑花叶 |
| PVM | 汁液摩擦 | 千日红：接种15～20 d后接种叶片沿叶脉周围出现紫红色斑点<br>毛曼陀罗：接种10 d后接种叶片出现失绿小圆斑至褐色枯斑，以后系统发病<br>豇豆：在子叶上接种14～21 d，接种叶片上出现红色局部病斑<br>德伯尼烟：接种10 d后接种叶片出现局部病斑 |

续表 3-3-1

| 病毒名称 | 接种方式 | 在特定的鉴别寄主上的症状 |
| --- | --- | --- |
| PVA | 汁液摩擦 | 丛生番茄:接种 10 d 后接种叶片出现褐坏死斑,以后由下至上部叶片系统坏死<br>枸杞:接种 5～10 d 后接种叶片出现不清晰局部病斑<br>马铃薯 A6:接种 3～5 d 后接种叶片出现星状斑点<br>香料烟:接种初期微明脉 |
| PAMV<br>(G 株系) | 汁液摩擦 | 千日红:接种后无症状<br>指尖椒:接种 10 d 后接种叶片出现灰白坏死斑,以后系统褐色坏死斑,心叶坏死严重<br>心叶烟:接种 15 d 后系统明显白斑花叶症<br>假酸浆:接种 15 d 后出现系统黄白组织坏死或褐色坏死斑 |
| PLRV | 桃蚜 | 白花刺果曼陀罗:蚜虫接种后叶片明显失绿,呈脉间失绿症,叶片卷曲<br>洋酸浆:接种 20 d 后植株叶片卷曲,因病毒株系不同,其植株高度有明显差别 |
| AMV | 汁液摩擦 | 千日红:接种 7～10 d 接种叶片出现紫红环枯斑以后系统黄斑花叶症<br>洋酸浆:接种 15 d 后系统黄斑花叶症<br>心叶烟:接种 7～10 d 系统黄色斑驳,黄色组织变薄,呈轻皱状 |
| TRV | 汁液摩擦 | 千日红:接种 4～5 d 接种叶片出现红晕圈病斑,7 d 以后呈红环枯斑,无系统症<br>白花刺果曼陀罗:接种后发病初期,后期呈褐色圆枯斑<br>心叶烟:接种 3～5 d 接种叶片出现褐圆枯斑<br>毛曼陀罗:接种 5～6 d 接种叶片出现褐环枯斑,以后茎上出现褐色坏死,甚至全株枯死 |
| TMV | 汁液摩擦 | 千日红:接种叶片发病初期失绿晕斑,后期呈红环枯斑无系统症状<br>心叶烟:接种叶片褐环小枯斑,无系统症状<br>普通烟:接种叶片发病后干枯,后全株系统浓绿与淡绿相间皱缩花叶症状 |
| CMV | 汁液摩擦 | 鲁特格尔斯番茄:接种 30 d 后全株呈丝状叶片<br>毛曼陀罗:接种 30 d 后系统叶片畸形,并呈浓绿疱斑花叶症 |
| PSTVd | 汁液摩擦 | 鲁特格尔斯番茄:成株在接种 20 d 后,病株上部叶片变窄小而扭曲;番茄幼株接种后易矮化(27～30 ℃和强光 16 h 以上条件下)<br>莨菪:接种 7～15 d 接种叶片出现褐坏花斑点(400 lx 弱光下) |

**2. 电子显微镜检测**

电镜负染技术的原理是一些重金属离子能绕核蛋白体四周沉淀下来,形成一个黑暗的背景,而在核蛋白体内部不会沉积,形成一个清晰的亮区,其图像如同一张照相的底片,因此人们习惯地称为负染色。通过此方法可以观察到病毒粒子形态。超薄切片法是观察病毒在寄主细胞内分布以及细胞病变的主要方法,可以观察各种病毒引起的寄主细胞病变和内含体特征。

**3. 血清学检测**

血清学方法于 20 世纪六七十年代发展起来,目前仍是国内外检测植物病毒的常用方法,其原理是利用抗原抗体的体外特异性结合检测植物病毒。血清学检测方法主要有酶联免疫吸附法(ELISA)、快速免疫滤纸法、免疫胶体金技术等。其中 ELISA 的原理是把抗原抗体的免疫反应与酶的高效催化作用相结合,通过化学方法将酶与抗体结合,形成酶标抗体，酶标抗体可直接或通过免疫桥与包被在固相支持物上待测抗原或抗体特异性结合，再通过酶对底物作用产生有颜色的或电子密度高的可溶性产物，用肉眼或比色法定性测定结果，借以显示出抗体的性质和数量。其中，DAS-ELISA 是一种非常灵敏的植物病毒检测技术，检测大多数病毒时比其他血清学方法更灵敏，像 PLRV 和 PVA 这样在感病植株中浓度较低的病毒也可以检测到。

**4. 分子生物学检测**

分子生物学检测是以病毒核酸为基础的检测方法，此方法灵敏度高、特异性强、检测速度快。目前，分子生物学方法包括核酸分子杂交技术、多聚酶链式反应技术(PCR)、实时荧光定量 PCR 等。

其中 PCR 方法在马铃薯病毒检测上比较常用。其基本原理是：以待扩增的 DNA 样品为模板，两条分别与待扩增 DNA 正链相同和互补的 DNA 片段为引物，在 TaqDNA 聚合酶的催化下，反复进行变性、退火、延伸循环，就可以使 DNA 无限扩增。每次循环所得产物都是下一个循环的模板，一般经过大约 30 次循环，DNA 的量可扩增 100 万倍以上。对于 RNA 病毒，则需先将 mRNA 反转录成 cDNA，再做 PCR 扩增，此方法是 Saiki 等首创的称 RT-PCR。RT-PCR 是一种检测 RNA 病毒的行之有效的方法。

## 二、双抗体夹心法(DAS-ELISA)检测马铃薯病毒

### (一)DAS-ELISA 的基本原理

**1. 包被微量滴定板**

病毒特异性抗体(γ 球蛋白)吸附于微量滴定板每一个样品孔的表面。过剩的未吸附上的 γ 球蛋白在漂洗过程中将被洗去。每一种被检测的病毒都需要它的特异性抗体(γ 球蛋白)。

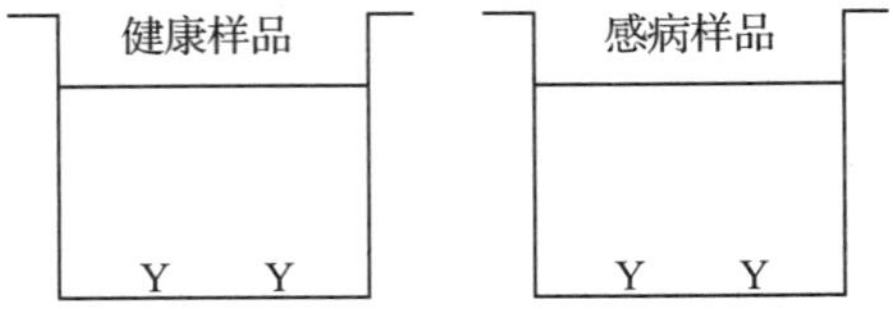


**2. 加入检测样品**

将待测样品加入样品孔。如果样品中含有上一步所包被抗体的特异病毒颗粒(抗原)，病毒颗粒就会同抗体结合并且不会在漂洗过程中被洗去。

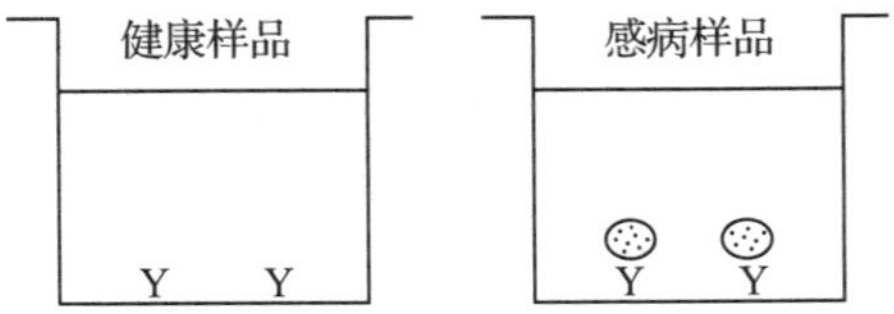


**3. 加入酶标抗体**

这些抗体只与病毒颗粒反应。过剩的酶标抗体在漂洗过程中将被洗去。

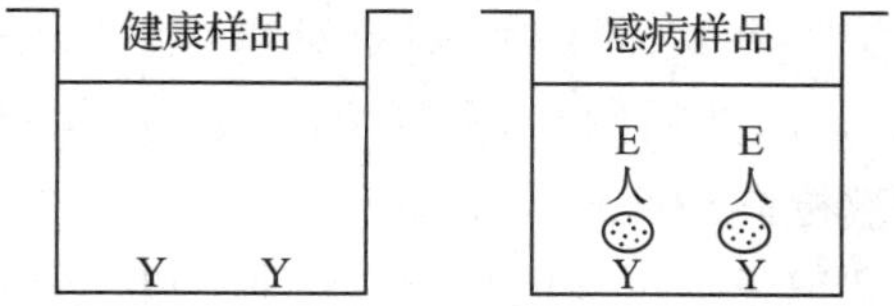


**4. 加入底物**

最后将底物加入样品孔。再通过酶对底物作用产生有颜色的或电子密度高的可溶性产物，用肉眼或比色法定性测定结果，从而检测到病毒。出现黄颜色的强度与样品中病毒的含量成正比。

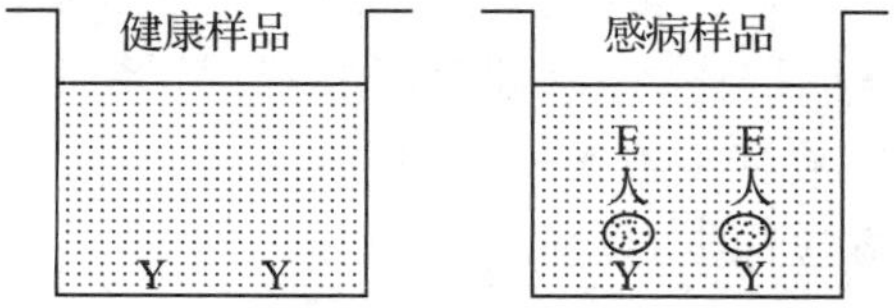


30 min 后底物显色：

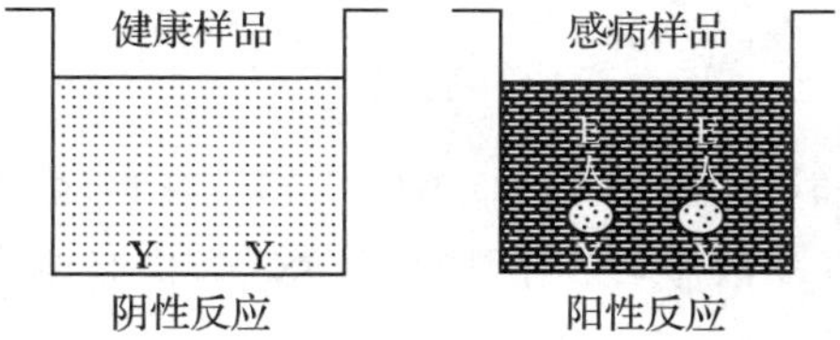


## (二)DAS-ELISA 方法检测马铃薯病毒的流程

**视频 20：DAS-ELISA 方法检测马铃薯病毒的流程**

**1. 包被**

(1)配制包被缓冲液。

(2)配制包被抗体溶液。按瓶上标签所示，用包被缓冲液稀释包被抗体(IgG)，轻轻混匀，勿形成气泡，即得包被抗体溶液(注：取用抗体时应首先将离心管短暂离心一下，使粘在离心管壁上的抗体液沉于管底，易于吸取)。

(3)加包被抗体。用移液枪向酶联板孔中加入 100 μL/孔包被抗体。

(4)孵育。用保鲜膜紧包酶联板，37 ℃孵育 4 h，或 4 ℃孵育过夜。

**2. 加样(抗原)**

(1)取样。将待检样品放于取样袋中(检测叶片时，应选择有症状的，或从植株的顶部、中部和底部各取一片叶子；检测块茎时，取幼芽和一小部分基部)。

(2)配制 PBS-Tween 洗涤液。

(3)配置提取缓冲液。

(4)研磨样品。每个取样袋中的样品约 0.1 g，然后用移液枪加入 1 mL 提取缓冲液，用研样器轻轻碾动，直到将样品完全磨碎。一般情况下，样品和提取液的比例是 1 g/10 mL，若样品受感染程度较轻，则可能需要降低样品与缓冲液的推荐比例，以获得清晰的信号。

(5)离心样品。将研磨好的样品转移到 1.5 mL 离心管中，4 000 r/min，离心 3 min，即得到上清液。

(6)洗涤酶联板。倒空酶联板，立即在吸水纸(纸巾)上吸干残余液体。用排枪向每个样品孔中加入 200 μL PBS-Tween，然后倒弃，重复两次，最后将酶联板在吸水纸上拍干。

(7)加待检样品。用移液枪向酶联板孔中加入 100 μL/孔样品上清液，每个样品做两个重复，同时在酶联板对应样品记录表中标明样品在平板上的位置。点样结束后，各加入 2 个阳性对照与 2 个阴性对照。

(8)孵育。用保鲜膜紧包酶联板，4 ℃孵育过夜，或 37 ℃孵育 2～4 h。

**3. 加酶标抗体**

(1)配制酶标缓冲液。

(2)配制酶标抗体溶液。按瓶上标签所示，用酶标缓冲液稀释酶标抗体(IgG-AP)，轻轻混匀，勿形成气泡，即得到酶标抗体溶液(注：取用酶标抗体时应首先将离心管短暂离心一下，使粘在离心管壁上的抗体液沉于管底，易于吸取)。

(3)洗涤酶联板。洗板方法同上，洗板 3 次。

(4)加酶标抗体。用移液枪向酶联板孔中加入 100 μL/孔酶标抗体。

(5)孵育。用保鲜膜紧包酶联板，37 ℃孵育 1 h。

**4. 加底物**

(1)配制底物缓冲液。

(2)配制底物溶液。1 mg 底物(PNPP)对应 1 mL 底物缓冲液，根据实际用量，称取适量的底物加入适量的底物缓冲液中，现用现配(注意：底物有剧毒，请小心操作，5 mL 底物缓冲液加一片 5 mg 的 pNPP)。

(3)洗涤酶联板。洗板方法同上，洗板 4 次(这一步骤多洗一次是为确定清除掉所有未结合的酶结合物，防止假阳性的出现)。

(4)加底物。用排枪向酶联板孔中加入 100 μL/孔底物溶液(注意：此过程应快速完成，以保证显色时间一致)。

(5)显色。用保鲜膜紧包酶联板，将酶联板置于室温下避光培养 1 h。

(6)读值。用酶联仪在 405 nm 光度读取吸光度。

(7)结果分析与实验记录。根据阳性对照和阴性对照来判定样品是否感染病毒。如用肉眼判断，阳性样本的颜色应深于阴性对照物，阴性样本的颜色则与阴性对照物相当或浅于阴性对照物。若吸光度大于阴性对照，则判断为阳性，小于或等于阴性对照的判断为阴性。但用肉眼观色的准确性不如分光光度计。将实验结果记录在表 3-3-2 中。

**表 3-3-2　与酶联板对应样品记录**

| | 1 | 2 | 3 | 4 | 5 | 6 | 7 | 8 | 9 | 10 | 11 | 12 |
|---|---|---|---|---|---|---|---|---|---|---|---|---|
| A | | | | | | | | | | | | |
| B | | | | | | | | | | | | |
| C | | | | | | | | | | | | |
| D | | | | | | | | | | | | |
| E | | | | | | | | | | | | |
| F | | | | | | | | | | | | |
| G | | | | | | | | | | | | |
| H | | | | | | | | | | | | |

# 工作任务　马铃薯脱毒苗的鉴定

## 【任务描述】

各小组分别对企业送检的 8 个马铃薯脱毒苗及 6 个原种样品，进行马铃薯 X 病毒、Y 病毒、S 病毒、卷叶病毒检测，要求使用试剂盒，采用 DAS-ELISA 方法检测，每个样品两个重复。用时 1.5 d。

## 【任务实施】

### 一、操作前准备

学生分组完成任务，每组 5 人。

**1. 实验用品**

准备所需试剂及设备用品见表 3-3-3。

**表 3-3-3　所需试剂及设备用品**

| 药品 | 设备仪器 | 用具 |
| --- | --- | --- |
| 试剂盒、蒸馏水 | 百分之一的电子天平、离心机、恒温箱、酶联仪（各小组共用） | 移液枪（1～10 μL、100 μL、200 μL、1 000 μL 各一把，200 μL 的排枪一把）、配套的枪头（装入枪头盒，提前用报纸包好，高温高压灭菌）、50 mL、100 mL、1 000 mL 的烧杯各 3 个、玻璃棒、保鲜膜、抽纸、研钵、1.5 mL 的离心管 50 个（提前用报纸包好，高温高压灭菌）、培养皿 5 个（提前用报纸包好，高温高压灭菌）、记号笔等 |

**2. 样品编号、记录**

对需要检测的样品进行编号，并记录。

### 二、教师演示

教师播放录制好的视频，学生观看视频。

### 三、学生实操

配制溶液→制样→加酶标抗体溶液→加底物溶液→结果判断。

学生填写表 3-3-4、表 3-3-5。

**表 3-3-4　与酶联板对应的样品记录**

| | 1 | 2 | 3 | 4 | 5 | 6 | 7 | 8 | 9 | 10 | 11 | 12 |
| --- | --- | --- | --- | --- | --- | --- | --- | --- | --- | --- | --- | --- |
| A | | | | | | | | | | | | |
| B | | | | | | | | | | | | |
| C | | | | | | | | | | | | |
| D | | | | | | | | | | | | |

续表 3-3-4

| | 1 | 2 | 3 | 4 | 5 | 6 | 7 | 8 | 9 | 10 | 11 | 12 |
|---|---|---|---|---|---|---|---|---|---|---|---|---|
| E | | | | | | | | | | | | |
| F | | | | | | | | | | | | |
| G | | | | | | | | | | | | |
| H | | | | | | | | | | | | |

**表 3-3-5 马铃薯病毒 DAS-ELISA 检测记录检测结果**

| 样品号 | PVX | PVY | PVS | PLRV |
|---|---|---|---|---|
| | | | | |
| | | | | |
| | | | | |
| | | | | |
| | | | | |
| | | | | |
| | | | | |

## 四、讨论与评价

各组自检任务完成情况并记录(表 3-3-6),分析讨论操作存在的问题。教师对此次任务完成情况点评。

**表 3-3-6 马铃薯脱毒苗鉴定评分表**

完成人: 完成日期:

| 序号 | 主要环节 | 考核内容 | 分值 | 自评 | 教师 | 总评 |
|---|---|---|---|---|---|---|
| | | | | 30% | 70% | |
| 1 | 溶液配制 | 计算准确 | 10 | | | |
| | | 配制溶液操作规范 | 10 | | | |
| 2 | 操作过程 | 取样准确、用量准确 | 10 | | | |
| | | 操作标准规范 | 20 | | | |
| 3 | 仪器使用 | 正确使用移液枪、离心机、酶标仪 | 10 | | | |
| 4 | 结果分析 | 能通过显色反应正确分析结果 | 15 | | | |
| | | 能使用酶标仪正确分析结果 | 15 | | | |
| 5 | 团队配合 | 团队分工明确,操作过程井然有序 | 10 | | | |
| 6 | 综合得分 | | | | | |

## 【任务小结】

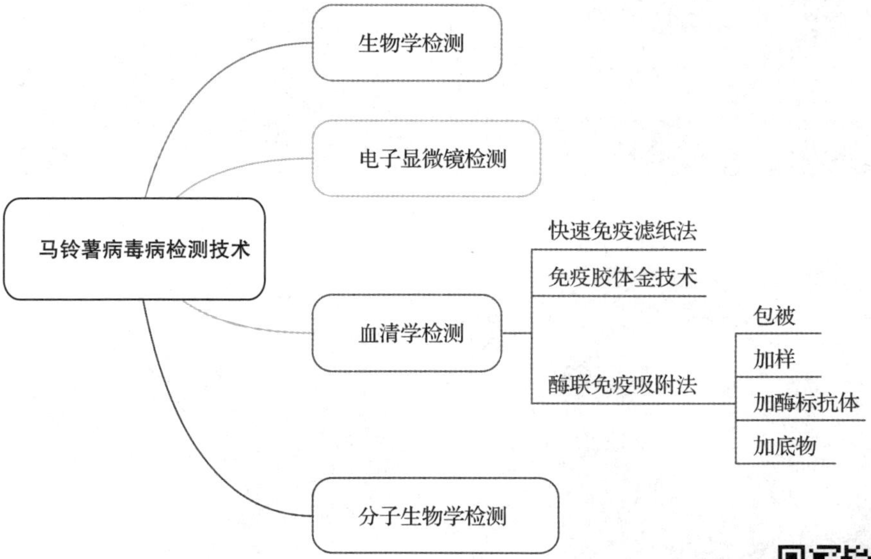


## 【问题探究】

脱毒苗鉴定的方法有哪些？请说出 2～3 种。

课程思政：中国科学技术大学赵忠课题组揭示植物干细胞如何免疫病毒

## 【拓展知识】

### 马铃薯主要病害田间检测技术

#### （一）马铃薯晚疫病

植株症状：感病叶片先在叶尖或叶缘产生水浸状褐色斑点，病斑周围具浅绿色晕圈，湿度大时病斑迅速扩大，呈褐色，并产生一圈白霉，即孢囊梗和孢子囊，尤以叶背最为明显；干燥时病斑变褐干枯，质脆易裂，不见白霉，且扩展速度减慢，并通过叶柄传播到茎，呈褐色条状坏死。如图 3-3-1 所示。

薯块症状：薯块染病后，初期生成浅褐色斑，后变成不规则褐色至深褐色病斑，稍凹陷，边缘不明显，病部皮下薯肉呈浅褐色至暗褐色，终致薯块腐烂。如图 3-3-2 所示。

病原：马铃薯晚疫病的病原为致病疫霉菌。致病疫霉菌为鞭毛菌亚门、卵菌纲、霜霉目、腐霉科、疫霉属真菌。其菌丝无色，无隔膜，较宽，有分支；孢子囊透明，柠檬状，薄壁，大小为 (21～38) $\mu$m×(12～23) $\mu$m，顶生乳头状突起。孢囊梗节状，各节基部膨大而顶端尖细，顶端产生孢子囊，孢子囊一般能产生 4～8 个双鞭毛的游动孢子。如图 3-3-3 所示。

图 3-3-1　马铃薯晚疫病植株症状

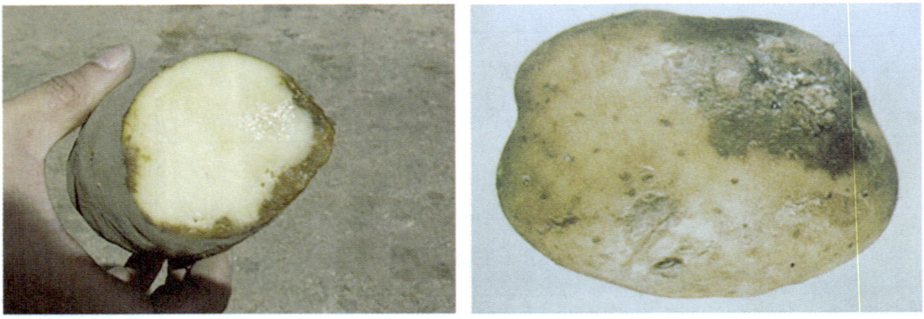

图 3-3-2　马铃薯晚疫病薯块症状

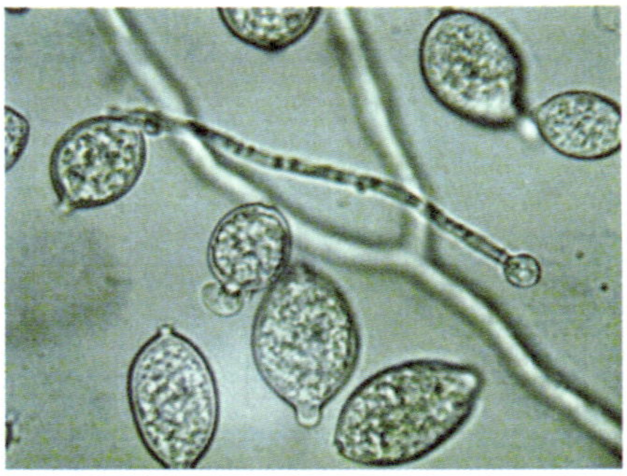

图 3-3-3　疫霉菌

## (二)马铃薯早疫病

症状：马铃薯早疫病经常发生在较低、较老叶片上，也可侵染块茎，叶片病斑黑褐色，圆形至卵圆形，因受大叶脉限制，病斑经常有角形边缘，并具同心轮纹，病斑周围或病斑之间叶组织经常褪绿，最终全叶褪绿、脱水，但通常不落叶。块茎染病产生暗褐色稍凹陷圆形或近圆形病斑，边缘分明，皮下呈浅褐色海绵状干腐。如图 3-3-4 所示。

病原：马铃薯早疫病的病原为茄链格孢菌为半知菌亚门、丝孢目、暗色孢科、链格孢属真菌，分生孢子梗单生或丛生，大小(15～19) μm×(150～300) μm，有 9～11 个横隔，少数有纵隔，如果有的话，通常分生孢子单生，也可串生，孢子直或稍弯曲，椭圆至长椭圆形，长喙渐尖。颜色从灰白色至淡绿色至橄榄绿色。如图 3-3-5 所示。

图 3-3-4　马铃薯早疫病症状

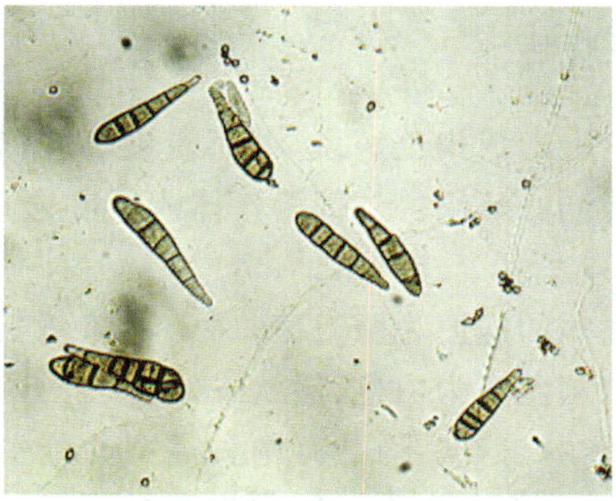

图 3-3-5　茄链格孢菌

## (三)马铃薯丝核菌立枯病和黑痣病

植株症状：感病植株下部叶片发黄，茎基形成环剥和坏死。引起植株矮小和顶部丛生，木质茎皮层坏死，叶片紫色色素沉淀，常有气生块茎，叶片上卷、褪色，最严重在植株顶部。病原物的有性阶段，发生在地表以上的茎表面，其上形成担孢子，茎表面呈白色粉状。如图 3-3-6 所示。

块茎症状：在成熟的块茎表面形成黑色或暗褐色的菌块，菌核扁平、表生，块茎表面呈不规则土壤颗粒状团块，且冲洗不掉。菌核下面的块茎表皮，通常未被侵染，其他块茎症状包括开裂、畸形、锈斑和茎末端坏死。如图 3-3-7 所示。

图 3-3-6　马铃薯丝核菌立枯病

图 3-3-7　马铃薯黑痣病块茎症状

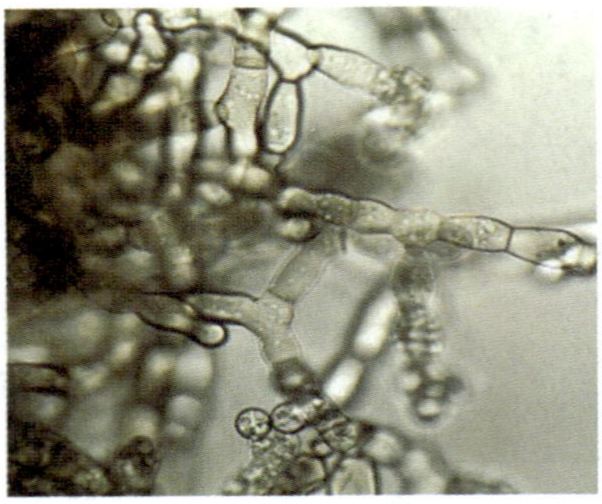

图 3-3-8　立枯丝核菌

病原：马铃薯丝核菌立枯病和黑痣病的病原为立枯丝核菌，属于半知菌亚门、丝孢纲、无孢目、无孢科、丝核菌属真菌。该菌初生菌丝无色，直径 4.98～8.71 μm，分枝呈直角或近直角，分枝处多缢缩，并具 1 隔膜，新分枝菌丝逐渐变为褐色，变粗短后纠结成菌核。菌核初为白色，后变淡褐或深褐色，大小 0.5～5 mm。该病原菌在马铃薯植株上表现为马铃薯丝核菌立枯病，在马铃薯块茎上表现为马铃薯黑痣病。如图 3-3-8 所示。

## (四)马铃薯镰刀菌干腐病

块茎症状：初期块茎伤口上形成褐色病斑，继而慢慢扩展，病斑上面的表皮下陷、皱缩。死亡的组织干枯时，有时形成同心环纹。外部菌丝体清晰可见。块茎干枯时变硬；在潮湿条件下，可再次腐烂。如图 3-3-9 所示。

病原：马铃薯镰刀菌干腐病的病原为镰刀菌，属于半知菌亚门、丝孢纲、丛梗孢目、瘤座孢科、镰刀菌属。镰刀菌属的菌丝多为白色，层状或絮状；孢子梗分枝清晰可见，分生孢子梗无色、有或无隔膜；分生孢子形状多样。通常有两种类型的分生孢子：大型分生孢子椭圆形或镰刀形、无色、多孢、略弯曲；小型分生孢子卵圆形至椭圆形、无色、单孢或双孢、单生或串生。在人工培养基上还可形成菌核，菌核圆形，单生或集合成团，菌落颜色为红色或鲜红色。如图 3-3-10 所示。

图 3-3-9　马铃薯镰刀菌干腐病块茎症状

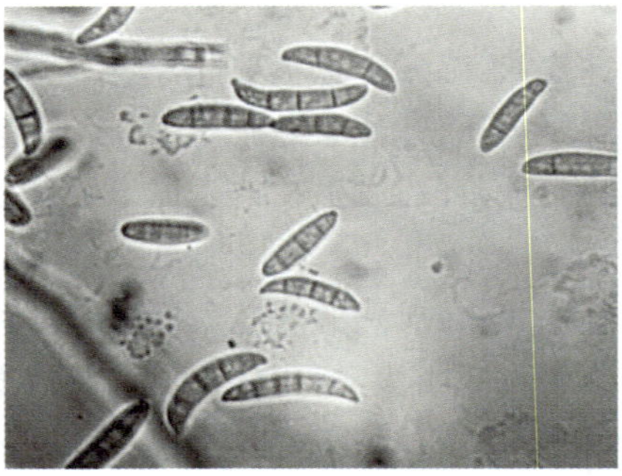

图 3-3-10　镰刀菌

## (五)马铃薯湿腐病

块茎症状：在碰伤处或在皮上切口周围出现变色、水浸状区域。当病害发展时，块茎出现肿大，皮是湿的。内部病薯肉与健康组织被一个黑色分界线清晰地区分开。腐烂的组织很潮湿并很快液化。切面暴露在空气中时，逐渐变成灰色、褐色，最后几乎成黑色，偶尔成粉红色。被侵染的组织呈现受冻组织的烟灰色。

病原：腐霉菌，卵孢子光滑、厚壁、球形，14.2～19.5 μm，在分枝的多核的菌丝体上顶生。顶生孢子囊球形，12～29 μm，间生时桶形，(17～27) μm×(14～25) μm。

## （六）马铃薯癌肿病

植株症状：地上部癌肿病经常在茎的基部发生。瘿瘤绿色至褐色，成熟时变成黑色，之后腐烂。很少瘿瘤在茎的上部、叶上或花上形成。如图 3-3-11 所示。

块茎症状：本病发生于植株的地下部位，但根部不受侵害。在地下茎、茎上幼芽匍匐枝和块茎上均可形成癌肿。典型的癌肿是粗糙柔嫩肉质的球状体，并可长成一大团细胞增生组织。其色泽与块茎和匍匐枝相似，如露出地面时带有绿色，老化时为黑色。块茎上的症状很像花椰菜。如图 3-3-12 所示。

图 3-3-11　马铃薯癌肿病

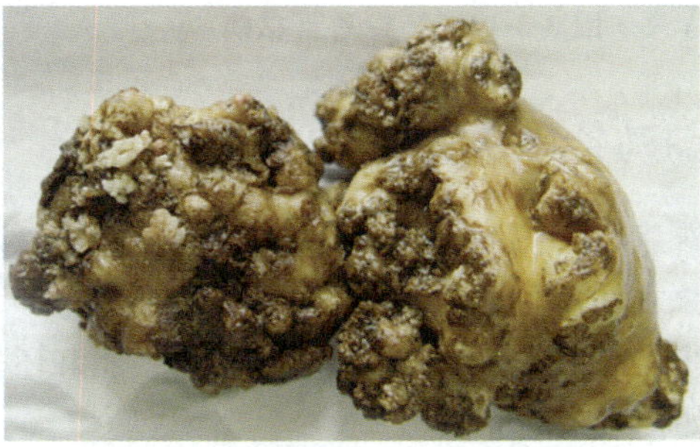

图 3-3-12　马铃薯癌肿病块茎症状

病原：是内生集壶菌，不产生菌丝，以游动孢子侵入寄主表皮，增殖成一个厚垣孢子堆，进一步发展成孢囊堆。

## （七）马铃薯普通疮痂病

症状：马铃薯块茎表面先产生褐色小点，扩大后形成褐色圆形或不规则形大斑块。因产生大量木栓化细胞致表面粗糙，后期中央稍凹陷或凸起呈疮痂状硬斑块。病斑仅限于表皮，不深入薯内。如图 3-3-13。

病原：疮痂链霉菌有桶形的分生孢子，分生孢子更有分枝，具隔膜，有长的、螺旋形卷曲的顶端分枝。

图 3-3-13　马铃薯普通疮痂病

## （八）马铃薯青枯病

植株症状：植株叶片灰绿色，急剧萎蔫，维管束褐色，以后病部外皮褐变，茎断面乳白色，有黏稠菌液自动外溢。如图 3-3-14 所示。

块茎症状：感病块茎维管束褐色，切开后，从维管束组织大量溢出灰白色菌脓，通常不用挤压。如图 3-3-15 所示。

病原：马铃薯青枯病的病原为青枯假单胞菌或茄假单胞菌，为假单孢菌科、假单孢菌属细菌。

图 3-3-14　马铃薯青枯病

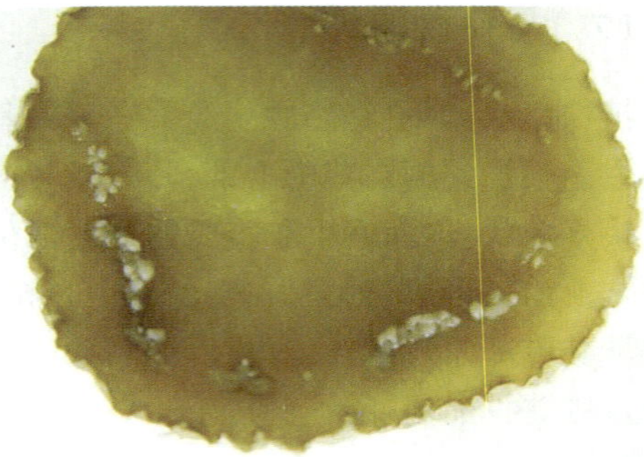

图 3-3-15　马铃薯青枯病块茎症状

## (九)马铃薯环腐病

植株症状：开始呈现叶片和茎的萎蔫。下部叶片边缘稍微卷曲，并呈现淡绿色，淡黄色去在叶脉之间发展。如图 3-3-16 所示。

块茎症状：发病初期，块茎横切面维管束环呈现淡黄色，严重时变为黑色，能挤出乳白色菌脓。如图 3-3-17 所示。

病原：马铃薯环腐病的病原为马铃薯环腐杆状杆菌，为棒状菌科、棒杆菌属细菌。

图 3-3-16　马铃薯环腐病

图 3-3-17　马铃薯环腐病块茎症状

图 3-3-18　马铃薯软腐病

## (十)马铃薯软腐病

症状：软腐组织呈湿软状，奶油至棕褐色，具有一些软的、颗粒状物。被浸湿的组织与健康组织界限明显，并容易被洗去。在湿斑边缘，经常产生褐色到黑色色素。腐烂组织在腐烂早期通常无气味，但是，由于第二次生物侵入病组织，产生一种有臭气的黏液或黏稠物质。如图 3-3-18。

病原：马铃薯软腐病的病原为胡萝卜软腐欧氏杆菌，为肠杆菌科、欧文氏菌属细菌。该细菌在 CVP 培养基上容易培养，并产生深穴或杯状菌落。

## （十一）黑胫病

症状：当湿度过大时，黑胫病可以在植株任何发育阶段发生。黑色黏性病斑通常是从发软的、腐烂的母薯沿茎秆向上扩散。新的薯块有时在顶部末端腐烂。幼小植株通常矮化和直立。可能出现叶片变黄和小叶向上卷曲，茎部呈黑腐，表皮组织破裂，后期形成黑脚。如图 3-3-19 所示。

图 3-3-19　马铃薯黑胫病

## （十二）马铃薯病毒病

分为马铃薯花叶病毒病和马铃薯卷叶病毒病，按症状进行田间检测，计数选定样点内花叶和卷叶病毒病株数及类别，复合侵染株按一株计数。

### 1. 马铃薯卷叶病

症状：叶片卷曲，呈匙状或筒状，质地脆，小叶常有脉间失绿症状，有的品种顶部叶片边缘呈紫或黄色，有时植株矮化；感病块茎变小，有的品种块茎切面上产生褐色网状坏死。如图 3-3-20 所示。

图 3-3-20　马铃薯卷叶病

### 2. 马铃薯花叶病

症状：叶片有黄绿相间的斑驳或褪绿，叶肉凸起产生皱缩。有时叶背叶脉产生黑褐色条斑坏死，生育后期叶片干枯下垂，不脱落；块茎变小。如图 3-3-21 所示。

图 3-3-21　马铃薯花叶病

## （十三）马铃薯纺锤块茎类病毒病

症状：病株叶片与主茎间角度小，呈锐角，叶片上举，上部叶片变小，有时植株矮化；感病块茎变长，呈纺锤形，芽眼增多，芽眉凸起，有时块茎产生龟裂。如图 3-3-22 所示。

图 3-3-22　马铃薯纺锤块茎类病毒病

# 任务四　马铃薯组培苗继代培养

## 【学习目标】

### 知识目标

掌握马铃薯组培苗继代培养的操作流程与注意事项。

熟悉超净工作台、工具消毒器及各类常用接种工具。

### 能力目标

能够规范地进行组培环境的灭菌工作。

能够规范地进行人员消毒。

能够熟练、规范、安全地进行马铃薯继代培养无菌操作工作。

### 素养目标

具备认真细致的工作作风和责任心。

具备自主学习和团队协作能力。

具备劳动精神，锻炼坚强意志。

## 【前导知识】

## 一、继代培养的概念

继代培养是指使用已无菌培养后的植物材料作为外植体，进行增殖培养或分化培养等无菌接种环节。由于外植体已经处于无菌环境中，故不需要进行外植体灭菌环节。

## 二、继代培养无菌操作流程

**1. 环境灭菌**

接种人员进入缓冲间更换工作服，戴好口罩、帽子，换鞋，洗手，进入风淋室，进行消毒灭菌。如图 3-4-1 所示。

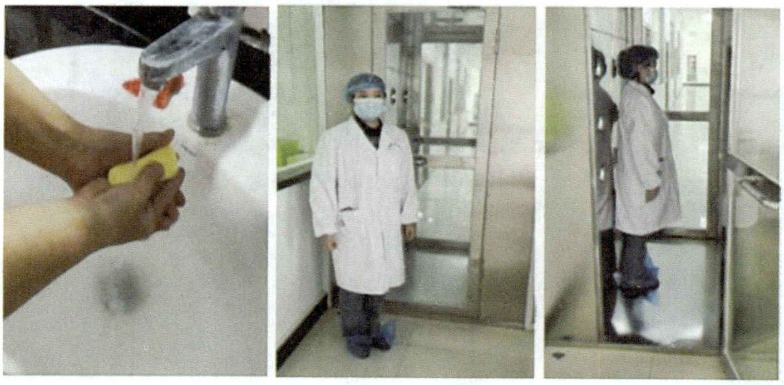

视频 21：马铃薯继代培养无菌操作流程

图 3-4-1　人员消毒

然后进入接种室，将提前高温高压灭菌过的工具插入消毒器并打开超净工作台的紫外线灯，随后用 75%酒精或 84 消毒液进行接种室空间降尘，后退出接种室，关门，并打开接种室、缓冲间的紫外线灯，等待灭菌 30 min。如图 3-4-2 所示。

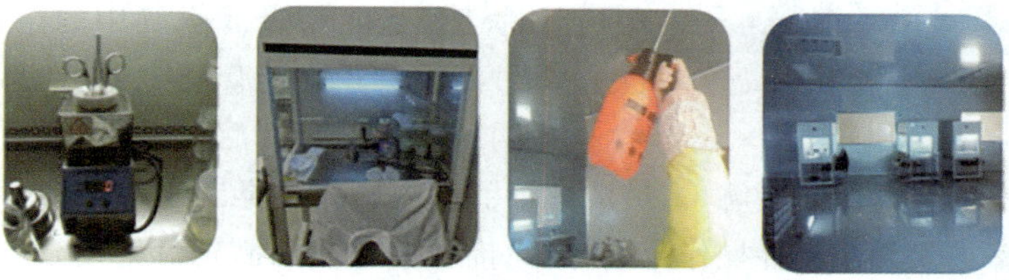

图 3-4-2　环境灭菌

**2. 接种前的准备工作**

关闭紫外线灯，打开日光灯及风机；用 75%酒精擦拭双手、台面，用酒精灯烘烤培养皿，从灭菌器中取出接种工具。如图 3-4-3 所示。

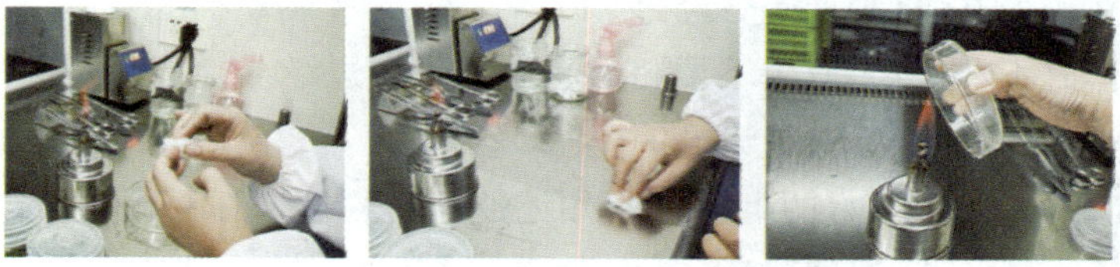

图 3-4-3　接种前准备工作

**3. 接种**

打开母苗瓶→取出脱毒苗→切成带有 1～2 个叶片的茎段→插入新的培养基瓶中→封口。

接种时的注意事项：

（1）防止交叉污染。具体做法见图 3-4-4。

每切割完1瓶母种材料要消毒接种工具：接种工具每次使用前用酒精灯或高温灭菌器灭菌。

接种工具要全面充分消毒，手握的部位不能靠前。

**图 3-4-4　防止交叉污染**

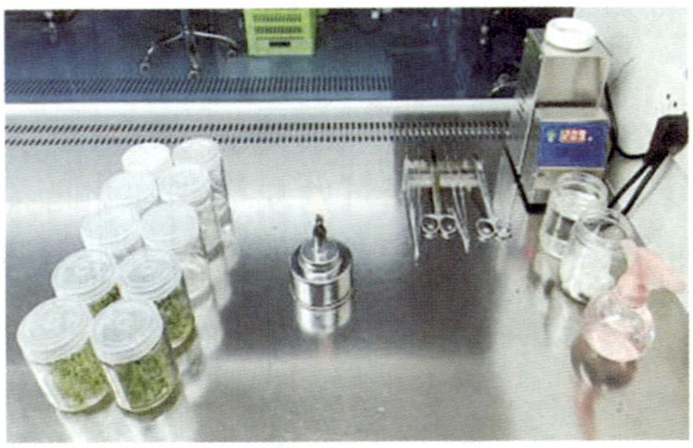

**图 3-4-5　台面用具规范摆放**

（2）台面用具规范摆放。消毒器、装有75%酒精的消毒瓶、冷却架、酒精棉瓶、喷壶等工具置于台面惯用手侧；培养基、母苗瓶等其他物品置于相对一侧；无菌培养皿、酒精灯放于人员正前方，酒精灯朝内。如图 3-4-5。

（3）在酒精灯火焰的有效范围内操作。超净工作台能够过滤空气中的杂菌、孢子等，但过滤效果并不能保证达到 100%，尤其当过滤网工作一段时间后。此外，半封闭超净工作台由于与接种室空间有大面积接触，人员动作等引起的局部气流、衣物表面黏附的少量杂菌及其孢子仍有概率进入无菌接种操作范围，因此接种中常使用酒精灯辅助建立无菌区。当酒精灯燃烧时，灯焰燃烧消耗氧气并加热灯焰周围空气至高温，受热的空气上升，酒精灯下方的空气又补充流向灯焰，则灯焰上方锥形空间内的空气都经过灯焰高温灭菌，此区域即为辅助无菌区。接种时，在此区域操作可降低污染概率。

（4）接种工具灼烧后充分冷却，防止烫伤组培苗。

（5）接种时夹取组培苗用力要适当，组培苗和手指不能触及瓶口。

（6）手臂勿在培养基、接种器上方经过。

（7）无菌操作时不要讲话，双手不要超出超净工作台边缘。

**4. 标记与记录**

转接好的组培苗，要用记号笔标注接种时间、品种代号及接种人编号。

**5. 清理现场**

关闭所有设备，将所用废液、废渣集中处理倒弃，清洗使用的器皿、工具等，超净工作台恢复原状。

视频 22：
组培快繁类型：
无菌短枝型

## 三、接种方法

（1）在瓶中将培养材料剪成若干小茎段，然后用镊子夹出来，直接接种到含有新鲜培养基的容器中。

(2)将培养材料用镊子夹出来，放到无菌的培养皿或培养盘中，用剪子剪成若干小茎段或用长柄解剖刀在无菌培养皿中切割成若干小茎段。马铃薯组培苗继代培养采用单茎段转接方法，原则上带有 1～2 个叶片，茎段长度控制在 1～2 cm。

# 工作任务　马铃薯组培苗继代培养无菌操作

## 【任务描述】

各小组选用鉴定过确认不带病毒的脱毒苗 10 瓶，进行单茎段无菌快繁转接。要求灭菌彻底，接种操作流程规范、熟练、安全，污染率低。

## 【任务实施】

### 一、操作前准备

学生分组完成任务，每组 2 人。

**1. 实验用品**

准备所需试剂及设备用品。见表 3-4-1。

**表 3-4-1　所需试剂及设备用品**

| 药品、材料 | 设备仪器 | 用具 |
| --- | --- | --- |
| 75%酒精或 84 消毒液、擦拭过的马铃薯母苗 10 瓶 | 双人超净工作台 1 台、器具消毒器 2 台、酒精灯 2 盏(装入 3/4 酒精) | 灭菌培养基若干；弯头剪刀枪镊各 4 把、培养皿 2 套、工具支架 2 个(需提前用报纸包好，放入高压蒸汽灭菌锅中，121 ℃、0.15 MPa、灭菌 40 min)；200～500 mL 手持喷壶(装好 75%的酒精)；棉布或脱脂棉球放入装有 75%酒精的酒精瓶；实验服 2 套；口罩 2 个；鞋套 2 双；医用帽 2 顶；记号笔 2 支；医用小推车 1 台，塑料周转筐 2 个 |

**2. 人员卫生消毒及环境灭菌**

教师和学生在缓冲间内换上干净的实验服，戴上口罩，套上鞋套，戴上帽子等进入接种室。学生在教师带领指导下，完成接种前工具摆放及环境灭菌工作。具体操作如图 3-4-6 所示。

### 二、教师演示

在环境灭菌期间，学生集中观看教师接种演示或接种视频，记录环节流程、操作技法与注意事项。

### 三、学生实操

学生再次进行消毒，从风淋室进入接种室。关闭室内和超净工作台的紫外线灯。

每位学生一个工位，开始操作。操作流程如图 3-4-7 所示。

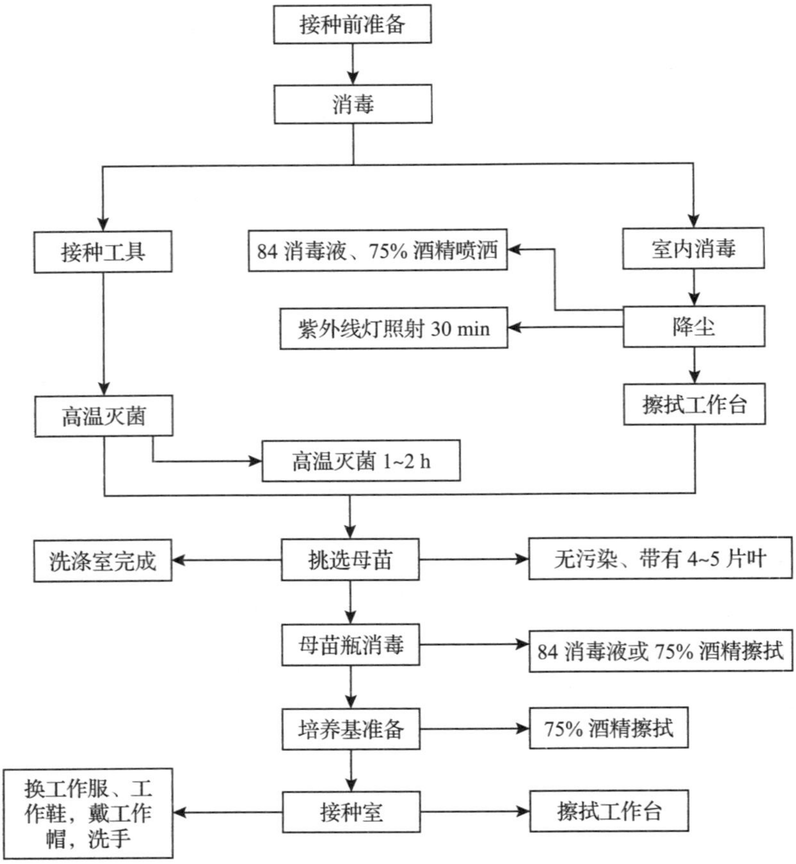


**图 3-4-6　人员卫生消毒及环境灭菌流程**

## 四、接种时注意事项

### 1. 手部、工作台面消毒

调整超净工作台鼓风至适宜操作的风力强度，用小喷壶向超净工作台附近半空中喷洒数次 75％的酒精，再向手心喷洒适量，取消毒棉布或棉球，从指尖到手腕擦拭整个手部，注意清洁各指缝、指尖的甲缝，手腕至少擦拭二指宽部分，一般要求操作时进入操作台平面且裸露在外的手部皮肤均应进行消毒。若在操作途中手部移出超净工作台台面，再次进入时须重复此消毒步骤。用酒精棉布或酒精棉球，按照由内向外的顺序擦拭台面，擦拭时注意向一个方向擦拭。

### 2. 马铃薯母苗瓶及空培养基瓶消毒

挑选好的无霉菌、细菌感染的母苗瓶及培养基瓶用 75％酒精喷洒擦拭干净摆放在工作台上。

### 3. 培养皿过火、工具冷却待用

培养皿内面用酒精灯火焰往复燎烤数秒，经器械消毒器消毒过的工具按顺序摆放于工具支架上冷却待用。

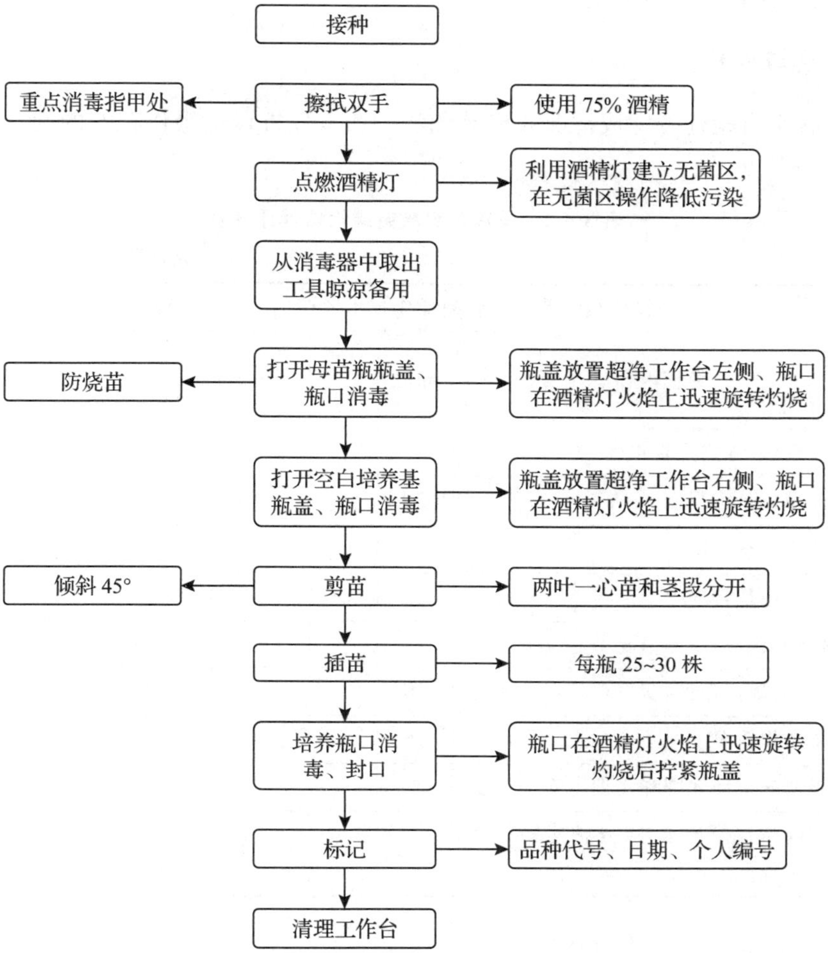


图 3-4-7　接种操作流程

**4. 单茎段接种**

将母苗瓶盖打开，瓶口在酒精灯上方略略烤一下，同时将空白培养基打开，用镊子将组培苗轻轻夹出，用剪刀剪下一片叶带一个叶节的茎段，按植物生物学方向插入培养基。接好苗后，盖上瓶盖，同时将接种的剪刀和镊子再次插入灭菌器械内，换用另一副灭菌晾凉，再开始下次分苗。每瓶放 25 株苗，通常 1 瓶母苗能扩繁出 4 瓶或 5 瓶组培苗，繁殖系数 1∶4。要求二叶一心带生长点的苗段放在同一个瓶内，下面部分一片叶带一个叶节的茎段放在同一个瓶内，这样能有效地保持苗子生长的整齐度。

**5. 标识摆架**

转接完成的培养瓶移出超净工作台，用记号笔在瓶身上标明品种代号、接种日期、接种人代号等信息，放入周转筐内，待接种全部结束后统一运入设定好环境的培养室，整齐摆放在组培架上。

**6. 清理现场**

接种完毕，关闭灭菌器械、照明设备、超净工作台等。将超净工作台擦洗干净，及时清理接种后产生的废弃物，并带离接种室。当天用过的器械用洗衣粉清洗并灭菌备用。最后安排值日组，打扫接种室整体卫生。

## 五、讨论与评价

接种后各组自检任务完成情况并记录(表 3-4-2)，分析讨论操作存在的问题；教师复检后挑选典型情况点评。

**表 3-4-2　马铃薯组培苗继代培养评分表**

完成人：　　　　　　　　　　　　　　　　　　　　　完成日期：

| 马铃薯组培苗继代无菌操作技术考核标准(第一组) | | | | | | | | |
|---|---|---|---|---|---|---|---|---|
| 评价机构 | 考核内容 | 分值 | 自评 | 第 2 组 | 第 3 组 | 第 4 组 | 教师 | 总评 |
| | | | 20% | 30% | | | 50% | |
| 技能操作考核(70%) | 消毒流程、方式是否正确 | 20 | | | | | | |
| | 无菌操作熟练程度 | 20 | | | | | | |
| | 瓶苗扦插整齐度 | 10 | | | | | | |
| | 瓶苗标记是否准确 | 10 | | | | | | |
| | 操作结束清理工作情况 | 10 | | | | | | |
| 素养行为表现(30%) | 按规程、规范操作，实事求是记录情况 | 10 | | | | | | |
| | 团队合作情况 | 10 | | | | | | |
| | 是否遵守实训守则和实训室安全制度 | 5 | | | | | | |
| | 节约药品、材料、水电、爱护实验仪器设备表现 | 5 | | | | | | |

## 六、课后管理

转接后的瓶苗，3 d 检查一次培养情况，组间互检接种效果及污染情况，讨论后做书面记录(表 3-4-3)与改进方案。

**表 3-4-3　马铃薯组培苗移栽后观察记录表**

组别：　　　　　　　　　　　　　　　　　　　　　总移栽数(株)：

| 时间 | 光照/klx | 温度/℃<br>空气/土壤 | 湿度/%<br>空气/土壤 | 叶片数 | 苗高 | 成活株 | 成活率 | 备注 |
|---|---|---|---|---|---|---|---|---|
| | | | | | | | | |
| | | | | | | | | |
| | | | | | | | | |
| | | | | | | | | |

## 【任务小结】

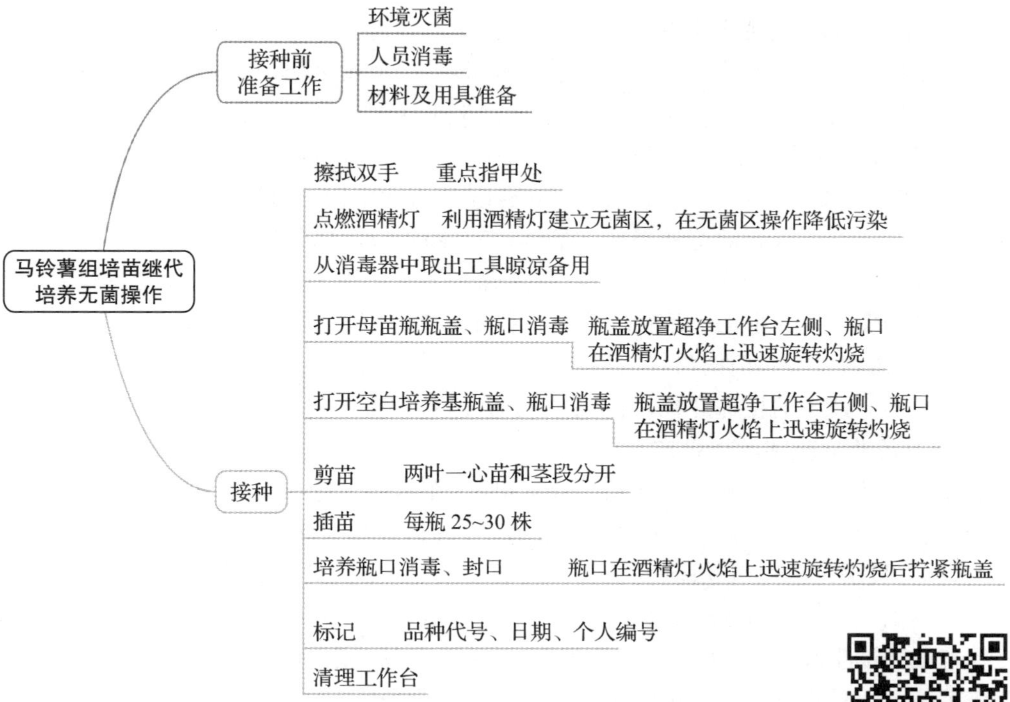


## 【问题探究】

课程思政：“一叶成林”的离体快繁技术

马铃薯继代培养无菌操作过程中，如何做好人员的安全防护？

## 【拓展知识】

视频 23：超净工作台的使用

### 一、超净工作台的使用

超净工作台是用鼓风机将通过多级过滤设备净化之后的洁净无菌空气，以饱和密集气流的形式不间断吹拂过台面及台面上方操作空间的设备。对标准化的组织培养无菌操作超净工作台是不可或缺的关键设备。

市面上销售的超净工作台根据工位数量可分为单人型、双人型、多人型；根据工位配置可分为同向型及对向型；根据超净气流的吹拂方向，分为垂直流与水平流两类；根据工作空间与外界环境的分隔程度又可分为全封闭式与半封闭式两类。通常控制面板分为：①电源系统，总开关；②光系统，照明灯开关、紫外消毒灯开关；③风力控制系统，开关键或“+”“—”调整风力等级键。

不同超净工作台提供的无菌级别范围也有所不同，购买使用前应做相应了解。无菌级别较高的全封闭式超净工作台工作便利程度逊于半封闭类型，但由于较高无菌级别常可保持较低污染率，能减少环境消毒次数或不使用酒精灯等辅助灭菌工具。

## 二、继代培养快繁的途径

**1. 通过愈伤组织增殖与分化**

这种方法首先要从外植体诱导形成愈伤组织，再由愈伤组织诱导器官发生，或由胚性愈伤组织诱导体细胞胚发生，进而再形成小植株。采用这种方法有 2 个缺点：一是细胞质遗传上的不稳定性，不少植物在此过程中产生多倍体和非整倍体的概率较高，可能会破坏种质的真实遗传，如通过细胞或愈伤组织培养繁殖石刁柏时，所得到的植株表现为多倍性和非整倍性，而由茎、芽培养所得到的植株都是二倍体；二是随着继代保存时间的增加，愈伤组织最初表现的植株再生能力可能逐渐下降，最后甚至完全消失。但并不是说这种途径产生的植株就完全不可能保持遗传上的一致性。用这一技术培养的许多植物后代，特别是禾本科植物、林木、豆科植物和热带棕榈植物等的后代，仍可基本保持遗传性。燕麦、百合和菊花等植物的愈伤组织培养繁殖的植株后代，特别适用于快速无性繁殖。

**2. 通过顶芽或腋芽的增殖与分化**

顶芽或腋芽含有的休眠的或活动的分生组织，在本质上是相同的，但由于存在的部位不同，在生理上仍存在着差异。在多数维管植物中，腋芽均具有无限生长的能力，其内常含分生组织，都有长出枝条的潜在能力，但能否变成枝条，则与主轴顶芽的生理状态有关。植物顶芽往往具有顶端生长优势，抑制着腋芽的生长，引起这种现象的原因与顶芽生长激素有关。要打破顶端生长优势，诱导腋芽的生长，可在培养基中添加适当的细胞分裂素。顶芽和腋芽繁殖是常用的方法之一，虽然繁殖率相对较低，但遗传性稳定，在大多数植物中都有应用。

**3. 通过不定芽的增殖和分化**

不定芽是指随机地发生于植物茎或叶或愈伤组织上的一种不定位器官再生，它是除去顶芽和腋芽之外的芽器官。在外植体培养中加入不同种类和不同浓度的生长素、细胞分裂素，可诱导不定芽的发生。常用的细胞分裂激素是 6-BA(6-苄基氨基嘌呤)和 KT(激动素)，浓度为 0.1～10 mg/L。生长素是吲哚丁酸(IBA)和萘乙酸(NAA)，浓度为 0.1～10 mg/L，2,4-D 很容易引起愈伤组织的形成，因此在诱导不定芽分化的培养基中应尽量避免 2,4-D 的使用。通过不定芽的增殖和分化产生植株的速度非常快。

**4. 通过诱导不定胚状体产生**

在外植体的不定部位诱导产生胚状体，称为不定胚的诱导。植物的种子、花粉、茎薄壁组织或表皮细胞，叶肉细胞和叶基部的表皮细胞等都可在一定的条件下转变为胚状体。诱导生长出胚状体后，在一定条件下便可发育成苗。

## 三、马铃薯组培苗管理

温度：马铃薯属喜凉作物，组培苗在 17～25 ℃均能生长良好。通常白天温度设置为 23 ℃，晚间温度为 17 ℃，日累积温度在 40 ℃比较合适，上下浮动不超过 1 ℃。组培苗在有温差的条件下生长，茎粗叶大，不易倒伏，便于继代繁殖和移栽。

湿度：组培室最佳湿度控制在 60%左右，不宜超过 65%，若湿度过高，需开启除湿机除湿，并及时排清除湿机的水。在阴雨季节每天需检查 2 次，及时清理除湿机，除湿可防杂菌滋生。

光照：马铃薯组培苗的光照长度一般为 16 h，大部分马铃薯的组培苗需要的光照强度为 3 000 lx(需两支 28 W T5 灯管)，当繁苗季节温度过高，组培室温度降不下来，无法将组培室温度控制在适宜的范围时，尤其晚间温度过高，已超出日累积 40 ℃时，可以将光照长度缩短至 15 h，但不能低于 14 h。

# 任务五　马铃薯组培苗常见问题及预防措施

## 【学习目标】

### 知识目标

掌握马铃薯组培中污染原因及预防措施。

了解马铃薯组培中褐化、玻璃化的原因及预防措施。

了解马铃薯组培中其他异常问题。

### 能力目标

能分析、解决马铃薯组培苗快繁过程中出现的污染、褐化、玻璃化及其他问题。

### 素养目标

培养学生仔细观察、辨别的能力。

培养学生分析问题、解决问题的能力。

培养学生的吃苦精神，锻炼学生坚定的意志。

## 【前导知识】

组织培养过程中，即使每个过程都规范操作，也会发生一些问题，最常见的是污染、玻璃化和褐变，这 3 个问题并称为组织培养的三大难题。

## 一、污染

### (一)污染现象

污染是在组培过程中培养基和培养材料滋生真菌、细菌等微生物，使培养材料不能正常生长和发育的现象。植物组织培养中污染是经常发生的，常见的污染病原体主要是细菌、真菌这两大类污染。细菌污染常在接种后 1～2 d 即可发现，培养基表面出现菌斑呈黏液状物，有臭味(图 3-5-1)。真菌污染一般在接种后 3～10 d 才能发现，主要症状是培养基上出现绒毛状菌丝，然后形成不同颜色的孢子层(图 3-5-2)。

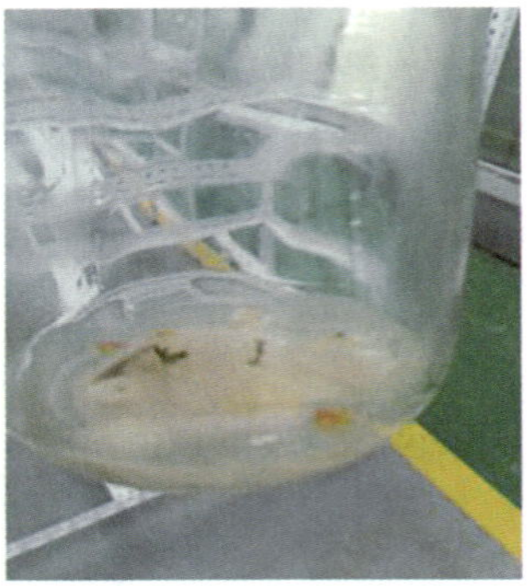

图 3-5-1　细菌污染

图 3-5-2　真菌污染

## (二)污染的原因

**1. 外植体带菌**

原瓶苗有污染,外植体消毒不彻底。通常多年生的木本材料比 1～2 年生的草本材料带菌多;老的材料比嫩的带菌多;田间生长的材料比温室的带菌多;带泥土的材料比清洁的带菌多;阴雨天采集的材料易带菌;一天中以中午阳光最强时采集的材料带菌少。

**2. 培养基带菌**

高压蒸汽灭菌的温度、压力、时间和正确使用情况,以及过滤灭菌中过滤膜孔径、过滤灭菌器械的灭菌处理和过滤灭菌操作等均影响培养基的灭菌效果。此外,培养瓶瓶盖松动,培养基存放时间太长都可能导致培养基染菌。

**3. 操作环节**

接种室不清洁、不干燥、不密封,接种室不经常用紫外线灯照射、甲醛熏蒸、70%酒精喷雾杀菌等,超净工作台不杀菌,风机不打开,操作过程不规范、不熟练,经常走动,在操作时说话都可能导致染菌。

**4. 培养环境**

培养室要求清洁、密闭,每天用 75%酒精喷雾除菌、降尘,每周用少量甲醛熏蒸灭菌,如有空气过滤装置效果更好。培养室相对湿度太高时,污染加重。

## (三)预防措施

发现污染的材料应该及时处理,否则将导致培养室环境污染。对一些特别宝贵的材料,可以取出并再次进行更为严格的消毒,然后接入新鲜的培养基中重新培养。要处理的污染培养瓶最好在打开瓶盖前,先集中进行高压灭菌,再清除污染物,然后洗净备用。现根据污染途径,介绍几种常用的污染预防措施。

**1. 防止材料带菌**

(1)避免阴雨天在田间采集外植体。在晴天采材料时,下午采取的外植体要比早晨采的污染少,因材料经过日晒后可杀死部分细菌或真菌。

(2)用茎尖作为外植体时,可在室内或无菌条件下对枝条先进行预培养。将枝条用水冲洗干净后插入无糖的营养液或自来水中,使其抽枝,然后以这种新抽的嫩枝作为外植体,便可大大减少材料的污染。或在无菌条件下把采自田间的枝条进行暗培养,待抽出徒长的黄化枝条时采枝，经灭菌后接种也可明显减少污染。

(3)目前对材料内部污染还没有令人满意的灭菌方法。在菌类长入组织内部时，要除去韧皮组织，只接种内部的分生组织，可以收到一定的效果。

**2. 外植体灭菌**

(1)多种药液交替浸泡法：对一些容易污染而难灭菌的材料，用下列程序灭菌较为理想。

第一，取茎尖、芽或器官外植体，用自来水及肥皂充分洗净，表面不可附着污垢、灰尘，用剪刀修剪掉外植体无用的部分，剥去芽上鳞片。

第二，将材料放入70%～75%的医用酒精中灭菌数秒钟。

第三，用无菌水冲洗4次。

第四，放入5%～10%次氯酸钠溶液中并滴入“吐温80”数滴，灭菌15～30 min，或浸入0.1%～0.2%升汞溶液中并加入“吐温80”数滴，灭菌5～10 min。

第五，用无菌水冲洗5次。也可从次氯酸钠溶液中取出后，再放入无菌的0.1 mol/L的HCl中浸片刻，再用无菌水冲洗数次。

(2)多次灭菌法：如咖啡成熟的叶片的灭菌即用这种方法。

第一，除去主脉(因主脉与支脉交界处常有真菌休眠孢子存在)，同时去掉叶的顶端、基部和边缘部分，这样可大大减少污染。

第二，将切好的外植体放入1.3%的次氯酸钠溶液中(商品漂白粉25%的溶液)，灭菌30 min。

第三，在无菌蒸馏水中漂洗3次。

第四，将材料封闭在无菌的培养皿中过夜，保持一定的温度。

第五，次日将叶片用2.6%次氯酸钠灭菌30 min，然后用蒸馏水冲洗3次。

对层积过的种子也可用多次灭菌法，在种子吸胀前后都要灭菌，在层积贮藏的第1周还应增加1次灭菌处理。

**3. 金属器械与玻璃器皿的灭菌**

(1)金属器械的灭菌：金属器械一般用火焰灭菌法，即把金属器械放在95%的酒精中浸一下，然后放到火焰上灼烧灭菌。这一步骤应在无菌操作过程中反复进行。金属器械也可以用干热灭菌法灭菌，即将拭净或烘干的金属器械用纸包好，盛在金属盒内，放在烘箱中灭菌。

(2)玻璃器皿的灭菌：玻璃器皿可采用湿热灭菌法，即将玻璃器皿包扎后置入蒸汽灭菌器中进行高温高压灭菌，灭菌时间可延长至25～30 min。也可采用干热灭菌法，即将玻璃器皿置于电热烘箱中进行灭菌；还可以把玻璃器皿放入到水中煮沸灭菌。

**4. 布质制品的灭菌**

工作服、帽子、口罩等布制品均用湿热灭菌法，即将洗净晾干的布制品，放入高压灭菌器中，在压力为108 kPa，温度121 ℃的条件下，灭菌20～30 min。

**5. 无菌操作室的灭菌**

无菌操作室的地面、墙壁和工作台的灭菌可用2%的新洁尔灭或75%的酒精擦洗，然后用紫外线灯照射约30 min。使用前用75%的酒精喷雾，使空间灰尘落下。一年中要定期用甲醛和高锰酸钾熏蒸1～2次。

**6. 污染材料的处理**

(1)真菌污染后,必须经高压灭菌后废弃。细菌污染不会弥散至整个空间,只要及时发现,将材料上部未感菌的部分剪下转接,仍可以正常使用。

(2)对一些特别宝贵的材料,可以取出再次进行更为严格的消毒,然后接入新鲜的培养基中重新培养。

## 二、玻璃化

### (一)玻璃化现象

玻璃化是试管苗的一种生理失调症,它的外形与正常苗有显著差异。其叶、嫩梢呈水晶透明或半透明,植物矮小肿胀、失绿,叶片皱缩呈纵向卷曲,脆弱易碎;叶表皮缺少角质层蜡质,没有功能性气孔,不具有栅栏组织,仅有海绵组织;体内含水量高,但干物质、叶绿素、蛋白质、纤维素和木质素含量低。由于其组织畸形,吸收养料和光合器官功能不全,分化功能大大降低,因而很难继续用作继代培养和扩大繁殖的材料;加上生根困难,很难移栽成活。玻璃化苗在植物组培中很普遍,有时多达50%以上,严重影响繁殖率,造成人、财、物的极大浪费。

### (二)玻璃化的原因

玻璃化的起因是细胞生长过程中的环境变化。试管苗为了适应变化了的环境而呈玻璃状。产生玻璃化苗的因素主要有激素浓度、琼脂浓度、离子水平、光照时间、温度、通风条件等。

**1. 激素浓度**

激素浓度增加尤其是细胞分裂素浓度提高(或细胞分裂素与生长素比例高),易导致玻璃化苗的产生。产生玻璃化苗的细胞分裂素浓度因植物种类的不同而异。细胞分裂素的主要作用是促进芽的分化,打破顶端优势,促进腋芽发生,因而玻璃化苗也表现为茎节较短、分枝较多的特点。细胞分裂素增多的原因有以下3种。

(1)培养基中一次性加入过多的细胞分裂素,比如6-BA、ZT等。

(2)细胞分裂素与生长素比例失调,细胞分裂素含量远远高于生长素,而使植物过多吸收细胞分裂素,体内激素比例严重失调,试管苗无法正常生长,而导致玻璃化。

(3)在多次继代培养时,愈伤组织和试管苗体内累积过量的细胞分裂素。在初级培养相同的培养基最初的几代玻璃化现象很少,多次继代培养后,便开始出现玻璃化现象,通常是继代次数越多玻璃化苗的比例越大。

**2. 琼脂浓度**

培养基中琼脂浓度低时玻璃化苗比例增加,水浸状严重,苗向上长。随着琼脂浓度的增加,玻璃化苗比例减少,但由于硬的培养基影响了养分的吸收,试管苗生长减慢,分枝也减少。因此,琼脂的浓度宜选择适当。

**3. 离子水平**

植物生长需要一定量的矿质营养,但是,如果无机离子之间失去平衡,试管苗的生长就会受到影响。植物种类不同,对矿物质的量、离子形态、离子间的比例要求不同。如果培养基中离子种类及其比例不适宜该种植物，玻璃化苗的比例会增加。

**4. 光照时间**

不同植物对光照时间的要求不同，满足植物的光照时间，试管苗才能正常生长。大多数植物在 10～12 h 光照下都能生长良好，每天光照时数大于 15 h 时，玻璃化苗的比例会增加。

**5. 温度**

适宜的温度可使试管苗生长良好，当温度低时，容易形成玻璃化苗。

**6. 通风条件**

试管苗生长期间，要求有足够的气体交换，气体交换的好坏取决于生长量、瓶内空间、培养时间和瓶盖种类。在一定容量的培养瓶内，愈伤组织和试管苗生长越快，越容易形成玻璃化苗。如果培养瓶容量小，气体交换不良，易发生玻璃化。愈伤组织和试管苗长时间培养，不能及时转移，容易出现玻璃化苗。组织培养所用瓶盖有棉塞、滤纸、封口纸、牛皮纸、锡箔纸、塑料膜等，其中棉塞、滤纸、封口纸、牛皮纸通透性较好，玻璃化苗的比例低；而锡箔纸不透气，影响气体交换，玻璃化苗增加。用塑料膜封口时，玻璃化苗剧增。

### (三)预防措施

**1. 适当提高培养基中琼脂和蔗糖浓度**

适当提高培养基中蔗糖浓度，可降低培养基中的渗透势，防止外植体从培养基中获得过多的水分。而适当提高培养基中琼脂的浓度，可降低培养基中的衬质势，使细胞吸水减少，也可降低玻璃化。如将琼脂浓度提高到 1.1%时，洋蓟的玻璃化苗完全消失。

**2. 适当控制培养基中无机营养成分**

大多数植物在 MS 培养基上生长良好，玻璃化苗的比例较低，主要由于 MS 培养基的硝态氮、钙、锰、锌的含量较高。适当增加培养基中钙、锰、锌、铁、铜、钾、镁含量，降低氮和氯元素比例，特别是降低铵态氮的浓度，提高硝态氮的浓度，可减少玻璃化苗的比例。

**3. 适当降低细胞分裂素和赤霉素的浓度**

细胞分裂素和赤霉素可以促进芽的分化，但是为了防止玻璃化现象，应适当减少其用量，或增加生长素的比例。在继代培养时，要逐步减少细胞分裂素的含量。

**4. 控制好温度**

培养温度要适宜植物正常生长发育。如果培养室的温度过低，应采取增温措施。热击处理，可防止玻璃化的发生。如用 40 ℃热击处理，瑞香愈伤组织培养物可完全消除其再生苗的玻璃化，同时还能提高愈伤组织芽的分化频率。

**5. 改善培养器皿的气体交换状况**

如使用棉塞、滤纸片或通气好的封口膜封口可减少玻璃化苗的发生。

**6. 加入其他物质**

在培养基中加入间苯三酚或根皮苷或其他添加物，可有效地减轻或防止试管苗玻璃化。如用 0.5 mg/L 多效唑或 10 mg/L 的矮壮素可减少重瓣丝石竹试管苗玻璃化的发生；添加 1.5～2.5 g/L 的聚乙烯醇也成为防止苹果砧木玻璃化的措施。在培养基中加入 0.3%的活性炭还可以降低玻璃苗的产生频率，对防止产生玻璃化苗有良好的作用。

**7. 增加自然光照，控制光照时间**

在试验中发现，玻璃化苗放在自然光下几天后茎、叶变红，玻璃化逐渐消失。这是因为自然光中的紫外线能促进试管苗成熟，加快木质化。光照时间不宜过长，大多数植物以每天 8～12 h 为宜；光照强度在 1 000～1 800 lx，就可满足植物生长的要求。

## 三、褐变

### (一)褐变现象

褐变是指外植体在培养过程中体内的多酚氧化酶被激活后，细胞内的酚类物质氧化成棕褐色醌类物质，这种致死性的褐化物不但向外扩散致使培养基逐渐变成褐色，而且还会抑制其他酶的活性，严重影响外植体的脱分化和器官分化，最后外植体变褐而死亡（图 3-5-3）。在植物组织培养过程中，褐变是普遍存在的，而控制褐变比控制污染和玻璃化更加困难，因此，能否有效地控制褐变是某些植物能否组培成功的关键。

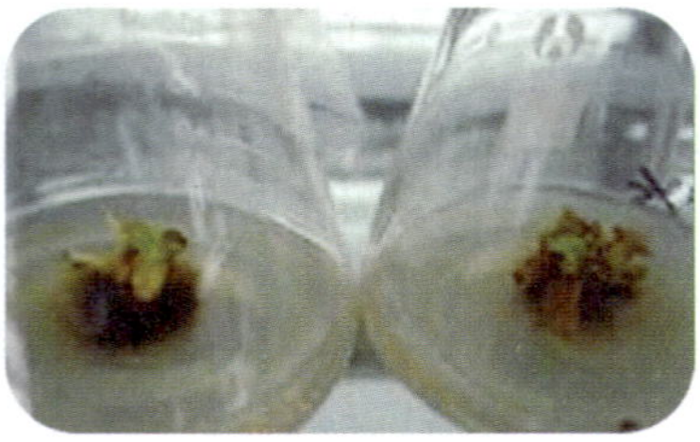

**图 3-5-3　褐变现象**

### (二)褐变的原因

影响褐变的因素极其复杂，随着植物的基因型、外植体的生理状态、培养基成分、培养条件、材料转移时间等的不同，褐变的程度有所不同。

**1. 植物品种(基因型)**

有研究表明，海垦 2 号橡胶树的花药褐变较少，因而易形成愈伤组织；而有些橡胶品种极易褐变，其愈伤组织的诱导也很困难。故在组织培养中，有些品系难以成功，而有些则容易成功，其原因之一可能是酚类物质的含量及多酚氧化酶活性上的差异。因此对于容易褐变的植物，应考虑对其不同基因型的筛选，力争采用不褐变或褐变程度低的外植体进行培养。

**2. 外植体的生理状态**

外植体的老化程度、年龄、大小和取材部位都会影响褐变的发生。外植体的老化程度越高，其木质素的含量也越高，也越容易发生褐变；大的外植体比小的外植体容易发生褐变；成龄材料一般比幼龄材料褐变严重；切口越大，酚类物质的被氧化面积也越大，褐变程度就会越严重。

**3. 培养基成分**

(1)植物生长调节物质使用不当时，材料也容易褐变，细胞分裂素有刺激多酚氧化酶活性提高的作用，这一现象在甘蔗组织培养中十分明显。

(2)过高的无机盐浓度会引起棕榈科植物外植体酚的氧化。例如，油棕用 MS 无机盐培养容易引起外植体的褐变，而用降低了无机盐浓度的改良 MS 培养基时则可减轻褐变。

(3)在外植体最适宜的脱分化条件下，分生能力强的细胞大量繁殖，酚类的氧化受抑制，在芽旺盛增殖时，褐变也被抑制。

(4)培养条件不适宜，如温度过高或光照过强，均可使多酚氧化酶的活性提高，从而加速外植体的褐变。在咖啡组织培养中曾出现这一现象。

**4. 培养条件**

光照过强、温度过高、培养时间过长均可加速褐变的发生。

**5. 材料转移时间**

试管苗长时间不转接容易发生褐变现象，可导致全部试管苗死亡。

### （三）预防措施

**1. 选择适宜的外植体**

不同时期和年龄的外植体在培养中褐变的程度不同，选择适当的外植体是克服褐变的重要手段，避免在夏季高温季节取材，选择幼小的植株，选择幼嫩的部位，选择大小适宜的外植体，选择生长旺盛的外植体。

**2. 选择合适的培养基和培养条件**

降低盐浓度，减少 BA 和 KT 的使用，采取液体培养，初期黑暗或者弱光条件下培养，保持较低的温度（15～20 ℃）也是降低褐变的有效方法。

**3. 外植体的预处理**

对较易褐变的外植体可采取预处理措施，即先用流水冲洗外植体，然后放置在 5 ℃左右的冰箱中低温处理 12～24 h。消毒后先接种到只含有蔗糖的琼脂培养基中培养 3～7 d，使组织中的酚类物质部分渗入到培养基中，取出外植体用 0.1%的漂白粉溶液浸泡 10 min，然后接种到合适的培养基上。

**4. 加快继代转接的速度**

对易发生褐变的植物，在外植体接种后 1～2 d 立即转接到新鲜培养基上，可减轻酚类物质对培养物的毒害作用，连续转移 5～6 次可减少褐变的产生。

**5. 加入活性炭**

培养基中加入 0.1%～0.5%的活性炭可减少褐变的产生，主要利用活性炭的吸附能力来吸附酚类氧化物。但活性炭吸附有害物质的同时也吸附营养物质和激素，因此会影响外植体的生长和发育。

**6. 加入抗氧化剂**

在培养基中加入抗氧化剂，或用抗氧化剂进行材料的预处理或预培养，可预防醌类物质的形成。常用的抗氧化剂有：维生素 C、PVP（聚乙烯吡咯烷酮）和牛血清蛋白等。抗氧化剂要注意分次使用，应注意有些抗氧化剂会对培养物产生毒害作用，要避免长期在含这些抗氧化剂的培养基中培养，如果先期褐变得到了控制，就应该从培养基中除去抗氧化剂。在静止的液体培养基中加入抗氧化剂比在固体培养基中加入抗氧化剂，效果要好很多。在倒挂金钟茎尖培养中加入 0.01%PVP 便对褐变有抑制作用。

## 工作任务 马铃薯组培苗健康监测观察

### 【任务描述】

各小组进入组培中心培养室进行马铃薯组培苗健康监测观察。在监测过程中挑选出污染、褐化、玻璃化及其他生长异常的组培苗，并小组讨论找出发生上述现象的原因，制定出解决方案。

## 【任务实施】

### 一、操作前准备

学生分组完成任务，每组 4 人。

每组所需的设备、材料：培养室内的所有组培苗、放大镜、笔、纸等。

提前做好观察记录表。

### 二、教师演示

(1)做好进入培养室前的消毒、换工作服、拖鞋等工作。

(2)进入组培苗培养室，在培养架上逐一检查，拣出全部异常苗。

(3)将所有发现异常的组培苗带到洗涤室或药品配制室，观察组培苗、培养基的情况(主要看组培苗是否茎叶透明、是否变褐、是否发霉等)。

(4)若发现有问题，但看不太清的，则借助放大镜进行仔细观察、判断。

### 三、学生分析解决问题

学生分析与总结出现的问题，并依据理论知识与日常观察提出可能产生问题的原因。学生分组讨论各个问题的解决方案。老师对解决方案进行评价，与学生共同制定问题的解决措施。

### 四、讨论与总结

学生对本次实验出现的问题进行讨论，确定改进方案。教师参与提出意见，对本次实验进行总结，完成实训任务报告。

## 【任务小结】

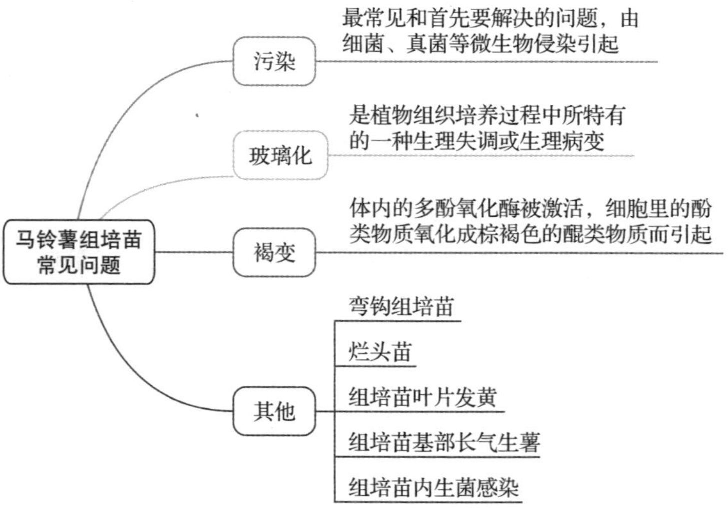

## 【问题探究】

1. 如何减少马铃薯继代转接时的污染率？

2. 若接种后产生污染，污染菌斑以外植体为中心蔓延，或以培养基上任一点为中心蔓延，则有可能是无菌操作中的哪些环节出了问题？

课程思政：袁隆平的“农业工匠精神”

## 【拓展知识】

### 马铃薯组培苗快繁中其他常见的问题

#### （一）弯钩组培苗

在产业化生产、组培苗大量扩繁中，为了避开用电高峰或节约用电，将组培室白天给光照改为夜间给光照，或16 h的给光照时间变成间歇给光照，中间关闭光照，间隔2 h或3 h再供给光照，同时组培室日累积温度偏高，就会造成组培苗生长点弯钩、不开叶，如图3-5-4所示。这时，若将光照与温度同步，昼夜有温差，夜间黑暗，白天有光照，组培苗会逐步恢复正常（图3-5-5）。

图3-5-4　组培苗弯钩现象

图3-5-5　正常组培苗

视频24：马铃薯组培苗快繁中常见的问题

#### （二）烂头苗

有一类苗，培养基上和根系上没有明显的杂菌感染，但是组培苗的生长点或苗的上半部有萎蔫的现象，如图3-5-6所示。此时，打开瓶盖能闻到细菌感染叶片的酸味，这种细菌感染是由于封口膜或瓶盖有细小的缝隙，培养温度落差过大，瓶内充满水汽，细菌进入组培瓶

图 3-5-6　组培苗烂头现象

感染了组培苗；或无菌接种室环境消毒不彻底，空气中有细菌落在植株叶片上，慢慢滋生了细菌。

## (三)组培苗叶片发黄

马铃薯组培苗培养中，通常会出现两种不同情况的黄叶。第一种是组培苗的底叶发黄，最后枯落，如图 3-5-7 所示。这种情况是由于母苗在生长中光照不够，叶薄、干物质累积比较少，当继代扩繁后，茎段的养分供给发根和新叶腋的生长，造成底部叶片养分不足而发黄；第二种黄叶是整个植株从上到下都出现叶肉发黄。主要是由于 MS 培养基配制时，螯合铁液变成棕红色铁沉淀造成植株缺铁所致。

## (四)组培苗基部长气生薯

出现这种现象通常是由于苗龄时间太长、培养温度偏低、光照时间太短，造成腋芽处形成小薯或底部结薯。如图 3-5-8 所示。

图 3-5-7　光照不足造成的底叶发黄

图 3-5-8　组培苗气生薯现象

图 3-5-9　内生菌感染

## (五)组培苗内生菌感染

在生产淡季，按照操作规程分苗，工作量小，组培苗内生菌感染概率相对小或不发生。但凡产业化生产旺季，组培苗均会遇到内生菌的感染，这是分苗速度与分苗质量的矛盾点。如图 3-5-9 所示为内生菌感染培养基状况。内生菌最大的危害是随着组培苗的扩繁，内生菌不断增多，表现为组培苗不长根，易烂苗，不能继代扩繁，严重时使组培苗全军覆没。若移栽到大棚生根会比健康苗慢许多，还容易死苗。因此在感染早期就需加以识别和剔除，做到“一看二闻三观察”。从挑母苗起，一看瓶底组培苗根部是否有内生细菌污染；二打开瓶盖闻，有内生菌感染的瓶苗会闻到细菌侵染的酸味；三观察，内生菌初期感染用肉眼不易确认，需仔细观察植株根部是否有牛奶状的乳白色液体小点，若发现需及时挑出来，不能再作为母苗继代繁殖。

# 任务六　马铃薯组培苗驯化、移栽

## 【学习目标】

### 知识目标

掌握马铃薯组培苗驯化、移栽的目的。

掌握马铃薯组培苗驯化、移栽程序和技术要点。

### 能力目标

能够完成马铃薯组培苗驯化工作。

能够完成移栽前准备及移栽定植工作。

### 素养目标

具备科学规范的工作态度，遵循植物生长规律。

具备实践意识和劳动精神。

具备坚持不懈的探索素养和积极有效解决问题的职业精神。

## 【前导知识】

组培苗扩繁到一定数量后，就要进入温室生产环节了。马铃薯组培苗生长在培养室的密闭容器中，内部与外部相对隔离，形成了独特的生态系统。驯化的目的是指通过人为调控水、肥、光、温等环境因素，使组培苗逐渐适应外界的自然环境，提高组培苗对外界环境的适应性，促使组培苗健壮生长，进而提高组培苗移栽成活率。马铃薯组培苗的驯化、移栽是组培快繁的最后一步，关系着生产的成败，如果做不好就会前功尽弃。

## 一、组培苗的特点

**1. 无菌状态**

组培苗在培养过程中需要处于严格的无菌状态，不仅培养基无菌，而且试管苗也无菌。自然环境中存在着多种多样的微生物，移栽后试管苗要经历由无菌向有菌的转换。

**2. 恒温状态**

温度重要的作用是决定呼吸的速度和控制植物组织代谢过程的化学反应。在培养室内温度通常控制在 25 ℃左右，温度变化小。自然环境中温度处于不断的变化之中，温度的调节完全是由自然界太阳辐射的日辐射量决定的，温差变化较大。

**3. 高湿环境**

试管苗吸收的水分要从叶面气孔蒸腾，同时培养基也向外散发水分，这些水汽凝结后又进入培养基，形成了培养瓶中的水分移动循环，其循环结果使得培养瓶中的相对湿度接近100%。在自然环境中通常湿度较低，且有波动。

视频 25:马铃薯组培苗驯化、移栽

**4. 弱光培养**

培养瓶中的组培苗在生长过程中,人为控制其光照强度和光照时间,幼苗接受光照强度较弱,因此,组培苗不能直接转入太阳光直射环境下生长。

## 二、马铃薯组培苗驯化、移栽

将组培苗由一种生长环境转移到另一种差异较大的生长环境,使组培苗适应移栽后的环境条件并进行自养,这是一个逐步锻炼和适应的过程,我们把这个过程称作驯化或炼苗。

### (一)马铃薯组培苗驯化

组培苗定植的前 7 d,将其移送到接近外界条件的炼苗室或炼苗棚。这个阶段组培苗在自然光下闭口培养,并经历明显的昼夜温差变化。培养 5 d后,逐渐打开培养瓶瓶盖,可先将瓶盖打开 1/2 培养 1 d,然后再将瓶盖全部打开培养,进一步降低瓶中的湿度。2 d后,组培苗茎叶绿色加深,根系颜色由白色变为褐色,这时驯化完成,组培苗就可以移栽了。

### (二)马铃薯组培苗移栽

**1. 苗床准备**

移栽前首先要准备好苗床,苗床基质应选择透气性好、保湿性强、容易灭菌、不易滋生杂菌的材料作为培养基质。常见的移栽基质有:河沙、腐殖土、珍珠岩、蛭石、草炭等,如图 3-6-1 所示。

河沙　腐殖土　珍珠岩　蛭石　草炭

**图 3-6-1　常见的基质**

移栽前需要对温室、苗床及基质进行灭菌。温室、苗床通常通过喷洒灭菌剂灭菌,而基质可采用高温高压灭菌、烘烤灭菌和喷洒灭菌剂等方式灭菌。

离地的苗床一般分为 3 种类型:第一类是在畦面铺 4 cm 左右厚的小石子与土壤隔绝,小石子做畦;第二类是用钢丝和铝合金做成的低架苗床,离地 15～20 cm;第三类是用钢丝和铝合金做成的高架苗床,离地 60～80 cm。如图 3-6-2 所示。

3 种类型的苗床均先铺一层黑地布,再铺纱网,最后铺基质,如图 3-6-3 所示。这样的苗床透气性好,同时便于后期采收操作。也可直接铺一层尼龙编织地布,然后再铺基质。在苗床间的作业道需铺地布或地膜,防止杂草和杂菌滋生。

马铃薯定植常选用颗粒适中的四号蛭石,铺 7 cm 左右,撒底肥,每平方米基质撒施 40～50 g 氮磷钾复合肥,也可以将肥料溶在水中喷施,或喷施 MS 营养液,每平方米基质喷施

图 3-6-2　3 种类型苗床

图 3-6-3　苗床准备

1 L 营养液，最后再铺 3 cm 厚的基质。栽苗前 1～2 d，苗床喷浇清水，让蛭石充分吸水膨胀。喷水后从苗床底部取蛭石，用手攥住不滴水，指缝见水即可移栽。操作如图 3-6-4 所示。

图 3-6-4　铺蛭石

**2. 组培苗准备**

组培苗的准备可分为取苗、清洗和浸根 3 步。从培养瓶中取出已生根的小苗，使用清水或 0.1%的多菌灵溶液轻轻洗掉根部黏着的培养基，避免伤根。清洗时一定要洗干净，以防残留培养基滋生杂菌。最后将清洗干净的组培苗整齐码放在带有孔眼的塑料筐内，定植前浸泡在配好的 ABT 生根粉水溶液中浸根 10～15 min。原则上当天洗出的苗，当天栽种完。具体操作如图 3-6-5 所示。

**3. 移栽及移栽后管理**

将经过浸根处理的组培苗按 5～8 cm 的株距沿划好的行线移栽。使用经浓度为 1%的高锰酸钾溶液浸泡过的镊子，轻轻捏住组培苗根基部，避免用力过度损伤根部，将镊子插入蛭石 5 cm 的深度后，斜拉直至表面只留一片叶。遵循“上齐下不齐”的原则，便于日后长势统一。定植后再浇一遍水，让基质与刚移栽的组培苗根系互相贴紧，保持湿度，促使组培苗发根。如图 3-6-6 所示。

图 3-6-5　组培苗定植前准备

图 3-6-6　马铃薯苗床定植

移栽定植后要注意遮阳和保湿。移栽初期防止阳光直射，以后逐渐增加日照时间和强度。要求蛭石与空气的相对湿度都要控制在 80%左右，每天浇水 1 次，使幼苗尽快转入自养，提高移栽的成活率。

# 工作任务　马铃薯组培苗移栽

## 【任务描述】

各小组每人 10 瓶经驯化后的组培苗，进行苗床移栽。要求株行距一致、苗高整齐统一。移栽后连续 10 d，每天查看并记录幼苗长势。

## 【任务实施】

### 一、操作前准备

学生分组完成任务，每组 4 人。

**1. 所需材料及用具**

准备所需材料及用具，如表 3-6-1 所示。

**表 3-6-1　所需材料及用具**

| 药品、材料 | 用具 |
|---|---|
| 组培苗 40 瓶、ABT 生根粉溶液、1%高锰酸钾溶液 100 mL | 废渣盆 1 个、清洗盆(盛有常温清水)1 个、镊子 4 把、压线板或划线耙 1 把、一次性橡胶手套 4 双、塑料筐 1 个 |

**2. 环境条件**

移栽场所选在可控制光照、温度、湿度等的温室大棚，室温控制在 18～25 ℃，相对湿度控制在 70%～85%，光照强度控制在 1 000～25 000 lx。

### 二、教师演示

在移栽前，学生集中观看教师洗苗及移栽操作演示或视频，记录接种环节流程、操作技法与注意事项。

### 三、学生实操

划分移栽区域，每组学生一块区域，开始操作。操作流程见表 3-6-2。

**表 3-6-2　移栽环节及注意事项**

| 操作环节 | 注意事项 |
|---|---|
| 取苗 | 1. 手上的汗液会对组培苗造成污染，所以在这个操作过程中需要全程佩戴橡胶手套。<br>2. 组培苗生长到后期，幼苗的根是互相缠绕在瓶底的，所以如果单独取一株组培苗，一方面工作效率比较低，另一方面在操作过程中容易拉扯到幼苗的根。因此，在取苗过程中，使用两根手指轻轻插入瓶中，先将组培苗捋顺，然后将基质和组培苗整体从瓶中取出，取出后将苗捋在一起，一只手轻轻捏住苗的上部，用另一只手两个手指将培养基轻轻捋下置于废渣盆中，在操作中一定要轻，不要损伤到组培苗 |

续表 3-6-2

| 操作环节 | 注意事项 |
|---|---|
| 清洗 | 将拧去培养基的组培苗置于清水盆中清洗，轻轻揉搓组培苗根部，一定要清洗干净，避免移栽到基质后引起病菌侵染，降低成活率 |
| 浸根 | 将清洗干净的组培苗整齐码放在盛有ABT生根粉溶液的盘中浸根10～15 min。处理好的苗，放在湿润的无纺布上，同时盖湿润的无纺布或薄布，准备移栽 |
| 划线 | 利用压线板或划线耙在苗床上划行距为10 cm的沟，以便于统一行距，移栽整齐 |
| 移栽 | 经过浸根处理的组培苗按5～8 cm的株距沿划好的行线移栽，使用经浓度为1%的高锰酸钾溶液浸泡过的镊子，轻轻捏住组培苗根基部，避免用力过度损伤根部，将镊子插入蛭石5 cm的深度后，斜拉直至表面只留一片叶。遵循“上齐下不齐”的原则，便于日后长势统一。移栽后再浇一遍水，让基质与刚移栽的组培苗根系互相贴紧，保持湿度，促使组培苗发根。在浇水时，应使用400目的浇水喷头或喷雾浇水，避免水流冲刷苗床 |
| 移栽后管理 | 移栽后统一管理。要注意遮阳和保湿，初期防止阳光直射，以后逐渐增加日照时间和强度。要求蛭石与空气的相对湿度都要控制在80%左右，每天浇水1次，使幼苗尽快转入自养，提高移栽的成活率 |

## 四、讨论与评价

移栽后各组自检任务完成情况并记录，并分析讨论操作存在的问题；教师总结点评。填写表3-6-3。

**表 3-6-3　马铃薯组培苗驯化、移栽评分表**

小组成员：　　　　　　　　　　　　　　　　　　　　　　　日期：

| 序号 | 主要环节 | 考核内容 | 分值 | 自评 | 教师 | 总评 |
|---|---|---|---|---|---|---|
| | | | | 30% | 70% | |
| 1 | 基质混配 | 比例是否正确 | 10 | | | |
| 2 | 炼苗管理 | 是否按时观察和记录 | 20 | | | |
| 3 | 移栽 | 移栽流程 | 20 | | | |
| | | 移栽管理 | 20 | | | |
| | | 移栽成活率 | 20 | | | |
| 4 | 团队配合 | 团队分工明确，操作过程井然有序 | 10 | | | |
| 5 | 综合得分 | | | | | |

## 五、课后管理

移栽后的组培苗，每天检查一次移栽成活情况，组间互检移栽成活率及污染情况，讨论后做书面记录(表3-6-4)与改进方案。

**表 3-6-4　马铃薯组培苗移栽后观察记录表**

组别：__________　　　　　　　　　　　　　　　　　　总移栽量：__________株

| 时间 | 光照/（$\times 10^3$ lx） | 温度/℃ 空气/土壤 | 湿度/% 空气/土壤 | 叶片数 | 苗高 | 成活株 | 成活率 | 备注 |
|---|---|---|---|---|---|---|---|---|
| | | | | | | | | |
| | | | | | | | | |
| | | | | | | | | |
| | | | | | | | | |
| | | | | | | | | |

## 【任务小结】

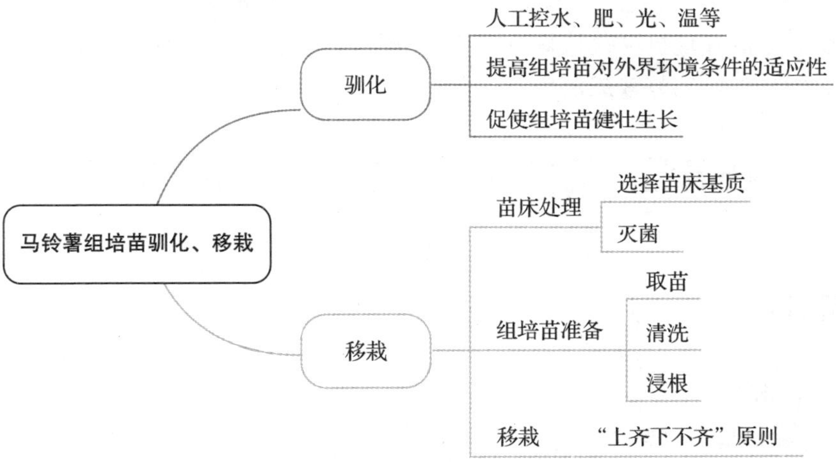


## 【问题探究】

1. 如何提高马铃薯组培苗的移栽成活率？
2. 移栽基质不消毒会导致何种风险？
3. 脱毒苗在移栽前如果培养基清洗不干净，会有什么影响？

课程思政：组培中的污染问题与意志培养

## 【拓展知识】

### 移栽后的精细管理

**1. 水分控制**

保持水分平衡和控制好湿度是马铃薯组培苗移栽管理技术的核心。空气湿度低，则组培苗容易萎蔫；而基质水分又不宜太多，如果基质水分太多，不仅透气不良，影响生根，且容易导致烂根死苗。因此在保证空气湿度足够大的同时，应尽量确保移栽基质有良好的透气状况。可采用微喷技术控制空气湿度或采用塑料小拱棚的方法来提高空气湿度。具体做法是移栽后浇透水，以后每天根据苗的实际情况定浇水的次数和量，原则是空气湿度足够大，而基质水分不能太多，小苗叶片始终保持挺拔的姿态。

**2. 光照控制**

新移栽的组培苗要有遮阳条件，以散射光为主，一般在网棚内拉 1 层遮光率 60%以上的遮阳网，经 10～15 d 根据苗的恢复情况和成活率，逐步增强光照，直到小苗完全适应自然环境条件并长得壮实后方可拆除遮阳措施。如果光照过强会使小苗的叶绿素受到破坏，光合作用减弱，叶片失绿、发黄或发白，使小苗成活延缓；同时光照过强会导致植株蒸腾作用加强，使水分平衡矛盾更加尖锐，植株更易失水萎蔫死亡。

**3. 温度控制**

马铃薯是喜冷凉作物，对温度的适应范围较广，加之移栽马铃薯组培苗是在防虫温室内进行，故全年均可移栽。但冬季 12 月至次年 1 月期间，地温较低，缓苗较慢，小苗生长迟缓，对成活率有一定影响；而在夏季，组培苗移栽后，要控制好防虫温室内的温度，温度不宜过高，因为高温高湿的环境极易使植株感病死亡，同时，温度过高，植株的蒸腾作用加强，也易失水造成死亡，从而影响移栽成活率。

# 任务七　马铃薯组培苗工厂化生产管理

## 【学习目标】

### 知识目标

掌握马铃薯组培苗快繁工厂化生产流程。

掌握工厂化生产计划的制订方法及相关内容。

掌握组培苗降低成本、提高效益的措施。

### 能力目标

能够制订马铃薯组培苗生产计划。

能够进行马铃薯组培苗生产成本核算和效益分析。

### 素养目标

具有精益求精的工匠精神，养成一丝不苟的工作作风。

具备较强的自主学习意识，能够善于总结经验和自我反思。

具备知农爱农，服务“三农”，助力乡村振兴的责任感。

## 【前导知识】

在植物组培苗工厂化生产环节，应针对所培养植物的生长特性，优化设计生产工艺流程，并根据市场需求制定和实施生产计划。并且，还应不断研究和改进生产技术，采用更加简便、高效的新技术、新工艺、新方法，以获取更高的经济效益。

## 一、植物组培苗工厂化生产工艺流程

植物组培苗工厂化生产的工艺流程是根据植物快繁、脱毒技术路线建立起来的。例如，马铃薯组培苗商业化生产工艺流程如图 3-7-1 所示。

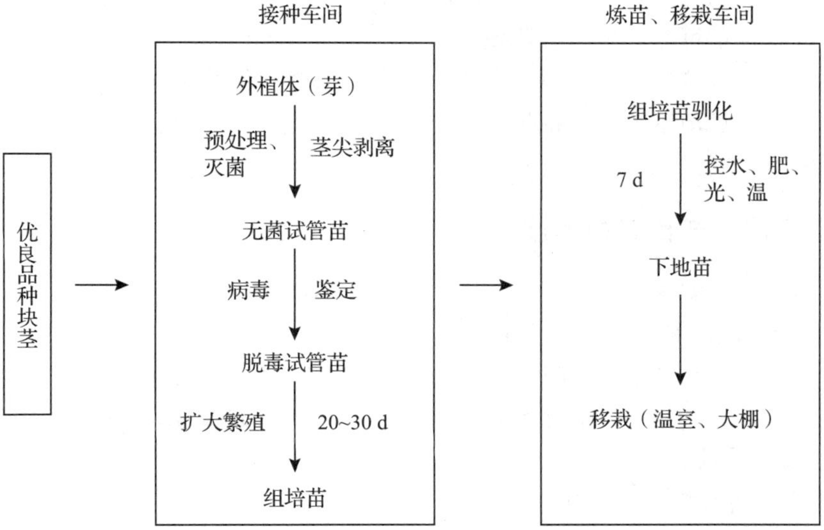


**图 3-7-1　马铃薯组培苗商业化生产工艺流程**

## 二、组培苗生产计划的制订与实施

生产计划是指根据市场需求和经营策略，对未来一定时期的生产目标和活动所做的统一安排。生产计划的制订是进行组培苗规范化生产的关键，生产量不足或过剩都会直接影响经济效益。在实际生产中，首先应对植物材料的增殖率做出一个切合实际的估算，再根据生产能力和市场需求制订相应的生产计划，并有效地组织生产。

### （一）试管苗增殖率的估算

试管苗的增殖率是指植物快速繁殖中间繁殖体的繁殖率。估算试管苗的繁殖量要以苗、芽或未生根嫩茎为单位，一般以苗或瓶为计算单位。年生产量（$Y$）决定于每瓶苗数（$m$）、每周期增殖倍数（$x$）和年增殖周期数（$n$），其公式为 $Y=m\times x^n$。

如果每年增殖 8 次（$n=8$），每次增殖 4 倍（$x=4$），每瓶 8 株苗（$m=8$）全年可繁殖的苗是：$Y=8\times 4^8\approx 52$ 万株。此计算为生产理论数字，在实际生产过程中还有其他因素如污染、培养条件发生故障等，会造成一些损失，实际生产的数量应比估算的数值低。

### （二）生产计划的制订

根据市场的需求和种植生产时间，制定全年植物组织培养生产的全过程计划。制订生产计划，虽不是一件很复杂的事情，但需要全面考虑、计划周密、工作谨慎，把正常因素和非正常因素都要考虑进去。往往制订出计划后，在实施过程中，也容易发生意外事件。因此，制订生产计划必须注意以下5点：

①首先确定生产的品种及母苗的数目。

②对各种植物的增殖率应做出切合实际的估算。

③要有植物组织培养全过程的技术储备(外植体诱导技术、中间繁殖体增殖技术、生根技术、炼苗技术)。

④要掌握或熟悉各种组培苗的定植时间和生长环节。

⑤要掌握组培苗可能产生的后期效应。

制订某种植物组培苗生产计划，应根据市场需求，各种植物都有一定的需求量，但是用苗的时间和用苗的量却不统一。每年的春、夏、秋、冬季节都有定植时间，用量各不相同，外植体来源季节也不同。

### (三)组培苗生产计划的实施

组培苗生产计划实施步骤主要为：

**1. 准备繁殖材料，建立无性繁殖系**

繁殖材料必须是来源清楚、无检疫性病害、无肉眼可见的病害症状、具有典型品种特性的优良单株或群体。当初代培养外植体增殖形成5～10个繁殖芽时，需及时进行品种危害性病毒检测，淘汰带病毒材料。

**2. 试管苗繁殖材料快速增殖**

当其增殖达到所需基数时，存架增殖总瓶数的控制就成为影响试管苗生产效益的关键因素。存架增殖瓶数过多，易产生人力和设备不足，增殖材料积压并老化，影响出瓶苗质量和移栽成活率，增加生产成本；反之则使基本苗不足，延误出苗时期，不能完成生产计划，同样会造成经济损失。根据增殖的总瓶数及操作人员的工作效率，还可计算出生产过程中所需投入的人力，以保证商业化生产的顺利进行。

存瓶增殖总瓶数＝月计划生产苗数/每个增殖瓶月可产苗数

月计划生产苗数＝每个操作人员每天可接苗数×月工作日×操作人员数

## 三、组培苗生产成本核算与效益分析

**1. 组培苗成本组成**

组培苗的成本核算包含多个项目，在核算时一定要分类，每种作物组培苗核算的项目基本相同，成本由间接成本和直接成本构成。

①间接成本：管理人员工资＋公司后台管理费用(占比32%)。

②直接成本：人工费＋材料＋电费＋地租＋折旧(占比68%)。

**2. 效益分析**

(1)成本核算。可以看出，劳动工资占成本的49.2%。要降低成本，首先要提高经营者的管理水平和技术操作工的技术熟练程度，才能提高生产效率；如果转苗污染率高或炼苗成活率低，就加大了成本；再就是设备条件和宣传广告成本占41.9%。

组培室和炼苗室的加温、降温及人工补光照明、灭菌等成本很高，为降低成本要利用当地的自然条件；制作培养的药品占 8.23%，为降低成本，可用食糖代替蔗糖，琼脂要用物美价廉的琼脂粉或琼脂条。

(2)产销对路。一方面根据市场的需求，以销定产。另一方面引进畅销的名、特、新、优植物品种，快速增殖种苗，抢占市场，引导市场的需求，形成批量生产，降低成本，提高经济效益。

(3)规模生产、提高利润。在一定的条件下，植物组培生产规模越大，生产成本越低，利润越高。组培生产量小，基础设施的成本高，利润必然低。总之，植物组培工厂化生产，一定结合市场的需求情况，形成一定的生产规模，降低成本，提高利润，才能提高经济效益。

## 工作任务一　马铃薯组培苗生产计划的制订与实施

### 【任务描述】

根据订单(自用、客户订单)需求数量及供货时间，反推母瓶、壮苗及生根瓶苗的生产时间，做一份详细的生产计划。

### 【任务实施】

学生分组完成任务，每组 4 人。

#### 一、计划编制前的准备

统计将要生产的产品库存马铃薯母苗数量、密度，整理或查询各个品种的增殖倍数、增殖难易程度、幼苗分化速度、适合的培养基配方等。

#### 二、计划编制

(1)编制生产进度计划表，确定生产时间、生产数量、生产所需的人员、匹配培养面积、产成品时间等。

(2)依据生产进度计划编制用工、薪酬计划，以确保计划进度。操作工需考虑到操作熟练程度和流动性等因素，可以在计划外适当多招 1～2 人，且人员到岗时间要提前至少 1 个月，以便进行操作技能培训和熟悉工作环境。在编制用工计划时，需充分考虑到年龄结构、接种人均工效等方面。在编制薪酬计划时，必须兼顾所在地区的收入水平及企业的工作环境。

(3)依据生产计划编制物资计划，以保障进度计划顺利实施。

(4)依据物资计划编制物资采购计划。实施物资采购时，必须考虑到一次性进货数量及最大使用量，以免造成资金积压，产生较高的仓储费。另外，如果资金允许，也要考虑常用大宗物资的一次性采购到位以减少运费，降低采购成本。

#### 三、小组展示

各小组派一代表分享展示学习成果。

#### 四、讨论与评议

师生共同讨论出现的问题，及时总结完善计划书。

# 工作任务二　马铃薯组培苗生产成本核算与效益分析

## 【任务描述】

组培苗工厂化生产组培技术是否得到规模化应用，往往受到成本的制约。据分析，培养基、水电费、人工工资、耗材、固定资产及设备折旧、其他（营销与管理费）6 项是组培苗工厂化生产的主要直接成本，污染损失和炼苗过程中的损失是最主要的间接成本。因此，需根据组培植物的生物学特性合理安排生产周期，充分利用自然光照、温度条件，以达成“提质、减损、降耗”控制成本的目的。

## 【任务实施】

学生分组完成任务，每组 4 人。

### 一、准备工作

教师联系马铃薯组培苗生产企业或提供马铃薯组培苗工厂化生产案例。学生接受任务单，自学相关内容，并以组为单位做好人员分工和资料、用品的准备。

### 二、参观马铃薯组培苗生产企业

集体参观马铃薯组培苗生产企业，或通过案例了解企业生产品种、生产规模、设备投资、劳务用工、材料消耗以及经营管理开支等情况。

### 三、组织讨论

小组讨论，比较和分析马铃薯生产企业生产工艺流程设计、仪器设备配置、器皿用具选择、生长组织管理及营销等环节是否合理，对不足之处提出改进措施。完成企业生产成本核算与效益分析报告。

### 四、组间交流与评议

各小组选派代表介绍本组的核算和分析结果，组间评议，教师现场点评。

## 【任务小结】

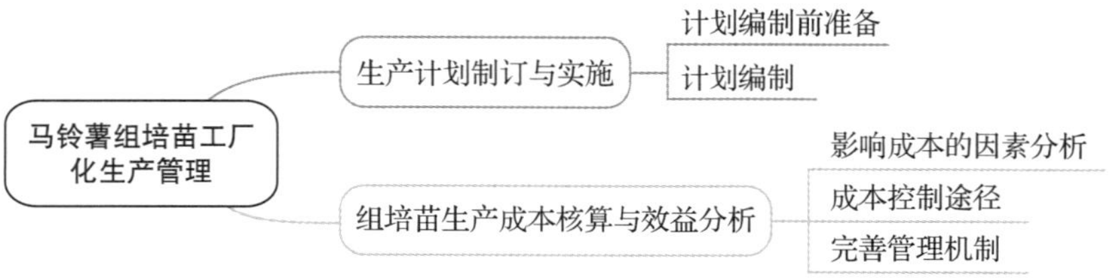

## 【问题探究】

1. 生产计划与生产工艺流程之间有何关系？
2. 马铃薯组培苗工厂生产制订生产计划应包含哪些内容？
3. 如何提高马铃薯组培苗工厂化生产的效益？

课程思政:团队学习的楷模——竹子

## 【拓展知识】

### 提高植物组培苗生产效益的措施

要提高植物组培苗商品化生产效益，一方面应注意选择珍稀、名特优和脱毒种苗生产，取得市场产品优势；另一方面应针对试管苗生产所需的费用，采取相应措施降低生产成本，增强产品竞争力，提高经济效益。

**1. 严格管理制度，提高劳动生产率**

实行责任制，生产分段承包、责任到人、定额管理、计件工资、效益与工资挂钩，激励生产员工的工作热情与责任心，奖优罚劣是提高劳动生产率的有效措施。作为组培苗的生产企业可以利用经济欠发达地区的廉价劳动力，降低劳动成本，增强企业竞争力，加强工人的技能培训、优化工艺流程，以提高劳动生产率。

**2. 减少设备投资，延长设备使用寿命**

组培工厂化生产所需的仪器设备价格昂贵，一般企业在仪器设备上投资，少则数万元，多则数十万元，且仪器设备的折旧费在组培苗的生产成本中少则10%，多则20%以上。正确使用仪器设备，及时维修，延长使用寿命，是降低成本、提高效益的一个重要措施。

**3. 降低成本消耗**

组培苗生产中使用量最大的是培养器皿，如果使用玻璃三角瓶，要考虑它的价格较高，且容易破损，可使用耐高温高压的塑料培养器皿或果酱瓶、罐头瓶，以大大节省费用。水电费用在组培苗的生产成本中占20%～40%，应尽量利用培养室空间，合理安排培养架和培养瓶，减少能源消耗。生产上尽量用自来水、井水、泉水、减少蒸馏水的用量，用食用糖代替蔗糖，电费价格高的地区可改用蒸汽锅炉、煤炉、煤气炉或柴炉等进行高压蒸汽灭菌，这些措施都可以节省费用，降低生产成本。

**4. 减少污染，提高增殖率和移栽成活率**

生产中的污染不仅造成人力、财力的浪费，还会造成环境污染。所以必须控制好各个环节，严格无菌操作规范，减少污染，一般进行正式生产时，污染率应当控制在5%以内。同时，通过改进生产技术，提高增殖率，保证组培苗生根率达95%以上，炼苗成活率达90%以上，并提高试管苗和商品苗的质量，也是降低成本、增加效益的有效措施。

# 项目四　百合组培快繁技术

## 任务一　培养基的制备与灭菌

### 【学习目标】

**知识目标**

掌握百合组织培养使用的培养基配方。
掌握培养基制备的流程。
掌握培养基灭菌及保存方法。

**能力目标**

能够按流程规范制备百合组织培养过程中用到的培养基。
能够按流程对培养基进行严格灭菌并合理保存。
能够规范使用分析天平、电子天平、pH 计、灭菌锅等仪器。

**素养目标**

具备自主学习和团队协作能力。
具备实验操作能力和实验探究能力。
具备科学、严谨、规范的职业素养。

### 【前导知识】

### 一、植物组织培养技术在百合生产中的应用

百合为百合科百合属球根花卉，是世界上著名的观赏花卉之一。中国是世界百合种质资源的分布中心、百合的原产地，分布在中国的百合约有 47 个种、18 个变种，占世界百合属总数的一半以上。其中 36 个种、15 个变种是我国特有的珍稀种类。百合除具有观赏价值外，大多数可以食用、药用，是上等的滋补佳品。但由于各种因素的影响，一些分布地区窄或

生态适应性弱的百合种的生存正受到严重威胁。传统的百合繁殖方法主要有播种繁殖、珠芽繁殖、分球繁殖和鳞片繁殖等。但采用这些方法，繁殖系数较小，特别是经多代分殖以后，常造成种性退化，甚至病毒积累，影响百合的产量和质量。利用组织培养技术，能够迅速去除病毒和更新品种，加快了百合的快速繁殖速度，缩短了百合的生育周期，为规模化、工厂化生产百合脱毒种苗提供了技术参数和依据。在百合杂交育种中也存在着基因库贫乏、种间杂交不亲和等局限性，而组织培养中的胚培养、花药培养等技术则可克服这些弊端。自 1957 年 Robb 首次发表了百合的组织培养文章后，到现在成功的百合组织培养方法已有 40 多种。

## 二、百合组培时选用的培养基配方

一般用于百合组织培养的基本培养基为 MS 培养基。诱导培养基、增殖培养基和生根培养基可采用如下配方：

诱导培养基：MS＋6-BA 1.0 mg/L＋NAA 0.5 mg/L＋琼脂 6 g/L＋蔗糖 30 g/L

增殖培养基：MS＋6-BA 1.0 mg/L＋NAA 0.1 mg/L＋KT 0.2 mg/L＋琼脂 6 g/L＋蔗糖 30 g/L

生根培养基：1/2MS＋IBA 0.3 mg/L＋琼脂 6 g/L＋蔗糖 30 g/L

以上所有的培养基的 pH 均为 5.8～6.0。

# 工作任务　培养基的制备与灭菌

## 【任务描述】

学生分组制备百合组织培养时用到的 3 种培养基，掌握各培养基的主要成分、含量及制备流程，能够准确、规范地完成培养基的制备与灭菌操作。

## 【任务实施】

### 一、操作前准备

学生分组完成任务，每组 4 人，准备所需仪器工具及试剂，详见表 4-1-1。

**表 4-1-1　材料表**

| 类别 | 材料名称 |
|---|---|
| 仪器 | 分析天平（万分之一）、电子天平（百分之一）、pH 计、高压灭菌锅、电磁炉、冰箱 |
| 工具 | 烧杯、量筒、移液管、容量瓶、药匙、玻璃棒、胶头滴管、酒精灯、石棉网、标签、记号笔、广口瓶、称量纸、培养瓶 |
| 试剂 | 大量元素试剂：$KH_2PO_4$、$KNO_3$、$MgSO_4\cdot 7H_2O$、$NH_4NO_3$、$CaCl_2\cdot 2H_2O$<br>微量元素试剂：$MnSO_4\cdot 4H_2O$、$ZnSO_4\cdot 7H_2O$、$H_3BO_3$、$CuSO_4\cdot 5H_2O$、KI、$Na_2MoO_4\cdot 4H_2O$、$CuSO_4\cdot 5H_2O$<br>铁盐母液试剂：$FeSO_4\cdot 7H_2O$、$Na_2$-EDTA<br>激素母液试剂：6-BA、NAA、KT、IBA<br>其他：蔗糖、琼脂、蒸馏水、HCl(1 mol/L)、95%乙醇 |

视频 26:百合母液配制

## 二、教师演示

### (一)母液制备

**1. MS 培养基母液的制备**

母液的制备包括计算、称量、溶解、定容、调节 pH、分装、贴标签、保存等步骤,各成分称取量见表 4-1-2,具体的制备方法参考项目三任务一 MS 培养基的配制与灭菌。

**表 4-1-2 百合 MS 培养基各母液成分及称取量**

制备人: 制备日期:

| 母液 | 化合物名称 | 配方用量/(mg/L) | 扩大倍数 | 称取量/g | 母液体积/L |
|---|---|---|---|---|---|
| 大量元素母液 | $KH_2PO_4$ | 170 | 10 | 1.7 | 1 |
| | $KNO_3$ | 1 900 | | 19 | |
| | $MgSO_4 \cdot 7H_2O$ | 370 | | 3.7 | |
| | $NH_4NO_3$ | 1 650 | | 16.5 | |
| | $CaCl_2 \cdot 2H_2O$ | 440 | | 4.4 | |
| 微量元素母液 | $MnSO_4 \cdot 4H_2O$ | 22.3 | 100 | 2.23 | 1 |
| | $ZnSO_4 \cdot 7H_2O$ | 8.6 | | 0.86 | |
| | $H_3BO_3$ | 6.2 | | 0.62 | |
| | KI | 0.83 | | 0.083 | |
| | $Na_2MoO_4 \cdot 4H_2O$ | 0.25 | | 0.025 | |
| | $CuSO_4 \cdot 5H_2O$ | 0.025 | | 0.002 5 | |
| | $CoCl_2 \cdot 6H_2O$ | 0.025 | | 0.002 5 | |
| 铁盐母液 | $FeSO_4 \cdot 7H_2O$ | 27.8 | 100 | 2.78 | 1 |
| | $Na_2$-EDTA | 37.3 | | 3.73 | |
| 有机物母液 | 甘氨酸 | 2.0 | 100 | 0.2 | 1 |
| | 维生素 $B_1$ | 0.1 | | 0.01 | |
| | 维生素 $B_6$ | 0.5 | | 0.05 | |
| | 烟酸 | 0.5 | | 0.05 | |
| | 肌醇 | 100 | | 10 | |

**2. 激素母液的制备**

每种激素必须单独制备成母液,浓度一般为 1 mg/mL,用时根据需要取用。因为激素用量较少,一次可配成 50 mL 或 100 mL。具体的制备流程与 MS 培养基母液制备流程一致,但因为多数激素难溶于水,要先溶于可溶物质,再加水定容。

6-BA 和 KT 先溶于少量 1 mol/L 的 HCl 中再加水定容;NAA 可先溶于热水或少量 95%乙醇溶液中,再加水定容;IBA 先溶于少量 95%乙醇溶液中,再加水定容。

激素母液各成分称取量见表 4-1-3。

表 4-1-3　激素母液成分及称取量

制备人：　　　　　　　　　　　　　　　　　　　　　　　制备日期：

| 母液 | 化合物名称 | 制备浓度/(mg/mL) | 称取量/mg | 母液体积/mL |
|---|---|---|---|---|
| 激素母液 | 6-BA | 1 | 100 | 100 |
| | NAA | 1 | 100 | 100 |
| | IBA | 1 | 100 | 100 |
| | KT | 1 | 100 | 100 |

**(二)培养基制备**

培养基的制备包括计算、称量、培养基熬制、移取母液、定容、调节pH、分装与封口、标识与记录8个步骤，各成分称取量/移取量见表4-1-4至表4-1-6，具体制备方法参考项目三任务一 MS培养基的配制与灭菌。

注意：百合培养基的适宜pH为5.8～6.0。

视频27：百合诱导培养基制备技术

表 4-1-4　百合诱导培养基制备成分表

制备人：　　　　　　　　　　　　　　　　　　　　　　　制备日期：

| 序号 | 培养基母液名称 | 扩大倍数/浓度 | 培养基体积/mL | 本次需要量 |
|---|---|---|---|---|
| 1 | 大量元素母液 | 10 | 1 000 | 100 mL |
| 2 | 微量元素母液 | 100 | | 10 mL |
| 3 | 铁盐母液 | 100 | | 10 mL |
| 4 | 有机物母液 | 100 | | 10 mL |
| 5 | 激素母液(6-BA) | 1 000 | | 1 mL |
| 6 | 激素母液(NAA) | 2 000 | | 0.5 mL |
| 7 | 琼脂 | 6 g/L | | 6 g |
| 8 | 蔗糖 | 30 g/L | | 30 g |

表 4-1-5　百合增殖培养基制备成分表

制备人：　　　　　　　　　　　　　　　　　　　　　　　制备日期：

| 序号 | 培养基母液名称 | 扩大倍数/浓度 | 培养基体积/mL | 本次需要量 |
|---|---|---|---|---|
| 1 | 大量元素母液 | 10 | 1 000 | 100 mL |
| 2 | 微量元素母液 | 100 | | 10 mL |
| 3 | 铁盐母液 | 100 | | 10 mL |
| 4 | 有机物母液 | 100 | | 10 mL |
| 5 | 激素母液(6-BA) | 1 000 | | 1 mL |
| 6 | 激素母液(NAA) | 10 000 | | 0.1 mL |
| 7 | 激素母液(KT) | 5 000 | | 0.2 mL |
| 8 | 琼脂 | 6 g/L | | 6 g |
| 9 | 蔗糖 | 30 g/L | | 30 g |

表 4-1-6 百合生根培养基制备成分表

制备人：　　　　　　　　　　　　　　　　　　　　　　　　制备日期：

| 序号 | 培养基母液名称 | 扩大倍数/浓度 | 培养基体积/mL | 本次需要量 |
|---|---|---|---|---|
| 1 | 大量元素母液 | 20 | 1 000 | 50 mL |
| 2 | 微量元素母液 | 200 | | 5 mL |
| 3 | 铁盐母液 | 200 | | 5 mL |
| 4 | 有机物母液 | 100 | | 5 mL |
| 5 | 激素母液(IBA) | 10 000/3 | | 0.3 mL |
| 6 | 琼脂 | 6 g/L | | 6 g |
| 7 | 蔗糖 | 30 g/L | | 30 g |

### (三)培养基灭菌与保存

培养基的灭菌方式采取高压蒸汽灭菌，具体灭菌及保存方法参考项目三任务一 MS 培养基的配制与灭菌。

## 三、学生实操

学生根据老师演示，分组完成任务，老师巡回指导。

## 【任务评价】

考核评价分为小组自评和教师评价两部分，主要评价任务完成过程中关键技能及任务完成成效，具体评分标准见表 4-1-7、表 4-1-8。

表 4-1-7 母液制备评分表

制备人：　　　　　　　　　　　　　　　　　　　　　　　　制备日期：

| 序号 | 主要环节 | 考核内容 | 分值 | 自评 | 教师 | 总评 |
|---|---|---|---|---|---|---|
| | | | | 30% | 70% | |
| 1 | 计算 | 母液扩大倍数选择正确 | 10 | | | |
| | | 根据扩大倍数准确计算各成分称取量 | 15 | | | |
| 2 | 称量 | 分药分匙 | 5 | | | |
| | | 天平精确度选择正确 | 5 | | | |
| 3 | 溶解 | 充分溶解 | 10 | | | |
| 4 | 混合定容 | 混合顺序正确 | 15 | | | |
| | | 定容步骤正确 | 10 | | | |
| 5 | 母液分装 | 母液分装到广口瓶中 | 2 | | | |
| 6 | 贴标签 | 标签内容填写无误 | 3 | | | |
| 7 | 团队配合 | 团队分工明确，操作过程井然有序 | 25 | | | |
| 8 | 综合得分 | | | | | |

**表 4-1-8 培养基制备评分表**

制备人： 制备日期：

| 序号 | 主要环节 | 考核内容 | 分值 | 自评 | 教师 | 总评 |
|---|---|---|---|---|---|---|
| | | | | 30% | 70% | |
| 1 | 计算 | 母液移取量与蔗糖、琼脂称取量计算正确 | 10 | | | |
| 2 | 称取蔗糖、琼脂 | 天平称量，操作规范、正确 | 4 | | | |
| 3 | 培养基熬制 | 培养基不糊锅，熬制好的培养基清澈透明 | 10 | | | |
| | 移取母液 | 母液移取操作规范、正确（润洗移液管，一次性移取，移液管与母液瓶一一对应，母液勿吸入吸耳球等） | 10 | | | |
| 4 | 定容 | 定容操作规范、迅速，视线、溶液凹液面与刻度线齐平 | 4 | | | |
| 5 | 调 pH | 培养基温度在 50～55 ℃范围内准确、迅速检测 pH(5.8±0.2) | 10 | | | |
| | | 不要调过头，以免影响培养基内离子浓度 | 5 | | | |
| 6 | 分装 | 分装厚度 1～1.5 cm，不要溅到瓶口，以免引起污染 | 4 | | | |
| 7 | 封口 | 封口时培养瓶倾斜不超过 45° | 4 | | | |
| 8 | 标识与记录 | 注明培养基名称、制备时间等 | 4 | | | |
| 9 | 操作顺序 | 整个培养基制备过程按正确顺序进行，规范操作 | 20 | | | |
| 10 | 团队配合 | 团队分工明确，操作过程井然有序，操作台卫生干净 | 15 | | | |
| 11 | 小组综合得分 | | | | | |

## 【任务小结】

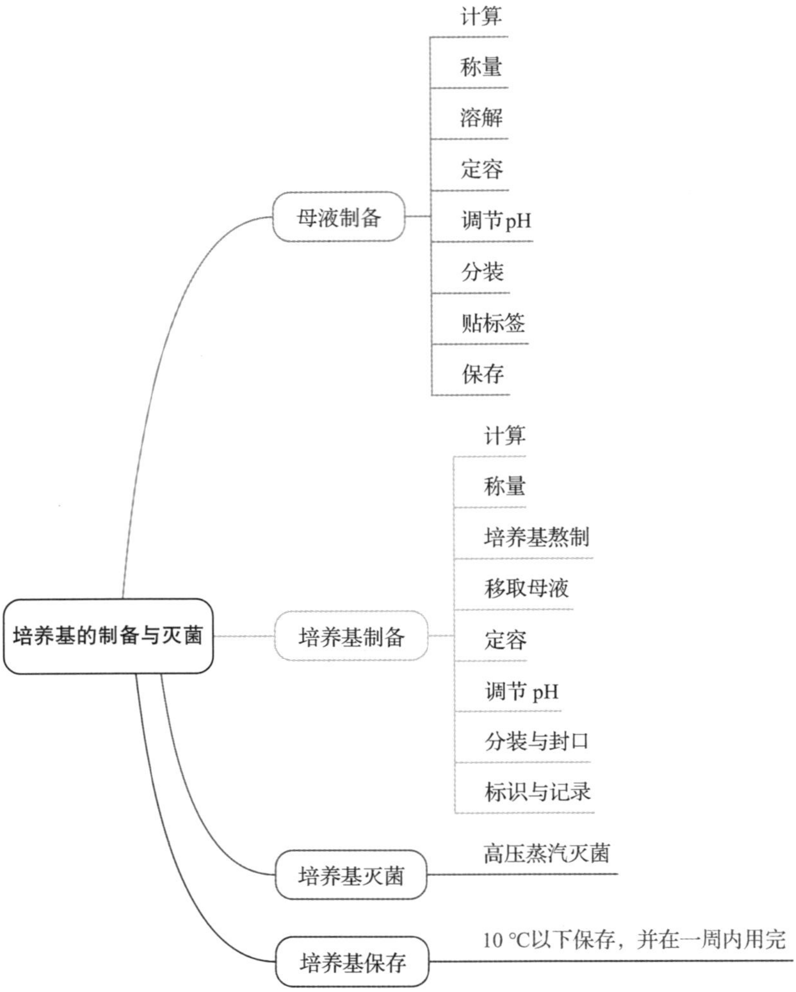


## 【问题探究】

课程思政:工匠精神和母液的配制

1. 查找资料,设计实验,进行培养基配方筛选,研究探讨是否有更适合百合组培的培养基配方。

2. 配制过程中培养基不凝固,可能是什么原因导致的?

3. 高压灭菌后培养基的 pH 会变大还是变小？MS 培养基和 1/2MS 培养基哪种的 pH 变化更大？

# 【拓展知识】

## 一、常见的植物激素制备及灭菌方法

常见的植物激素制备及灭菌方法见表 4-1-9。

**表 4-1-9　常见的植物激素制备及灭菌方法**

| 种类 | 制备方法 | 灭菌方式 |
|---|---|---|
| 生长素 | IBA 用适量无水乙醇或 1 mol/L NaOH 彻底溶解后，再缓慢加水定容到一定浓度 | 与培养基高温高压灭菌 |
| | IAA 用适量无水乙醇或 1 mol/L NaOH 彻底溶解后，再缓慢加水定容到一定浓度 | 过滤灭菌 |
| | α-NAA 可用 1 mol/L NaOH 彻底溶解后，再加水定容到一定浓度 | 与培养基高温高压灭菌 |
| | 2,4-D 用无水乙醇或 1 mol/L NaOH 彻底溶解后，再加水定容至一定浓度 | 与培养基高温高压灭菌 |
| 细胞分裂素 | KT 和 6-BA 先溶于少量 1 mol/L NaOH 中，再加水定容 | 与培养基高温高压灭菌 |
| | ZT 先溶于适量 1 mol/L NaOH 中，再加水至一定浓度 | 过滤灭菌 |
| | 2-ip 可用少量 1 mol/L NaOH 溶解后，再加水定容至一定浓度 | 过滤灭菌 |
| 赤霉素 | $GA_3$ 先溶于适量无水乙醇中，再加水定容到一定浓度 | 过滤灭菌 |
| 脱落酸 | ABA 可用少量 1 mol/L NaOH 溶解后，再加水定容至一定浓度 | 与培养基高温高压灭菌 |

## 二、特殊植物激素的灭菌

植物组培中，有些植物激素不能加入培养基中与培养基一起高压蒸汽灭菌，那么这些激素该如何加入培养基中？

过滤灭菌后，在无菌条件下将其加入经高压灭菌后温度下降到 50～60 ℃的未凝固的培养基中，或者使之溶解于培养基中，适当加热(如 50～70 ℃水浴加热)，摇匀，待培养基冷却凝固后再接种培养物。

# 任务二　外植体选择与灭菌

## 【学习目标】

### 知识目标

掌握百合组培外植体的选择方法。
掌握百合外植体灭菌技术。
了解百合常见病毒病。

### 能力目标

能够正确选择百合组培中最适宜的外植体。
能够正确对百合外植体进行灭菌。

### 素养目标

树立组织培养操作过程中的无菌意识。
具备正确处理化学药品、保护环境的意识。

## 【前导知识】

**视频28：外植体的采集与处理**

### 一、百合外植体的选择

外植体的选择是组培快繁初代培养成功与否的关键因素，需要考虑以下几个因素。

#### (一)选择种质优良、遗传稳定性好的材料

优良的种质是成功的第一步。选择具有明确种性特征的优良单株、优良无性系、新品种、良种材料，并观察其遗传稳定性、花色、长势等性状表现。

#### (二)选择再生能力强的健壮植株

外植体必须有良好的增殖能力，在培养中要筛选增殖能力最强的材料，筛选不同基因型植物所需的特殊培养基。通常，年幼组织比年老组织有较高的形态发生能力，容易培养，有较强的再生能力。一般而言，分化程度越高的细胞，其脱分化越难。因此，应尽量选择未分化或分化程度较轻的组织作为外植体材料。百合不同外植体和不同部位的分化能力不同，从强到弱依次为：鳞片＞根＞叶。

#### (三)选择植株生长的最佳时期

主要考虑三点因素：材料、时间和污染因素。其中取材料的季节和时间，对离体培养至

关重要。处于生长季节、较幼嫩的外植体容易培养。如果是秋冬季取材，则需要处理。春季取材含菌数少，夏季、雨季、湿热季节取材不容易灭菌成功。百合鳞片外植体最好在春、秋季节取材。

### (四)选择适宜且容易消毒的部位

视频 29:百合外植体的选择与灭菌

百合常见的用来组织培养的器官有以下几个：

**1. 鳞片**

百合鳞片作为外植体具有容易获得、分化能力强、对培养基要求不高等优点，是目前百合组织培养中普遍采用的外植体。主要是通过调节生长素和细胞分裂素的比例来诱导其组织产生不定芽和再生植株。研究表明，百合鳞片不同部位的分化能力是有差别的，鳞片上部几乎不能形成小鳞芽，中部形成能力较弱，下部与鳞茎盘相连的部位形成小鳞芽的能力最强。

**2. 叶片**

叶片是百合组织培养的另一重要外植体。采用鳞片作为外植体可能会造成百合野生资源的破坏，而采用百合叶片不会影响百合的正常生长，可有效利用百合野生资源。另外，百合叶片比鳞片更易产生愈伤组织，2,4-D 能诱导愈伤组织的形成。

**3. 茎段**

百合带芽的幼嫩茎段也可以诱导产生小鳞茎。

**4. 珠芽**

百合属植物由地上茎叶腋生长出的气生小鳞茎称珠芽。百合在栽培过程中往往出现退化现象，而病毒感染是造成退化的主要原因，通过珠芽培养可有效进行百合脱毒、复壮。

### (五)选择适宜大小的外植体材料

外植体的表面积、体积、细胞数量会影响培养效果。太大易污染，太小不易启动或启动后仅产生愈伤组织。百合在初代培养时一般取 5 mm×5 mm 的鳞茎小块作为外植体。

## 二、百合外植体的灭菌

植物组织大部分取自于田间，材料含微生物，不能直接培养，必须表面灭菌才能培养。对于百合外植体的消毒灭菌，具体操作是：将百合鳞茎取出，如外层鳞片已腐烂或带较多霉点，最好弃之不用或可剥去外层鳞片，选取中间洁白完整的鳞片。用自来水和软毛刷洗刷干净，在 4 ℃低温处理 24 h，以降低鳞片含毒率。然后在超净工作台上进行灭菌，首先用 75%酒精浸泡 30 s，然后用无菌水冲洗 1～3 次，取出后放入 0.1%升汞溶液中浸 15 min，最后再用无菌水冲洗 7～8 次。完成后，用消毒滤纸吸干表面水分，放置备用。

植物组织培养中常用的灭菌剂见表 4-2-1。

**表 4-2-1　植物组织培养中常用的灭菌剂**

| 消毒剂名称 | 使用浓度 | 消毒难易 | 灭菌时间/min | 消毒效果 |
|---|---|---|---|---|
| 乙醇 | 70%～75% | 易 | 0.1～3 | 好 |
| 过氧化氢 | 10%～12% | 最易 | 5～15 | 好 |

续表4-2-1

| 消毒剂名称 | 使用浓度 | 消毒难易 | 灭菌时间/min | 消毒效果 |
|---|---|---|---|---|
| 漂白粉 | 饱和溶液 | 易 | 5～30 | 很好 |
| 次氯酸钙 | 9%～10% | 易 | 5～30 | 很好 |
| 次氯酸钠 | 2% | 易 | 5～30 | 很好 |
| 抗生素 | 4～50 mg/L | 中 | 30～60 | 较好 |
| 氯化汞 | 0.1%～0.2% | 较难 | 2～15 | 最好 |

# 工作任务　外植体的选择与灭菌

## 【任务描述】

各小组根据操作流程选取合适的百合鳞片作为外植体材料，并进行灭菌，要求操作规范、熟练、安全，污染率低。

## 【任务实施】

### 一、操作前准备

学生分组完成任务，每组 2 人。

**1. 仪器工具及试剂（表 4-2-2）**

**表 4-2-2　材料表**

| | |
|---|---|
| 仪器 | 超净工作台、消毒器 |
| 工具 | 酒精灯、培养皿、烧杯、玻璃棒、镊子、解剖刀、剪刀、脱脂棉、冷却架、喷壶 |
| 试剂材料 | 无菌水、75%酒精、0.1%升汞、百合鳞茎 |

**2. 外植体的选择与预处理**

(1)外植体的采集：春夏季节，选择生长健壮、无病虫害症状的植株，将百合鳞茎从土中取出，用自来水将泥沙等冲洗干净，如外层鳞片已腐烂或带较多霉点，最好弃之不用。

(2)外植体的预处理：将准备接种的百合鳞茎在 4～5 ℃低温下处理 6 周，取鳞茎下部内层的鳞片，先用肥皂水冲洗，后用流水冲洗 1 h，放入超净工作台。

### 二、教师演示

**1. 超净工作台及接种室灭菌**

(1)双手及台面消毒：先用 75%酒精棉擦拭双手，再用酒精棉按一定方向擦拭超净工作台台面。

(2)摆放接种工具：消毒器、装有 75%酒精的消毒瓶、冷却架、酒精棉瓶、喷壶等工具置于台面惯用手侧；培养基、百合鳞茎等其他物品置于相对一侧；无菌培养皿、酒精灯放于人员正前方，酒精灯朝内；将接种工具插入器械消毒器中。

(3)环境灭菌：用75%的酒精喷洒对空间进行降尘，再打开超净工作台和室内的紫外线灯灭菌30 min。

在环境灭菌期间，学生集中观看教师百合外植体选取操作或者百合外植体选取视频，记录环节流程、操作技法与注意事项。

**2. 接种人员清洁**

30 min后，接种人员清洗双手，进入缓冲室，换上干净的实验服，戴上口罩，套上鞋套，戴上帽子等从风淋室进入接种室。

**3. 启动鼓风**

关闭紫外线灯，启动鼓风，鼓风吹10～20 min，打开超净工作台照明灯。

**4. 外植体灭菌**

(1)用75%酒精擦拭双手及装有百合鳞片的培养皿外壁，将百合鳞片取出放入烧杯中。

(2)向装有鳞片的烧杯中倒入75%酒精灭菌30 s，边浸泡边摇晃，倒入的量以浸没材料为宜，之后将废液倒入废液杯。

(3)向装有鳞片的烧杯中倒入无菌水冲洗30 s，之后将废液倒入废液杯，重复3次。

(4)向装有鳞片的烧杯中倒入0.1%升汞边浸泡边摇晃12 min，之后将废液倒入废液杯。

(5)向装有鳞片的烧杯中倒入无菌水冲洗5次。用无菌滤纸将鳞片表面的水分吸干，放入无菌培养皿中备用。

## 三、学生实操

学生根据老师演示，分组完成任务，老师巡回指导。

## 【任务评价】

考核评价分为小组自评和教师评价两部分，主要评价任务完成过程中关键技能及任务完成成效，学生汇报操作过程中存在的问题，教师进行总结评价(表4-2-3)。

**表4-2-3　百合外植体选取与灭菌评分表**

完成人：　　　　　　　　　　　　　　　　　　完成日期：

| 序号 | 主要环节 | 考核内容 | 分值 | 自评 | 教师 | 总评 |
|---|---|---|---|---|---|---|
| | | | | 30% | 70% | |
| 1 | 外植体选取 | 外植体选取符合标准 | 15 | | | |
| | | 外植体按要求进行预处理 | 20 | | | |
| 2 | 外植体灭菌 | 按流程进行环境灭菌和人员清洁 | 15 | | | |
| | | 按流程进行外植灭菌 | 20 | | | |
| | | 对废液进行正确处理 | 10 | | | |
| 3 | 仪器使用 | 正确使用超净工作台 | 10 | | | |
| 4 | 团队配合 | 团队分工明确，操作过程井然有序 | 10 | | | |
| 5 | 综合得分 | | | | | |

## 【任务小结】

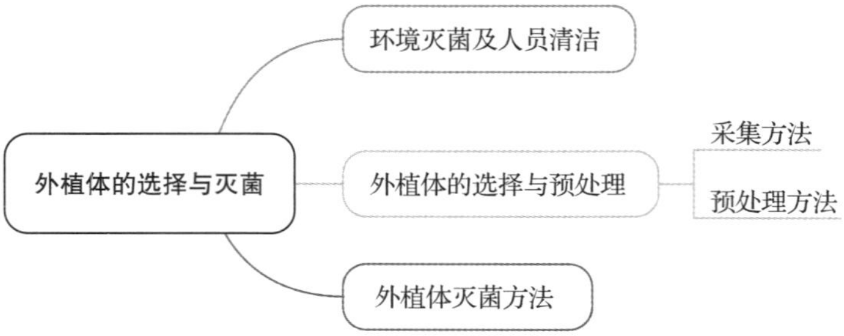


## 【问题探究】

1. 在外植体灭菌环节中,如何做好人员的安全防护?
2. 环境灭菌除了紫外线灯照射之外,还可以采用什么灭菌方法?

课程思政:职业操守和消毒、灭菌

## 【拓展知识】

### 百合常见病毒病及检测方法

## 一、百合常见病毒病

病毒病是继真菌性病害之后的第二大类百合病害。大多数病毒在百合鳞茎内越冬,成为第二年初侵染的来源,田间植株感染病毒病主要是通过蚜虫等进行传播。

百合上已报道可侵染的病毒种类在世界范围内超过 18 种。而我国发生并已报道的主要百合病毒病害约为 7 种,包括百合斑驳病毒、百合无症病毒、黄瓜花叶病毒、亚洲车前草花叶病毒、南芥菜花叶病毒、百合黄化花叶病毒、李属坏死环斑病毒,其中前 3 种是当前重点研究的感染百合的病毒。这 3 种病毒主要是对百合的叶片、花瓣、鳞茎及贮藏特性造成危害,影响植株的生长、发育,降低种球和切花的品质。百合病毒侵染常为复合侵染,其中叶片和鳞茎受害程度最为严重,不仅对植株的生长产生抑制影响,而且会导致花色变暗、种球产量和品质下降等。

**1. 百合斑驳病毒**

百合斑驳病毒(lily mottle virus,LMoV)属于马铃薯 Y 病毒科马铃薯 Y 病毒属,其病毒的单独表现症状为:叶片斑驳,深绿色和浅绿色互相镶嵌出现于叶片上,有时还会出现红褐色坏死斑,感染植株的叶片会萎黄、卷曲和变窄,花变形,甚至花蕾不开放。在早期由于症状轻微难以发现。百合斑驳病毒自然寄主范围很窄,主要侵染百合科百合属植物,也侵染郁金香和部分石蒜科水仙属植物。

**2. 百合无症病毒**

百合无症病毒(lily symptomLess virus,LSV)一般为隐症状,不会呈现明显的患病症状。只有百合无症病毒侵染的情况下，连续栽种会导致百合种球的退化，生长周期严重缩短，叶片出现坏死斑、畸形、叶脉突出等症状。产生的花粉粒较小，花蕾时常畸形或开不了花；鳞茎逐年变小，球茎的产量明显降低。百合无症病毒常与其他病毒混合侵染从而表现症状，比如当百合无症病毒与黄瓜花叶病毒复合侵染百合时，会引起坏死斑病。

**3. 黄瓜花叶病毒**

黄瓜花叶病毒(cucumber mosaic virus，CMV)单独表现症状为早期叶片呈现出轻度的花叶、斑驳、扭曲，后期病叶脱水变褐。病毒侵染程度较轻的病株能开花，但花朵畸形，花瓣开裂，具纵条纹或长方形块；程度较重的病株不能开花，植株矮化且鳞片较短。黄瓜花叶病毒一般为潜隐侵染，多与百合无症病毒表现为复合感染，叶片褪绿皱缩甚至畸形，叶脉黄化，植株矮小。

## 二、检测方法

百合病毒病常常呈现“一毒多症”或“多毒一症”的特点，在田间诊断和防治方面存在较大困难。因此，百合的病毒检测对于病毒病害的识别和及时防治有很重要的作用。目前，常用的百合病毒检测方法有：指示植物法、电镜观察法、血清学鉴定法和分子生物学手段鉴定等方法，但不同的方法会因为植物病毒和寄主的不同而存在一定的差异。

# 任务三 外植体接种与培养

## 【学习目标】

### 知识目标

掌握接种的方法、流程。

掌握百合组培快繁不同培养阶段的培养条件。

### 能力目标

能够规范进行百合外植体接种操作。

能够在适宜环境条件下接种组培苗并进行培养。

能够熟练操作超净工作台等仪器设备。

### 素养目标

树立组织培养过程中的无菌意识。

具备在试验中规范、严谨、认真、仔细操作的职业素养。

## 【前导知识】

### 外植体的接种培养过程

视频 30:百合外植体接种与培养

外植体的接种是把经过表面灭菌后的植物材料切割或分离出器官或组织,转接到无菌培养基上进行诱导培养的过程。

外植体培养是在人工控制的环境条件下,使离体植物材料生长、脱分化形成愈伤组织或进一步分化成再生植物的过程。

百合外植体的接种培养过程一般可分为 4 个阶段,即外植体消毒,初代培养(无菌培养物的建立)、继代培养(茎芽增殖)和生根培养(根的诱导)。

初代培养是接种外植体后最初的几代培养,其目的是获得无菌材料和无性繁殖系见图 4-3-1。通过初代培养所获得的无菌材料称为中间繁殖体。由于中间繁殖体数量有限,所以需要将它们切割、分离后转移到新的培养基中增殖,这个过程称为继代培养。继代培养是继初代培养之后的连续数代的培养过程,旨在扩繁中间繁殖体的数量,最后能达到边繁殖边生根的目的。

**图 4-3-1　百合初代培养**

当从生芽苗增殖到一定数量后,要分离成单苗转入生根培养基进行生根培养。一般认为矿质元素含量高,有利于茎叶生长,含量较低时有利于生根。所以生根培养基多采用 1/2 MS 或 1/4 MS 的培养基。同时培养基中加入适量的生长素,一般 2～4 d 即可见根原基发生,当根长约 1 cm 时即可驯化移栽。

## 工作任务　外植体接种与培养

### 【任务描述】

各小组根据百合外植体的不同培养阶段,分别完成初代培养、继代培养和生根培养,要求接种操作流程规范、熟练、安全,污染率低,团队分工合理明确。

## 【任务实施】

### 一、操作前准备

学生分组完成任务，每组 2 人。

**1. 仪器工具及试剂**

准备所需仪器工具及试剂，详见表 4-3-1。

**表 4-3-1 材料表**

| | |
|---|---|
| 仪器 | 超净工作台、消毒器 |
| 工具 | 酒精灯、培养皿、烧杯、玻璃棒、镊子、解剖刀、剪刀、脱脂棉、冷却架、喷壶 |
| 试剂材料 | 无菌水、75%酒精、外植体材料、百合初代培养基、百合继代培养基、百合生根培养基 |

**2. 超净工作台及接种室灭菌**

(1)双手及台面消毒：先用 75%酒精棉擦拭双手，再用酒精棉按一定方向擦拭超净工作台台面。

(2)摆放接种工具：消毒器、装有 75%酒精的消毒瓶、冷却架、酒精棉瓶、喷壶等工具置于台面惯用手侧；培养基、百合鳞茎等其他物品置于相对一侧；无菌培养皿、酒精灯放于人员正前方，酒精灯朝内；将接种工具插入器械消毒器中。

(3)环境灭菌：用 75%的酒精喷洒对空间进行降尘，再打开超净工作台和室内的紫外线灯灭菌 30 min。

**3. 接种人员清洁**

30 min 后，接种人员清洗双手，进入缓冲室，换上干净的实验服，戴上口罩、套上鞋套、戴上帽子等从风淋室进入接种室。

**4. 启动鼓风**

关闭紫外线灯，启动鼓风，鼓风吹 10～20 min，打开超净工作台照明灯。

### 二、教师演示

**1. 接种**

(1)百合初代培养接种：无菌条件下将鳞片横切为 5 mm×5 mm 的小块，并按外层鳞片、中层鳞片、内层鳞片以及鳞片上部、中部、下部等分类，分别接种在初代培养基上。每种培养基接种 20 瓶，每瓶接种 5 个鳞片。

(2)百合继代培养接种：为了加快繁殖进程、扩大繁殖系数，可将小鳞茎或小芽接种在继代增殖培养基上培养。每种培养基接种 10 瓶，每瓶接种 5 个芽苗。

(3)百合生根培养接种：当苗长达到 2～3 cm 时，将小苗分成单株，转接到生根培养基上。每种培养基接种 10 瓶，每瓶接种 5 株小苗。待根长到 1～2 cm 长时，可进行驯化。

接种完毕后，清理和关闭超净工作台。

**2. 培养**

将接种好的培养基放在培养室内，培养温度(25±2)℃，光照时间 12 h /d，光照强度为 2 000 lx。培养 30 d 后，对外植体的诱导情况、百合苗的分化情况、百合苗的生根情况进行统计。

培养时，做好培养室的消毒工作，以免因外界环境消毒不彻底，增加外植体污染率。

### 三、学生实操

学生根据老师演示，分组完成任务，老师巡回指导。

## 【任务评价】

考核评价分为小组自评和教师评价两部分，主要评价任务完成过程中关键技能及任务完成成效，学生汇报操作过程中存在的问题，教师进行总结评价。

分组跟踪观察记录产生愈伤组织和不定芽的时间及出苗率、分化率和污染率等技术指标，及时淘汰劣质苗、污染苗，做好书面记录与改进方案（表 4-3-2）。

**表 4-3-2　百合外植体接种与培养记录表**

| 组别 | 培养阶段 | 接种数量 | 接种日期 | 接种用时 | 污染情况 | 接种人签字 |
|---|---|---|---|---|---|---|
| | | | | | | |
| | | | | | | |
| | | | | | | |
| | | | | | | |

## 【任务小结】

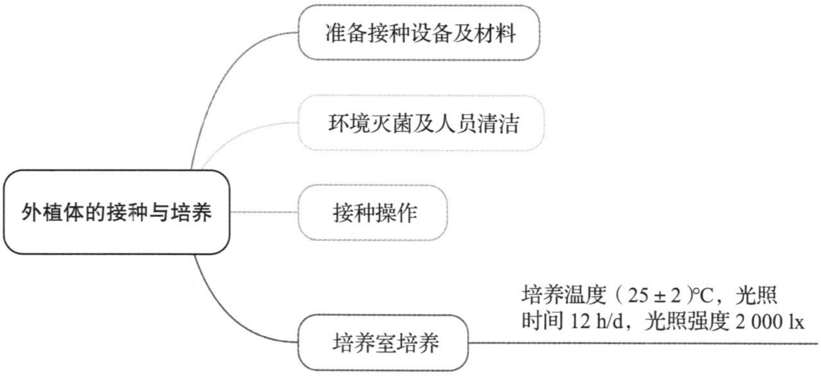


课程思政：生态问题和外植体的选择与灭菌

## 【问题探究】

1. 正常的组培苗应当叶色浓绿、植株粗壮，但有时组培苗会出现叶片变细、变薄、变嫩及黄化的现象，是什么原因导致的？

2. 设计不同的培养条件，探讨是否有更合适百合组培的培养条件。

# 【拓展知识】

## 一、外植体的成苗途径

### (一)无菌短枝型

又称无菌微型扦插。用顶芽和侧芽培养建立无性繁殖体系。这一途径可表示为:顶芽和腋芽萌发→幼枝→顶芽和腋芽→切段扦插幼枝→ 顶芽和腋芽→幼苗生根→移栽。无菌微型扦插可在短时间内重复芽、枝、苗的再生过程,形成许多小植株。这个过程不经过愈伤组织阶段,遗传性状稳定,培养过程简单,成苗快。生产中通过这种器官发生类型产生再生植株的植物有月季、康乃馨、马铃薯等。

### (二)丛生芽增殖型

茎尖或初代培养的芽在适宜的培养基上诱导,不断产生腋芽,形成丛生芽,然后转入生根培养基,生根成苗,扩大繁殖。腋芽存在于叶片的叶腋中,每个腋芽都有发育成枝条的潜在能力。自然条件下,腋芽受到顶端优势的抑制,处于休眠状态,在离体培养条件下,由于培养基中细胞分裂素的作用,顶端优势被打破,腋芽萌发并生长。在这个过程中,由于细胞分裂素的持续作用,腋芽不断分化和生长,结果培养基上原来的外植体逐渐形成芽丛,把芽丛分割后转移到新鲜培养基上又可重复以上的增殖过程,从而在短期内获得大量的芽。

利用腋芽分化和生长这一增殖途径时,培养基中必须加入一定的细胞分裂素,有时也同时加入少量生长素;外植体必须是顶芽、侧芽或带芽的茎切段。这种增殖方式开始时速度较慢,但每经历一个培养周期,芽的数量都以对数方式增加,因此其年增殖率是相当可观的。这一方式最大的优点是能保持遗传的稳定性,因为茎尖的细胞都是均一的二倍体细胞,它不会因培养条件的影响而发生变异,因而在植物快速繁殖领域应用日益普遍。美国红栌、叶子花、樱桃砧木等木本植物通过这种器官发生类型进行组培快繁,速度快。

### (三)器官发生型

凡是在茎尖或叶腋以外其他部位所形成的芽统称为不定芽。在自然条件下,许多植物的某些器官可产生不定芽;在离体培养条件下,培养基中植物激素的作用可加强这些器官形成不定芽的能力,还能使自然条件下不产生不定芽的器官产生不定芽。

由于不定芽产生的数量大、速度快,因此诱导不定芽这一途径的繁殖系数高于腋芽萌发途径,但其后代变异率也较高。不定芽也可在愈伤组织上产生,其过程是外植体细胞脱分化形成愈伤组织,然后在愈伤组织上再分化产生不定芽,即外植体→愈伤组织→产生不定芽→生根培养→完整小植株→移栽。但以这种方式繁殖的后代遗传性不稳定,而且愈伤组织多次继代后器官发生能力逐渐降低以至完全丧失,所以在进行快繁生产时,如果可能,应当避免形成愈伤组织,而应采用在外植体上直接诱导产生不定芽的方式。

植物的许多器官都可作为诱导不定芽的外植体。杨树、半夏、海棠、菊花等植物的快繁都可以通过这种器官发生型增殖。在诱导产生不定芽时,一般要求培养基中细胞分裂素的浓度高于生长素，但有时也采用二者的浓度比值接近1的配比。

### (四)胚状体发生型

胚状体是由体细胞形成的，类似但不同于生殖细胞形成的合子胚的体细胞胚。诱导胚状体形成时一般将胚、茎尖、叶片或子房、花药等作为外植体，要求培养基中含有还原态氮化物和一定量的生长素，其中最常用的是2,4-D，胚状体的发育则要求生长素浓度较低或不含生长素的培养基。

胚状体途径的优点是增殖率高，而且胚状体是双极性的，结构完整，一旦形成，一般都可直接萌发形成小植株，因此成苗率高。如果用人工合成的营养物和保护物将发育到一定程度的胚状体包裹起来，还可制成“人工种子”直接用于播种，因此，胚状体途径是非常理想的快速繁殖途径。但由于目前多数植物还不能形成胚状体，其发生机理尚不清楚，有的还存在一定变异，因此在应用上还有很大的局限性，目前只有柑橘、油棕、咖啡等少数植物采用这一途径。

### (五)原球茎发生型

兰科植物在组培过程中，由茎尖或侧芽产生原球茎，原球茎不断增殖，逐渐形成小植株。原球茎是兰花种子发芽过程中的一种形态学构造。种子萌发初期并不出现胚根，只是胚逐渐增大，之后种皮一端破裂，胀大的胚呈小圆锥状，称作原球茎。原球茎可以理解为缩短的、呈珠粒状的嫩茎器官。兰花从顶芽和侧芽培养中产生的都是这样的原球茎。一个芽的周围能产生几个到几十个原球茎，培养一定时间后，原球茎逐渐变绿，相继长出毛状假根，进一步培养，使其再生、分化，形成完整植株。扩大繁殖时，应在转绿前将原球茎切割成小块或给予针刺损伤，转接到培养基上，增殖出几倍、几十倍甚至几百倍的原球茎。

## 二、组培苗瘦弱或徒长的防治措施

正常的组培苗应当叶色浓绿、植株粗壮。如果在增殖阶段出现芽苗瘦弱、徒长或节间过长，这种苗转入生根培养时能够生根，在环境条件较好的情况下，也会稍转粗壮，但总体看来，苗的株型、叶色、叶片大小等性状还是差于生长正常的增殖苗；有时即便是正常或健壮的增殖苗，若生根阶段培养基不适宜或培养的环境条件得不到保障，往往根原基及根还未形成，就很快表现出小苗徒长，节间明显伸长，叶片变细、变薄、变嫩并出现黄化。这样的苗进行过渡培养时，会出现萎蔫和烂根，很容易死亡，过渡成活率极低。

对组培苗瘦弱的原因分析如下：

(1)细胞分裂素浓度过高，产生了过多的不定芽，这些密集的芽若不及时进行转移和分切，很快就开始变成瘦弱苗。

(2)温度过高，高温有利于苗的生长，多数品种适宜的温度是25 ℃左右，在过高的温度条件下，苗木的伸长速度快，叶片变薄、变长。

(3)光照不足，组培苗会变黄、变弱、变细并加速生长，使苗在短时间内变得更瘦弱。

(4)培养基水分过多，琼脂含量不足会引起植株徒长变弱。

(5)通气不良，在使用不透气膜时，会增加瓶内湿度，从而使苗表现嫩弱。

以上因素同时出现时，对苗的不良影响明显大于单一因素，各个因素之间既相互促进又相互制约。因此控制瘦弱苗，培养粗壮苗应通过多个因素共同调节才可能获得理想的效果。

减少和避免徒长和瘦弱苗的产生，可从以下几个方面考虑：

(1)根据品种特点减少细胞分裂素用量，加快转瓶速度，适当降低接种密度。

(2)利用空调降低培养室温度。

(3)提高光照强度和延长光照时间，充分利用较强的自然光做光源，调整摆放位置和密度。

(4)调整培养基硬度，改用透气膜做封口，进行培养基及环境因子的综合调控，力求获得最优质健壮的组培瓶苗。

# 任务四　百合组培苗驯化、移栽

## 【学习目标】

### 知识目标

掌握百合组培苗驯化、移栽的方法。

了解提高百合组培苗移栽成活率的技术要点。

### 能力目标

能够按要求对基质进行灭菌。

能够按要求完成百合组培苗的驯化、移栽。

### 素养目标

具备责任意识。

具备自主学习和团队协作能力。

## 【前导知识】

## 一、驯化、移栽的步骤

驯化(炼苗)处理目的是使组培苗尽快适应外界多菌、强光的自然环境，为获得较高的移栽成活率打下基础。选择继代两次，生长健壮且具有完整根系和叶片的百合苗进行驯化、移栽。

**视频31：百合组培苗驯化、移栽**

### (一)瓶内炼苗

将生根的百合组培苗在70%遮阳网下闭瓶炼苗7～14 d，待瓶内组培苗根系由少变多，根长2～3 cm时，取掉瓶口塑料进行开瓶炼苗。为防止瓶内培养基失水变干及杂菌污染，可在瓶内加入70%百菌清可湿性粉剂1 000倍液。一般开瓶炼苗2～3 d即完成驯化。见图4-4-1。

### (二)组培苗移栽

栽植前,将配好的基质和水按 4∶1 比例混拌,使基质充分吸收水分。将基质装入 50 孔穴盘或营养钵,装入 2/3 即可,便于后期浇水。移栽时,轻轻取出组培苗,用清水洗净根部培养基,移栽于穴盘,注意移栽过程中保护根系;一个月后,待根系变长,鳞茎膨大,再将组培苗移栽到营养钵中,在移栽时要小心谨慎,连带土坨一并移栽到营养钵中,防止伤根;长得较大的百合组培苗经过驯化后,可以直接移栽到营养钵中。见图 4-4-2。

图 4-4-1　百合组培苗炼苗

图 4-4-2　百合组培苗移栽(摄影:刘慧)

### (三)移栽后管理

**1. 水分管理**

控制浇水,前 3 d 每天向叶片喷一次水,3 d 浇一次透水,移栽于营养钵中的百合苗 5 d 浇一次透水;夏季移栽要减少浇水量,防止高温高湿环境引发病害导致小鳞茎腐烂;冬季也要减少浇水量,防止低温高湿引发小鳞茎发生病害。

**2. 温光管理**

夏季移栽要注意对整个温室进行遮阴,使百合组培苗逐渐适应温室环境,防止晒伤和高温高湿引发的病害,并做好病虫害防控;进入冬季,当温室内夜间温度低于 10 ℃时,温室内需要搭建小拱棚,做好保温措施。

## 工作任务　百合组培苗驯化、移栽

### 【任务描述】

各小组每人取 1 瓶经驯化后的百合组培苗,进行移栽。要求操作规范、准确。移栽后连续 10 d,每天查看并记录幼苗长势。

# 【任务实施】

## 一、操作前准备

学生分组完成任务，每组 4 人。

**1. 炼苗准备**

百合生根培养 25 d 左右，待植株全部生根、且具有 3～4 条粗壮根，根长达 1～2 cm 时，将组培苗转移到干净、通风良好的温室内进行炼苗培养，在 50%～70%的遮阳网下炼苗 2～3 d，然后打开瓶口，加入适量蒸馏水，放置 2～3 d，让组培苗逐步适应温室环境。

**2. 移栽穴盘及基质准备**

将泥炭土、珍珠岩、蛭石按照 1∶1∶1 的比例进行混合，挑选出基质中的杂质，用 500～800 倍的多菌灵或 0.1%的高锰酸钾溶液进行喷洒消毒，喷洒要全面、彻底。

取干净的育苗盘，用 5%高锰酸钾溶液浸泡刷洗消毒，之后用清水冲洗干净。将消毒后的基质装入育苗盘中，用刮板刮平，使用前一天用水浇透备用。

**3. 仪器工具及试剂**

准备所需仪器工具及试剂，详见表 4-4-1。

**表 4-4-1　材料表**

| | |
|---|---|
| 工具 | 组培苗、废渣盆、清洗盆、划线耙、一次性橡胶手套 |
| 试剂材料 | ABT 生根粉溶液、镊子、1%高锰酸钾溶液、常温清水 |

## 二、教师演示

**1. 取苗**

佩戴橡胶手套，用镊子将幼苗从瓶口轻轻取出，用力不可过猛，否则易损伤小苗茎部和根部。

**2. 洗苗**

用 20 ℃温水清洗根部残存的培养基，轻轻揉搓组培苗根部并将培养基清洗干净，不然易引起微生物滋生，导致根腐或茎腐。

**3. 浸根**

将清洗干净的组培苗用千分之一的多菌灵溶液浸根 10～15 min，处理好的苗，放在湿润的无纺布上，沥干水分，同时盖上湿润的无纺布或薄布，准备移栽。

**4. 移栽**

在穴盘的孔穴中心位置打孔，孔深及大小根据试管苗根系确定，将处理好的组培苗用镊子整齐移栽至装有灭菌基质的育苗盘中，轻轻镇压。栽植过程中，要使根系舒展，深度以叶不接触基质为宜，在温室内整齐摆放。

**5. 移栽后管理**

用塑料喷壶浇透水，盖薄膜保持湿度，前 10 d 湿度在 85%～90%，以后逐渐掀开薄膜。同时前 10 d 注意遮阴，以后逐渐增加光照。

## 三、学生实操

学生根据老师演示，分组完成任务，老师巡回指导。

## 【任务评价】

考核评价分为小组自评和教师评价两部分，主要评价任务完成过程中关键技能及任务完成成效，学生汇报操作过程中存在的问题，教师进行总结评价。

各组每天观察移栽苗生长情况，并填写记录表4-4-2。

**表 4-4-2　百合组培苗移栽后观察记录表**

组别：__________　　　　　　　　　　　　　　　　总移栽量(株)：__________

| 时间 | 光照/klx | 温度/℃<br>空气/土壤 | 湿度/%<br>空气/土壤 | 叶片数 | 苗高 | 成活株 | 成活率 | 备注 |
|---|---|---|---|---|---|---|---|---|
| | | | | | | | | |
| | | | | | | | | |
| | | | | | | | | |
| | | | | | | | | |
| | | | | | | | | |

## 【任务小结】

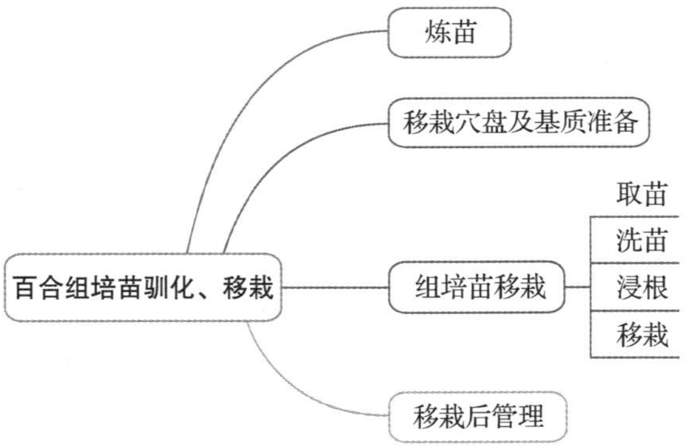


课程思政："时代楷模"赵亚夫

## 【问题探究】

1. 试管苗在移栽之前为什么要进行炼苗？

2. 试论述如何提高试管苗移栽的成活率。

3. 基质单独使用为什么效果不好？如果不对基质进行消毒会导致何种风险？

## 【拓展知识】

# 提高百合组培苗移栽成活率的措施

百合品种多，不同品种对环境的适应性不同，在实际生产中需要根据当地生产水平，不断地升级配套驯化、移栽技术，使组培苗尽快适应外界环境，提高百合组培苗的移栽成活率。

### （一）驯化时间

百合组培苗在移栽前需打开瓶膜在室温条件下进行驯化，逐渐降低瓶内湿度，使其叶片蜡质层增厚，形成表皮毛，使叶片气孔开张度变小，减少水分散失，尽快适应外界环境条件，提高移栽成活率。不同百合品种，叶片发育状态不同，导致驯化时间有差异。一般百合在自然光照下炼苗 1 周后，打开瓶盖驯化 2～3 d 移栽状态最好。炼苗成功的标志是原叶衰退，新叶长出。

驯化时间短，叶片保护组织功能差，移栽后百合苗叶片会迅速失水萎蔫，不利于移栽成活。然而，在叶片萎蔫后，小鳞茎会重新抽生新叶，但这样会造成小鳞茎的营养损耗。驯化时间过长，导致瓶内培养基严重污染和叶片失水，移栽后影响叶片正常光合作用，移栽成活率降低。

所以，驯化时间太长或太短都不适合移栽，在生产中可参考现有的研究成果，结合生产管理实际和配套的管理技术来进行实验验证，以获得不同品种的最佳驯化时间。

### （二）组培苗苗龄

选择苗龄适宜的组培苗对移栽成活率的影响较大。不同品种移栽成活率对苗龄的长短反应不尽相同。

以生理苗龄为指标，当百合组培苗的鳞茎≥0.5 cm 时就可以进行移栽，并且在成活率和幼苗长势的表现上与更大的种球移栽后表现差异不大。但如果鳞茎太小，≤0.5 cm，则表现为成活率低和幼苗生长状况比较差。

也可以苗高 5～7 cm，根长≥4 cm，具有 4～5 片叶片为标准，选取百合组培苗进行移栽（图 4-4-3）。

图 4-4-3　百合苗高

以日历苗龄为指标：苗龄小的组培苗生根性好，但是幼苗长势较弱，叶面积小，光合效率低，导致移栽成活率低。而苗龄过长的组培苗生根不佳且移栽后也不易成活。如兰州百合组培苗，苗龄短的移栽成活率更高，而苗龄长的移栽不易成活，一般以培养 40～50 d 的百合组培苗，移栽成活率较高。

### （三）移栽基质

使用不同组分按一定比例配成物理结构合理的基质，有利于百合根部生长，促进组培苗移栽成活。使用珍珠岩和腐殖土的比例在 1∶1 或 2∶1 时可以提高东方百合和亚洲百合的移栽成活率；使用菜园土、河沙、腐殖质的比例在 1∶2∶1 时，配制的基质透水通气性好，不易板结，结构较合理，适合麝香百合组培苗的移植栽培；使用草炭、园土、河沙的比例在2∶1∶1时，百合组培幼苗的各项生长状况均优于其他单一基质。

不同品种的百合组培苗根系，对基质各组分和配比有不同的要求，但总的来说，提高移栽基质的通气和保水性，有利于百合组培苗的移栽。

### （四）移栽的时期

百合组培苗在春季和秋季移栽成活率相对较高。其中，春季移栽的百合组培苗不仅成活率高，而且生长速度快，移栽一周左右便能长出新叶片。冬季由于温室内温度较低，植株生长速度相对减缓，新叶片生长率低，生长后期易出现叶片枯黄和萎蔫现象，使百合进入休眠状态；而夏季温室内高温高湿条件容易导致根系和小鳞茎腐烂，且叶片容易遭到虫害，移栽成活率降低。所以，选择适宜的移栽时期是获得高移栽成活率的基础。

### （五）管理条件

组培苗尽快适应自然环境下的温湿度变化是驯化成功的必要条件。恒温高湿环境使组培苗叶片表面保护组织变薄，根系长势较弱，组培苗移出瓶后，会造成组培苗脱水干枯死亡，这是由于环境湿度不够导致的。因此，在组培苗移栽后，需要提高外界环境湿度，以减小内外含水量差距，保证幼苗生长挺拔。移栽后前几天需要适当遮阴，以后逐渐增加光照。在新根没有长出之前，要注意控制基质湿度，使用喷雾保湿，尽量减少水进入基质。

另外，百合组培苗不同于种球苗，种球苗内含有丰富的营养物质，它能够为种球苗提供足够的养分，组培苗虽有小鳞茎，但相对于种球苗繁殖，百合组培苗需要补充苗期生长所必需的营养元素。可通过向叶苗喷施MS大量元素营养液或按照1∶0.22∶0.96的比例追施氮、磷（$P_2O_5$）、钾（$K_2O$）肥料，可有效补充组培苗的养分需求。

离体繁殖最后且最重要的技术环节，是组培苗的成功驯化移栽应用于大田生产，该环节连接着实验室和田间的工厂化生产，发挥着纽带作用。而百合由于品种多，不同品种对环境的适应性不同，在实际生产中还需要根据当地生产水平，不断地升级配套驯化移栽技术，使组培苗尽快适应外界环境，提高百合组培苗的移栽成活率。

## 任务五　百合组培中常见问题及解决方法

### 【学习目标】

#### 知识目标

了解百合组培中常见的问题。

掌握百合组培中常见问题的解决措施。

#### 能力目标

能够辨别出百合组培中常见的问题。

能够提出百合组培中常见问题的解决方案。

**素养目标**

具备提出问题、发现问题、解决问题的能力。

树立实践出真知的科学精神。

## 【前导知识】

视频32：百合组培中常见的问题及解决方法

## 一、百合组培中常见的问题及解决方法

百合组织培养过程中，容易出现污染、褐化及玻璃化三种现象导致组培失败。

### （一）污染的原因及预防措施

百合组织培养过程中，最常见和首先要解决的问题就是污染。污染是在组织培养过程中培养基和培养材料滋生杂菌，导致培养失败的现象。造成污染的病原菌主要有细菌和真菌两大类，真菌多为芽枝霉、黑曲霉、青霉和酵母；细菌多为芽孢杆菌属和假单胞菌属。

细菌性污染的症状是菌落呈黏液状，一般接种后 1～2 d 就能发现。而真菌性污染的症状是污染部分长有不同颜色的霉菌，一般接种后 3～10 d 才能发现。

**1. 造成污染的原因**

（1）季节因素：环境中菌落数量会随着季节变化而发生改变。每年的夏秋季节，空气潮湿，菌落大量繁殖，而春冬季节则相对较好。

（2）外植体选择：百合多种植于陆地或温室，其生长环境导致外植体材料表面会带有细菌，同时内生菌也会伴随着外植体的培养对组培苗造成影响。

（3）灭菌情况：操作过程中所使用的培养皿、接种用具、实验药剂等都需要严格灭菌，否则也会造成大量污染。

（4）环境因素：组培室室内环境、超净工作台台面、组培操作间的地面等如果存在大量的污染菌种，都会对实验造成影响。

（5）人为因素：实验操作不当最常见的后果就是细菌性污染，也有可能引起实验材料内生菌的暴发，导致培养失败。

**2. 污染的预防措施**

（1）防止外植体带菌，做好接种材料的室外采集工作。最好在春、秋季晴天下午采集；优先选择地上部分作为外植体；外植体采集前喷杀虫剂、杀菌剂或套袋等；接种前在室内或无菌条件下对材料进行预培养，从新抽生的枝条上选择外植体。

（2）外植体要进行严格灭菌，在正式接种或大规模组培生产前一定要进行灭菌效果实验，摸索出最佳的灭菌方法，达到最好的灭菌效果。对于难以彻底灭菌的材料可以采取多次灭菌和多种药剂交替浸泡。

（3）对培养基和接种器具进行彻底灭菌，严格按照培养基配制要求分装、封口。培养基分装时，液体培养基不能溅流到培养瓶口；封口盖要拧紧；同时要保证培养基及接种用器具的灭菌时间和灭菌温度。

（4）要保持室内的环境清洁，培养室和接种室定期用消毒剂熏蒸、紫外线灯照射；污染的

组培材料不能随便就地清洗；定期清洗或更换超净台过滤器，并进行带菌试验；地面、墙面、工作台要及时灭菌；保持培养室清洁，控制人员不要频繁出入培养室。

(5)在接种时一定要严格按照无菌操作规程进行。

## (二)褐化的原因及预防措施

褐化现象是指外植体在诱导分化过程中，外植体自身从表面向培养基释放褐色物质，导致培养基逐渐变成褐色，对整个植物体产生毒害，外植体也因无法吸收营养进一步褐化而死亡的一种现象。组织培养中褐化现象甚至比污染和玻璃化更难控制，因此褐化现象是否能得到有效控制，也是整个技术成功的关键。

**1. 造成褐化的原因**

造成百合褐化的原因有很多。随着植物的种类、基因型，外植体的生理状态和取材季节，外植体的部位、大小、受伤程度，培养基成分，培养条件及材料转移时间等情况而有所不同。

**2. 褐化的预防措施**

(1)选择褐化率较低的百合基因型。

(2)选择合适的外植体。在冬季选择处于幼龄期、长势旺盛、无损伤的百合外植体，其分生能力强，不易产生褐化。

(3)选择不同的预处理方式或选择适当的低温处理，在一定程度上抑制褐化现象。

(4)选择合适的培养基。选用大量减半的培养基，降低无机盐浓度，可以在一定程度上减轻褐化现象，降低褐化率；同时可以加入抗氧化剂，预防醌类物质形成，降低褐化率。

(5)缩短材料转移时间。培养过程中材料长期不转移，会导致培养材料褐化，以致全部死亡。

(6)创造适宜的培养条件。在不影响外植体正常生长和分化的前提下，尽量降低温度，减少光照。较高的温度会促使褐变加强；与光处理相比，暗处理能减轻褐变率，且诱导率也会提高。

## (三)玻璃化问题及对策

百合在培养过程中部分材料会呈半透明水渍状，组织结构发育畸形，称为玻璃化，又称“过度水化”。玻璃化苗是导致组培苗繁殖效率低的最常见的原因。由于其生理功能不健全，分化能力低，继代和移栽多难成活。百合试管苗在不适宜的培养基中玻璃化比例最高可达 82.4％，明显影响生产效率。

**1. 造成玻璃化的原因**

玻璃化的起因是细胞生长过程中环境的变化。试管苗为了适应变化了的环境而呈玻璃状。引起试管苗玻璃化的因素主要有激素浓度、培养基成分、琼脂用量、温度、光照、通风条件、植物材料等。

(1)激素浓度：细胞分裂素浓度过高，易导致玻璃化苗的发生。

(2)培养基成分：培养基中无机离子的种类、浓度及其比例不适宜该种植物，则玻璃化苗的比例就会增加。

(3)琼脂用量：培养基中琼脂含量低时，玻璃化苗的比例增加，水浸状严重、苗只向上生长。虽然随着琼脂用量的增加，玻璃化苗的比例明显减少，但琼脂的含量决定培养基的硬度，琼脂加入过多培养基会太硬，影响营养吸收，使苗生长缓慢，分枝减少。

(4)温度:适宜的温度可以使试管苗生长良好,温度过高、过低或温度忽高忽低都容易形成玻璃化苗。

(5)光照:增加光强可促进光合作用,提高糖类的含量,使玻璃化的发生比例降低;光照不足,再加上高温,极易引发玻璃化。

(6)通风条件:试管苗生长期间,要求气体交换充分、通气良好。气体交换的好坏取决于生长量、瓶内空间、培养时间和瓶盖的种类。生长过快、容积小、培养时间长则容易出现玻璃化苗。

**2. 玻璃化的预防措施**

(1)调节培养基中成分。适当增加培养基中无机盐的含量,降低培养基中按态氨浓度提高硝态氨浓度;适当降低培养基中细胞分裂素和赤霉素浓度;适当提高培养基中的蔗糖含量或加入渗透剂,降低培养基中的渗透势,减少培养基中植物材料可获得的水分,造成水分胁迫;在培养基中适当添加活性炭、间苯三酚、根皮苷、聚乙烯醇(PVA),均可控制玻璃化苗的发生。

(2)调节培养基中琼脂浓度。适当增加培养基中琼脂浓度,造成细胞吸水阻遏,降低玻璃化。

(3)适当降低温度,增加自然光照,控制光照时长,会使玻璃化消失。

(4)使用透气性好的封口材料。如牛皮纸、棉塞、滤纸、封口纸等,尽可能降低培养容器内空气湿度,加强气体交换。

# 工作任务　百合组培过程中污染苗、褐变苗、玻璃化苗识别

## 【任务描述】

进入组培室,分组识别组培过程中出现的污染苗、褐变苗、玻璃化苗,并提出预防或解决措施。

## 【任务实施】

### 一、操作前准备

准备所需仪器工具及试剂,详见表 4-5-1。

**表 4-5-1　材料表**

| | |
|---|---|
| 工具 | 放大镜、笔、纸 |
| 试剂材料 | 百合组培苗 |

### 二、教师讲解

在教室内讲解百合组培过程中常见问题及解决方法。

### 三、学生实操

(1)在教师的带领下,进行人员消毒,穿上工作服、鞋套,佩戴口罩、手套有序进入培养室。

(2)在培养架上逐一检查，拣出异常苗。

(3)将所有发现异常的组培苗带到洗涤室或药品配制室，观察组培苗、培养基的情况(主要看组培苗是否茎叶透明、是否变褐、是否发霉等)。若看不清楚，可借助放大镜进行仔细观察、判断。

(4)对出现问题的培养组进行分类、总结，填写记录表(表 4-5-2)，并提出预防或解决措施。

(5)将问题培养基进行清理灭菌。

**表 4-5-2　试管苗记录表**

组别：　　　　　　　　　　　　　　　　　　　　　　　　　　日期：

| 样品编号 | 问题 | 典型特征 | 预防措施 | 图片 |
|---|---|---|---|---|
| | | | | |
| | | | | |
| | | | | |

## 【任务评价】

教师对学生填写的记录表进行核对，帮助学生进一步识别不同的污染苗。

## 【任务小结】

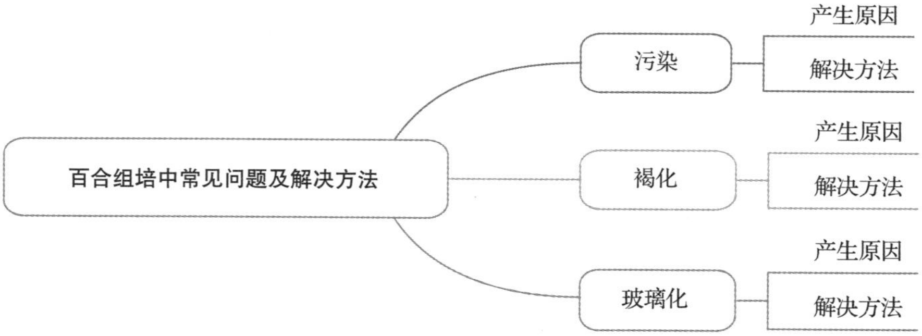


## 【问题探究】

1. 如何降低百合组培过程中的污染率？
2. 产生污染的组培苗应该如何处理？

课程思政：“禾下乘凉”梦——组培苗驯化、移栽

## 【拓展知识】

试管或瓶中培养物出现的问题、可能原因及改进措施见表 4-5-3。

**表 4-5-3　试管或瓶中培养物出现的问题、可能原因及改进措施**

| 培养阶段 | 培养物出现的问题 | 症状产生的可能原因 | 改进措施 |
| --- | --- | --- | --- |
| 初代培养阶段启动与脱分化 | 培养物呈水浸状、变色、坏死，茎段面附近干枯 | 1. 表面灭菌剂浓度过高，时间过长；<br>2. 外植体选用部位、时期不当 | 1. 选用较温和灭菌剂，降低浓度，减少灭菌时间；<br>2. 选用其他部位作为外植体，同时在生长初、中期采样 |
|  | 培养物长期培养没有多少反应 | 1. 生长素种类不当、用量不足；<br>2. 温度不适宜；<br>3. 培养基不适宜 | 1. 增加生长素用量，试用 2,4-D；<br>2. 调整培养温度 |
|  | 愈伤组织生长过旺，疏松，后期呈水浸状 | 1. 生长素及细胞分裂素用量过多；<br>2. 培养温度过高；<br>3. 培养基渗透势低 | 1. 减少生长素、细胞分裂素用量；<br>2. 适当降低培养温度 |
|  | 愈伤组织生长过紧密、平滑或突起，粗厚，生长缓慢 | 1. 细胞分裂素用量过多；<br>2. 糖浓度过高；<br>3. 生长素过量 | 适当减少细胞分裂素和糖的用量 |
|  | 侧芽不萌发，皮层过于膨大，皮孔长出愈伤组织 | 1. 采样枝条过嫩；<br>2. 生长素、细胞分裂素用量过多 | 1. 减少生长素、细胞分裂素用量；<br>2. 采用较老化枝条 |
|  | 苗分化数量少、速度慢、分枝少，个别苗生长细高 | 1. 细胞分裂素用量不足；<br>2. 温度偏高；<br>3. 光照不足 | 增加细胞分裂素用量，适当降低温度 |
| 继代培养阶段再分化与丛生芽苗增殖 | 苗分化较多，生长慢，部分苗畸形，节间极度短缩，苗丛密集，过度微型化 | 1. 细胞分裂素用量过多；<br>2. 温度不适宜 | 1. 减少细胞分裂素或停用一段时间；<br>2. 调节适当温度 |
|  | 分化出苗较少，苗畸形，培养较久苗可能再次愈伤组织化 | 生长素用量偏高，温度偏高 | 减少生长素用量，适当降温 |
|  | 叶粗厚变脆 | 生长素用量偏高，或兼有细胞分裂素用量偏高 | 适当减少激素用量，避免叶接触培养基 |
|  | 再生苗的叶缘、叶面等处偶有不定芽分化出来 | 细胞分裂素用量过多，抑或该种植物适宜于这种再生方式 | 适当减少细胞分裂素用量，或分阶段利用这一再生方式 |

续表4-5-3

| 培养阶段 | 培养物出现的问题 | 症状产生的可能原因 | 改进措施 |
| --- | --- | --- | --- |
| 继代培养阶段再分化与丛生芽苗增殖 | 丛生苗过于细弱，不适合生根操作和移栽 | 1. 细胞分裂素过多；<br>2. 温度过高，光照短，光强不足；<br>3. 久不转接，生长空间窄 | 减少细胞分裂素用量，延长光照，增加光强，及时转接继代，降低接种密度，改善封口条件 |
| | 常有黄叶、死苗夹于丛生苗中，部分苗逐渐衰弱，生长停止，草本植物有时呈水浸状、烫伤状 | 1. 瓶内气体状况恶化；<br>2. pH 变化过大；<br>3. 久不转接，糖已耗尽，光合作用不足以满足自身维持需要；<br>4. 瓶内乙烯含量升高；<br>5. 培养物可能已污染；<br>6. 温度不适 | 部分措施同上。去除污染，控制温度 |
| | 幼苗生长无力，陆续发黄落叶，组织呈水浸状、煮熟状 | 部分原因同上。如植物激素配比不适，无机盐浓度不适等 | 部分措施同上。及时继代，适当调节激素配比 |
| | 幼苗淡绿，部分失绿 | 1. 忘加铁盐或加入的量不足；<br>2. pH 不适，铁、锰、镁元素配比失调；<br>3. 光过强，温度不适 | 仔细配制培养基，注意配方成分，调好 pH，控制条件 |
| 诱导生根阶段 | 培养物久不生根，基部切口没有适宜的愈伤组织生长 | 1. 生长素种类不适宜、用量不足；<br>2. 生根部位通气不良；<br>3. 基因型影响，生根程序不适当；<br>4. pH 不适；无机盐浓度及配合不当 | 改进培养程序，选用或增加生长素用量，改用滤纸桥液培生根 |
| | 愈伤组织生长过大过快，根部肿胀或畸形，几条根并联或愈合；苗发黄受抑制或死亡 | 1. 生长素种类不适、用量过高；<br>2. 细胞分裂素用量过高、程序不适等 | 减少生长素或细胞分裂素用量，改进培养程序等 |

# 项目五　葡萄组培快繁技术

## 任务一　培养基的制备与灭菌

### 【学习目标】

**知识目标**

熟悉培养基配制基本流程。
掌握母液配制的计算方法。
掌握培养基母液配制技术。
掌握培养基配制过程中灭菌的注意事项。

**能力目标**

能够正确配制 $B_5$ 培养基。
能通过筛选实验，优化试验方案。

**素养目标**

通过学习不同母液的配制技术，培养学生在实验中系统化、规范化操作和严谨的实验态度。
通过学习培养基的配制流程，培养学生养成认真仔细的工作习惯。

### 【前导知识】

葡萄为葡萄科葡萄属木质藤本植物，因其品种较多、口感极佳、营养丰富，所以在世界范围内广泛种植。2018 年，中国葡萄总产量居世界第一位，栽培面积居世界第二位，鲜食葡萄产量居世界第一位。世界葡萄品种达 8 000 个以上，中国约有 800 个，生产上栽培表现比较优良的品种只有数十个。按用途可分为鲜食、酿酒、制干、其他加工品种，以及砧木品种，具有较高的营养价值、药用价值和经济价值。

### 一、传统的繁殖方式

葡萄主要通过扦插和嫁接等无性繁殖方法进行繁殖，虽然该方法具有简捷方便的特点，但受到区域、季节变化的局限，且容易被病毒感染，部分病毒会在植物体内积累，且代代相传，果实的品质与产量都受到不同程度的影响，最终导致葡萄品种的种性严重退化。

## 二、葡萄组培快繁研究进展

葡萄组织培养最早始于 1944 年，Morel. G 进行葡萄的离体培养，最常采用的培养基为 MS、$B_5$、NN 等。近年来，我国关于葡萄组织培养的研究已日趋成熟，宾宇波等通过比较不同消毒方法、生长调节剂的种类和浓度配比、生根培养基类型，建立了百花山葡萄组织培养快繁体系。在葡萄组织培养中，在基本培养基中无机盐的含量与激素含量的配比对于植株的生长发育及生根能力的调节起着重要的作用，其中铵态氮含量越高，越易产生玻璃化苗。常用培养基中 MS 培养基的铵盐含量高，而 $B_5$ 培养基中铵含量较低。使用通气状况良好的培养材料，减少培养容器中有害气体的积累以及降低容器中的空气湿度更利于植株生长。适当增加光照强度及培养容器的透气性，更有利于葡萄试管苗的生长，形成健壮试管苗，并提高试管苗的移栽成活率。葡萄常见的组培品种见图 5-1-1。

赤霞珠　　西拉　　玫瑰香　　霞多丽　　长相思　　阳光玫瑰

**图 5-1-1　葡萄常见的组培品种**

## 三、$B_5$ 培养基配方

$B_5$ 培养基配方见表 5-1-1。

**表 5-1-1　$B_5$ 培养基配方**

| 母液 | 化合物名称 | 培养基用量/(mg/L) | 母液 | 化合物名称 | 培养基用量/(mg/L) |
|---|---|---|---|---|---|
| 大量元素 | $KNO_3$ | 2 500 | 微量元素 | KI | 0.75 |
| | $MgSO_4 \cdot 7H_2O$ | 250 | | $H_3BO_3$ | 3.0 |
| | $CaCl_2 \cdot 2H_2O$ | 150 | | $MnSO_4 \cdot 4H_2O$ | 10 |
| | $(NH_4)_2SO_4$ | 134 | | $ZnSO_4 \cdot 7H_2O$ | 2.0 |
| | $NaH_2PO_4 \cdot H_2O$ | 150 | | $Na_2MoO_4 \cdot 2H_2O$ | 0.25 |
| 有机物母液 | 肌醇 | 100 | | $CoCl_2 \cdot 6H_2O$ | 0.025 |
| | 烟酸 | 1.0 | | $CuSO_4 \cdot 5H_2O$ | 0.025 |
| | 盐酸吡哆醇 | 1.0 | 铁盐母液 | $Na_2$-EDTA | 37.3 |
| | 盐酸硫铵 | 10 | | $FeSO_4 \cdot 7H_2O$ | 27.8 |

## 四、培养基配制流程

培养基配制流程见图 5-1-2。

视频 33:$B_5$ 培养基母液配制

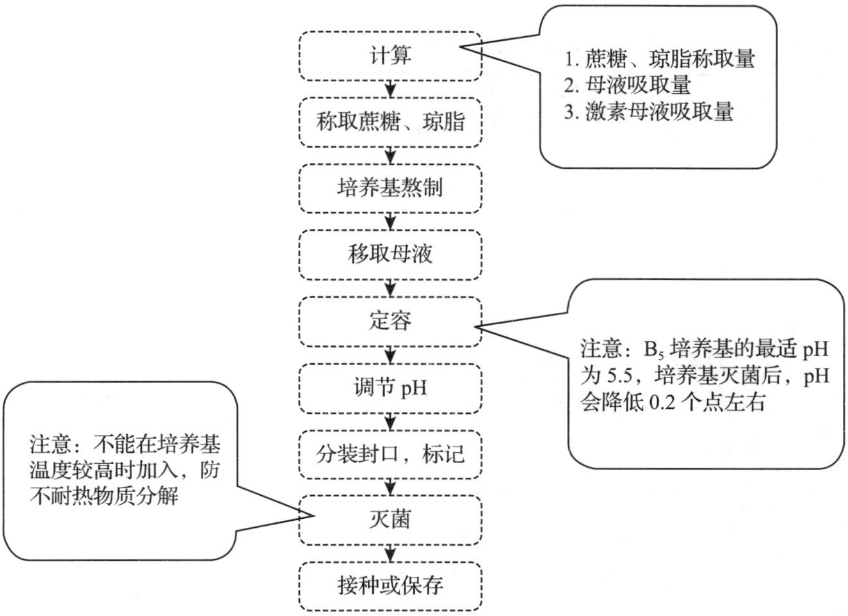


图 5-1-2　培养基配制流程

## 五、培养基灭菌

配好的培养基应在 24 h 内灭菌。激素母液 IAA 遇热易分解，采用过滤灭菌法。

将配制好的培养基用高压蒸汽灭菌，然后置于超净工作台上冷却至 40 ℃左右。琼脂将要凝固之前，加入经过滤灭菌的不耐热成分 IAA，混匀放置，待冷凉凝固后备用。

注意：不能在培养基温度较高时加入，防止不耐热物质分解。

## 六、培养基的接种或保存

暂时不用的培养基最好置于 10 ℃下保存，含有生长调节剂的培养基在 4～5 ℃低温下保存则更理想。含 IAA 或 $GA_3$ 的培养基应在 1 周内完成，尽量避免光线的照射，其他普遍存放时间最多不要超过 1 个月。贮存室要保持无菌干燥，以免造成培养基的二次污染。

# 工作任务一　母液配制技术

## 【任务描述】

每个小组 6 名成员，协作分工完成母液配制，要求掌握母液配制技术，计算过程严谨，操作规范且熟练。

## 【任务实施】

### 一、操作前准备

实验仪器及材料见表 5-1-2。

**表 5-1-2　实验仪器及材料**

| 仪器 | 药品 | 器皿 | 其他 |
|---|---|---|---|
| 百分之一电子天平、冰箱 | (具体见各母液配制表) | 称量纸、药匙、蒸馏水、500 mL 烧杯、1 000 mL 容量瓶、玻璃棒、胶头滴管、1 000 mL 广口瓶 | 标签、记号笔 |

### 二、教师演示

#### (一)确定培养基配方

葡萄组培苗不同培养阶段培养基一般为：

(1)初代培养基：MS＋蔗糖 3%＋琼脂 0.7%/$B_5$＋BA 0.5～1 mg/L＋IAA 0.1～0.3 mg/L＋蔗糖 3%＋琼脂 0.7%

(2)继代培养基：MS＋BA 0.4～0.6 mg/L＋蔗糖 3%＋琼脂 0.7%

(3)生根培养基：1/2MS＋NAA 0.1～0.3 mg/L＋蔗糖 3%＋琼脂 0.7%

(MS 培养基参照项目一)以 $B_5$ 培养基为例(参照表 5-1-1)

#### (二)大量元素母液的配制

药品称取量＝(配方用量×浓缩倍数)×母液体积，注意单位统一。

分别称量、分别溶解、按顺序定容。倒入细口瓶中，贴好标签，放入 2～4℃冰箱内保存。大量元素母液的配制见表 5-1-3。

**表 5-1-3　大量元素母液的配制**

| 母液 | 化合物名称 | 培养基用量/(mg/L) | 扩大倍数 | 母液体积/mL | 称取量/mg |
|---|---|---|---|---|---|
| 大量元素 | $KNO_3$ | 2 500 | | 1 000 | |
| | $MgSO_4 \cdot 7H_2O$ | 250 | | | |
| | $CaCl_2 \cdot 2H_2O$ | 150 | | | |
| | $(NH_4)_2SO_4$ | 134 | | | |
| | $NaH_2PO_4 \cdot H_2O$ | 150 | | | |

#### (三)微量元素母液的配制

药品称取量＝(配方用量×浓缩倍数)×母液体积，注意单位统一。分别称量、分别溶解、定容。倒入细口瓶中，贴好标签，放入 2～4 ℃冰箱内保存。微量元素母液的配制见表 5-1-4。

**表 5-1-4　微量元素母液的配制**

| 母液 | 化合物名称 | 培养基用量/(mg/L) | 扩大倍数 | 母液体积/mL | 称取量/mg |
|---|---|---|---|---|---|
| 微量元素 | KI | 0.75 | | 1 000 | |
| | $H_3BO_3$ | 3.0 | | | |

续表 5-1-4

| 母液 | 化合物名称 | 培养基用量/(mg/L) | 扩大倍数 | 母液体积/mL | 称取量/mg |
|---|---|---|---|---|---|
| 微量元素 | $MnSO_4 \cdot 4H_2O$ | 10 | | | |
| | $ZnSO_4 \cdot 7H_2O$ | 2.0 | | | |
| | $Na_2MoO_4 \cdot 2H_2O$ | 0.25 | | | |
| | $CoCl_2 \cdot 6H_2O$ | 0.025 | | | |
| | $CuSO_4 \cdot 5H_2O$ | 0.025 | | | |

**(四)有机物母液的配制**

药品称取量=(配方用量×浓缩倍数)×母液体积,注意单位统一。

分别称取、分别溶解、定容。倒入细口瓶中,贴好标签,放入 2～4 ℃冰箱内保存。有机物母液的配制见表 5-1-5。

**表 5-1-5　有机物母液的配制**

| 母液 | 化合物名称 | 培养基用量/(mg/L) | 扩大倍数 | 母液体积/mL | 称取量/mg |
|---|---|---|---|---|---|
| 有机物母液 | 肌醇 | 100 | | 1 000 | |
| | 烟酸 | 1.0 | | | |
| | 盐酸吡哆醇 | 1.0 | | | |
| | 盐酸硫铵 | 10 | | | |

**(五)铁盐母液的配制**

铁盐无机盐不易被植物吸收利用,其螯合物易被植物吸收和利用,因此需要单独配成螯合物母液。

药品称取量=(配方用量×浓缩倍数)×母液体积,注意单位统一。

分别称取→分别加热溶解并不停搅拌→混合→调整 pH 到 5.5→定容→棕色瓶贮藏→标签和标记→放入冰箱保存。铁盐母液的配制见表 5-1-6。

**表 5-1-6　铁盐母液的配制**

| 母液 | 化合物名称 | 培养基用量/(mg/L) | 扩大倍数 | 母液体积/mL | 称取量/mg |
|---|---|---|---|---|---|
| 铁盐母液 | $Na_2$-EDTA | 37.3 | | 1 000 | |
| | $FeSO_4 \cdot 7H_2O$ | 27.8 | | | |

**(六)填写记录单并整理工位**

填写母液登记表。

将所有使用过的器皿用具等清洗干净,擦干后放回原来的位置,将天平擦干净,关闭电源,放回原来的位置,将桌面擦干净,凳子摆放整齐。

## 三、学生实操完成任务

学生按分组进行 $B_5$ 培养基母液的配制,注意分工明确,团队合作完成。将小组操作流程图片上传超星学习平台。

## 四、讨论与评价

小组自检任务完成情况，并分析讨论存在的问题；教师抽检、点评，最后小组间互评实践成果（表 5-1-7）。

**表 5-1-7　$B_5$ 培养基母液配制评分表**

配制人：　　　　　　　　　　　　　　　　　　　　　　配制日期：

| 序号 | 主要环节 | 考核内容 | 分值 | 自评 30% | 教师 70% | 总评 |
|---|---|---|---|---|---|---|
| 1 | 计算 | 扩大倍数选择正确 | 10 | | | |
| | | 根据扩大倍数准确计算各成分称取量 | 15 | | | |
| 2 | 称量 | 分药分匙 | 5 | | | |
| | | 天平精确度选择正确 | 5 | | | |
| 3 | 溶解 | 充分溶解 | 10 | | | |
| 4 | 混合定容 | 混合顺序正确 | 15 | | | |
| | | 定容步骤正确 | 10 | | | |
| 5 | 母液分装 | 母液分装到广口瓶中 | 2 | | | |
| 6 | 贴标签 | 标签内容填写无误 | 3 | | | |
| 7 | 团队配合 | 团队分工明确，操作过程井然有序 | 25 | | | |
| 8 | 综合得分 | | | | | |

# 工作任务二　培养基的配制

## 【任务描述】

各小组合作配制 $B_5$ 培养基微量元素母液，掌握微量元素母液配制时需要的营养成分，能够准确计算、称量各营养成分，配制过程规范。

## 【任务实施】

### 一、操作前准备

所需实验仪器和材料见表 5-1-8。

**表 5-1-8　实验仪器和材料**

| 仪器 | 器皿 | 药品 | 其他 |
|---|---|---|---|
| 万分之一电子天平、冰箱 | 500 mL 烧杯、1 000 mL 容量瓶、玻璃棒、胶头滴管、1 000 mL 广口瓶 | 母液、蔗糖、琼脂 | 蒸馏水、称量纸、药匙、标签、记号笔 |

培养基配制流程如图 5-1-3 所示：

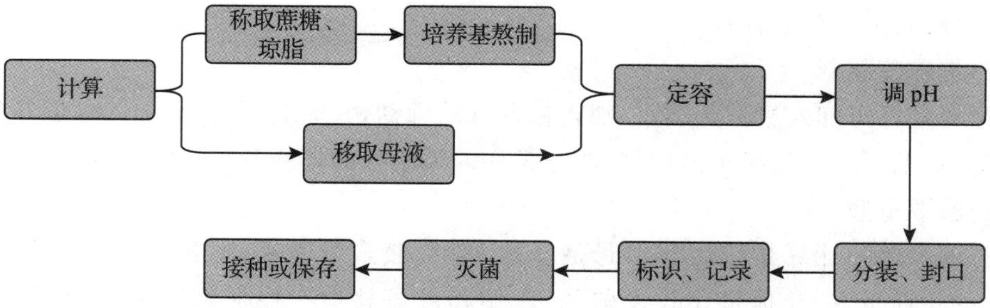


图 5-1-3　培养基配制流程图

## 二、教师演示操作

### (一)计算

**1. 蔗糖、琼脂称取量**

[例]求 3%蔗糖和 0.7%琼脂的称取量。

“3%和 0.7%”的含义:表示在 1 L 培养基中蔗糖的含量占 3%,琼脂的含量占 0.7%。

蔗糖=1 L×3%=1 000 mL×0.03=30(g)

琼脂=1 L×0.7%=1 000 mL×0.007=7(g)

**2. 母液吸取量**

母液吸取量(mL)=所需培养基体积(mL)/该母液的扩大倍数

**3. 激素母液吸取量**

激素母液吸取量=(配方浓度/母液浓度)×培养基体积

大量元素母液吸取量=1 000/10=100(mL)

微量元素母液吸取量=1 000/100=10(mL)

铁盐母液吸取量=1 000/100=10(mL)

有机物母液吸取量=1 000/10=10(mL)

BA 吸取量=0.001/0.5=0.002 L=2(mL)

IAA 吸取量=0.001/0.1=0.01 L=10(mL)

填写表 5-1-9 $B_5$ 培养基配制表。

表 5-1-9　$B_5$ 培养基配制表

| 序号 | 培养基母液名称 | 扩大倍数/浓度 | 培养基体积/L | 本次需要量 |
|---|---|---|---|---|
| 1 | 大量元素母液 | | | |
| 2 | 微量元素母液 | | | |
| 3 | 铁盐母液 | | | |
| 4 | 有机物母液 | | | |
| 5 | 琼脂 | | | |
| 6 | 蔗糖 | | | |

### (二)称取蔗糖、琼脂

选取百分之一天平分别称取蔗糖和琼脂。

注意分药分匙，精确称量。

**（三）培养基熬制**

在搪瓷量杯里加入适量蒸馏水，加入称取好的蔗糖，大火煮开；然后加入称取好的琼脂，小火煮溶，这期间用玻璃棒不停搅拌，防止糊底。熬制好的培养基液体澄清透明。

**（四）移取母液**

按母液顺序和计算量依次移取母液至烧杯中，激素母液 IAA 除外，大量元素母液用 100 mL 的量筒量取，其他量比较少的母液，用移液管移取。根据移取量选择适宜的移液管，使用之前先用要转移的溶液润洗 3 次，移液时移取准确，一次性移取，不滴不漏，不要将母液吸入吸耳球，移液管与母液要一一对应。

**（五）定容**

将移取好的母液转移到搪瓷量杯中进行定容。

**（六）调节 pH**

在培养基温度为 50～55 ℃范围内检测 pH，用 0.1 mol/L 的 NaOH 或 HCl 调节 pH 至 5.7。

注意：$B_5$ 培养基的最适 pH 为 5.5，培养基灭菌后，pH 会降低 0.2 个点左右。

**（七）分装封口，标识记录**

pH 调整好之后将培养基趁热分装至培养瓶中，分装厚度 1～1.5 cm，注意不要将培养基溅到瓶口，分装好之后尽快盖上瓶盖进行封口，以免污染。同时做好标记，填写记录单。标明培养基代号、操作人与时间、瓶数。

## 三、学生实操完成任务

学生按分组进行 $B_5$ 培养基的配制，注意分工明确，团队合作完成。将所有使用过的器皿用具等清洗干净，擦干后放回原来的位置，将天平擦干净，关闭电源，放回原来的位置，将桌面擦干净，凳子摆放整齐。

## 四、讨论与评价

小组自检任务完成情况，并分析讨论存在的问题；教师抽检、点评，最后小组间互评实践成果（表 5-1-10）。

**表 5-1-10　$B_5$ 培养基母液配制评分表**

配制人：　　　　　　　　　　　　　　配制日期：

| 序号 | 主要环节 | 考核内容 | 分值 | 小组自评（30%） | 教师评价（70%） | 总评 |
| --- | --- | --- | --- | --- | --- | --- |
| 1 | 计算 | 母液移取量与蔗糖、琼脂称取量计算正确 | 10 | | | |
| 2 | 称取蔗糖、琼脂 | 天平称量，操作规范、正确 | 4 | | | |
| 3 | 培养基熬制 | 培养基不糊锅，熬制好的培养基清澈透明 | 10 | | | |
| | 移取母液 | 母液移取操作规范、正确（移液管润洗，一次性移取，移液管与母液瓶一一对应，母液勿吸入吸耳球等） | 10 | | | |
| 4 | 定容 | 定容操作规范、迅速，平视溶液凹面与刻度线齐平 | 4 | | | |

续表 5-1-10

| 序号 | 主要环节 | 考核内容 | 分值 | 小组自评（30%） | 教师评价（70%） | 总评 |
|---|---|---|---|---|---|---|
| 5 | 调 pH | 培养基温度在 50～55 ℃范围内准确迅速检测 pH（5.8±0.2） | 10 | | | |
| | | 不要调过头，以免影响培养基内离子浓度 | 5 | | | |
| 6 | 分装 | 分装厚度 1～1.5 cm，不要溅到瓶口，以免引起污染 | 4 | | | |
| 7 | 封口 | 封口时培养瓶倾斜不超过 45° | 4 | | | |
| 8 | 标识与记录 | 注明培养基名称、配制时间等 | 4 | | | |
| 9 | 操作顺序 | 整个培养基配制过程按正确顺序进行，规范操作 | 20 | | | |
| 10 | 团队配合 | 团队出勤率，分工明确，操作过程井然有序，操作台卫生干净 | 15 | | | |
| 11 | 小组综合得分 | | | | | |

## 【任务小结】

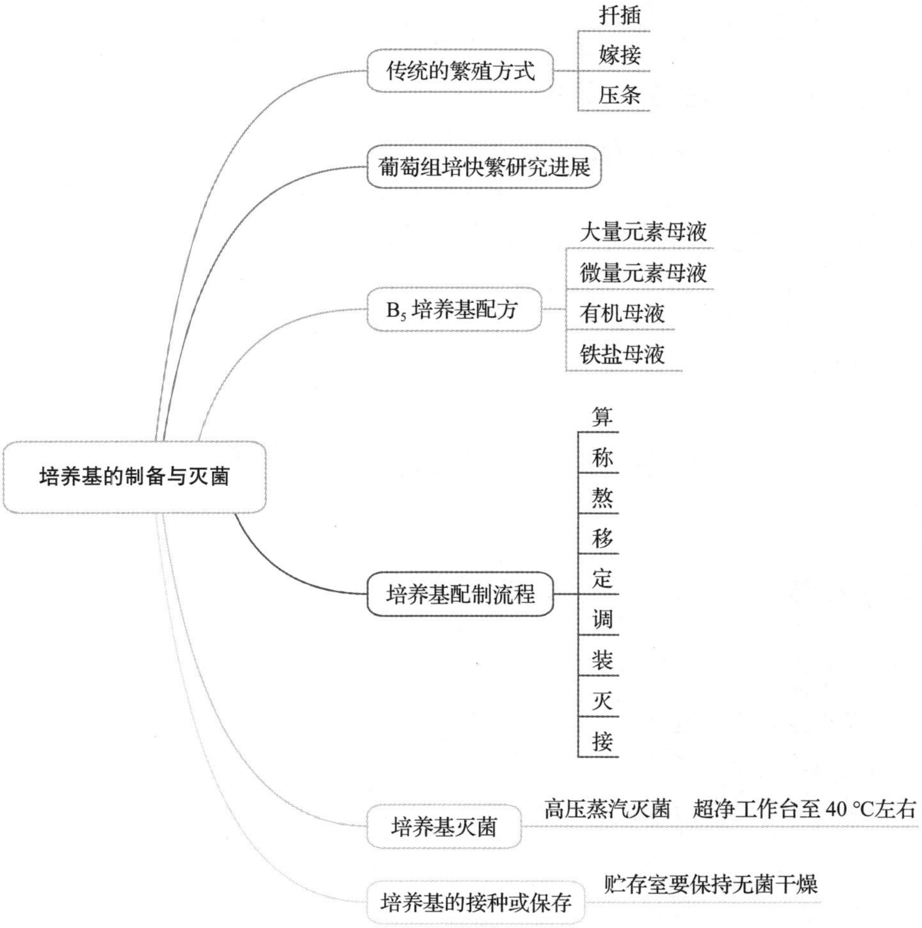

## 【问题探究】

1. 葡萄组培常用的培养基有哪些？说明其特点。
2. 简述 NAA 和 6-BA 在培养基中的作用。

课程思政:榜样的力量——吴宪教授

## 【拓展知识】

### 一、激素母液的配制

每种激素必须单独配成母液，浓度一般为 1 mg/mL。用时根据需要取用。因为激素用量较少，一次可配成 50 mL 或 100 mL。另外，多数激素难溶于水，要先溶于可溶物质，然后才能加水定容。

(1)生长激素类:例如 IAA、NAA、2,4-D、IBA，应先用少量 95%乙醇或无水乙醇充分溶解，或者用 1 mol/L 的 NaOH 溶解，然后用蒸馏水定容到一定的浓度。

(2)细胞分裂素类:例如 KT、BA，应先用少量 95%乙醇或无水乙醇加 3～4 滴 1 mol/L 的盐酸溶解，再用蒸馏水定容。

(3)赤霉素类:先用少量 95%乙醇或无水乙醇溶解，再用蒸馏水定容。

### 二、配制母液时需要注意的问题

(1)药品应选用纯度等级较高的分析纯或化学纯。

(2)称量时注意天平精度的选择。溶解时要用纯度较高的蒸馏水或去离子水。

(3)几种试剂混合配制时要按一定顺序将各种溶液混合，应注意防止产生沉淀，如 $Ca^{2+}$ 和 $SO_4^{2-}$，$Ca^{2+}$、$Mg^{2+}$ 和 $PO_4^{3-}$ 一起溶解后，会产生沉淀，应错开混合，边搅拌变混合。

(4)配制好的母液都应保存在 2～4 ℃冰箱中，定期观察，若母液出现沉淀或霉团，应立即停止使用，重新配制。

# 任务二　外植体选择与灭菌

## 【学习目标】

### 知识目标

了解葡萄常见病害及症状。

掌握葡萄脱毒的方法及鉴定方法。

掌握葡萄外植体选择与灭菌程序。

### 能力目标

能够识别葡萄常见病害及症状。

能够对葡萄的外植体进行选择、处理和灭菌。

### 素养目标

通过葡萄外植体的选择与灭菌，培养学生规范操作的职业操守。

通过小组合作完成实验任务，培养学生工作严谨、善于团结协作的能力。

## 【前导知识】

葡萄传统的繁殖方式为扦插、压条、嫁接等无性繁殖方式。采用这些繁殖方式植物体内会积累部分病毒，且代代相传。栽培无毒苗是生产实际当中防治葡萄病毒病害最有效的措施，整个培养工作能否高效顺利完成，外植体的选择起到决定性作用。葡萄脱毒中经过脱毒处理后取下的幼嫩茎尖体积较小，不易进行消毒，所以常见都是先进行植物组织培养至增殖阶段，对无根苗进行脱毒处理，取下脱毒的茎尖再进行组织培养。

视频 34：葡萄外植体的选择和灭菌

## 一、葡萄常见病害及症状

葡萄病毒病病原种类有 60 多种，其中葡萄卷叶病、葡萄扇叶病、葡萄栓皮病、葡萄斑点病和葡萄茎痘病是葡萄的主要病害。

**1. 葡萄卷叶病**

症状主要表现在果实和叶片上，其中最典型的症状是叶片反卷和变色（图 5-2-1）。该病对葡萄的危害呈慢性进展，其危害程度的差异也很大，但一般表现为植物的树势衰弱、发育不良，重者萎缩、停止生长。一般可造成减产 10%～70%，果实的成熟期推迟 1～2 周，果实的含糖量比正常果低 20%以上，病株抗逆性差，不耐寒。

图 5-2-1　葡萄卷叶病

**2. 葡萄栓皮病**

是由一种潜隐性病毒侵染而引起的常见的葡萄疾病。主要表现为：春季发芽晚，在生长早期，每个蔓上会出现 1 或多个死果枝，蔓柔软下垂，基部的树皮开裂。生长季后期，蔓呈淡蓝紫色，而在已木质化的蔓上可散生未木质化的绿色斑块。早春病叶小而呈淡白色，生长季后期叶缘下卷，红色品种叶片的叶肉和叶脉全变红色，比健株或卷叶病株晚落叶 3～4 周(图 5-2-2)。

图 5-2-2　葡萄栓皮病

**3. 葡萄扇叶病**

又称为葡萄扇叶退化病、葡萄传染性退化病，是由葡萄扇叶病毒侵染所引起的。葡萄植株感染葡萄扇叶病后，植株生长逐渐衰弱，对不良环境的抵抗力减弱，经济寿命缩短，一般可减产 20%～50%，且果品质量下降。利用其枝条作为繁殖材料时，则枝条的扦插生根力下降 60%以上，且嫁接成活率仅为 30%～50%(图 5-2-3)。

图 5-2-3　葡萄扇叶病

## 二、葡萄脱毒的方法与鉴定

**1. 热处理脱毒**

将葡萄无性系处理材料置于 38 ℃，1 200 mg/L 二氧化碳的人工气候箱中，经 30 min 处理，易从枝条顶端或休眠芽中除去扇叶病毒。其他病毒较难消除。治疗皮尔斯病，可直接将葡萄嫩茎浸泡在 50 ℃温水中处理 10～20 min 即可。

**2. 茎尖培养脱毒法**

将感染病毒的植株在 5 ℃下冷藏保存，之后在温度 25 ℃、相对湿度 80%、每日 16 h 光照的条件下水培，长出的新芽后，剥离切取带 1～3 个叶原基 0.2～0.3 mm 的茎尖进行离体培养，即可获得脱毒苗。

**3. 热处理结合茎尖培养**

对葡萄苗先进行热处理，再剥取茎尖培养。或者剥取茎尖后，接种于培养基，进行高温培养。

对葡萄脱毒苗的鉴定方法包括抗血清法、电子显微镜检测法、酶联免疫吸附剂测定法或指示植物进行病毒的鉴定，以确保获得脱毒苗。

## 三、葡萄外植体的选择与灭菌

葡萄外植体的选择与灭菌是葡萄植物组织培养的第一步，组织培养工作能否高效顺利完成，外植体的选择起到决定性作用。

**1. 外植体的选择**

首先应选择品种特性优良、生长健壮、无病虫害的休眠枝条；若生长季节于田间取材，则要在晴天、无露珠时进行。葡萄植株的外植体可以为茎尖、茎段（图 5-2-4）、腋芽、叶片、叶柄、根尖、花粉、花药、胚、胚珠、胚乳、子房等整个器官或部分组织。一般选择葡萄植株的新梢顶端或休眠枝条的萌发芽（图 5-2-5）。

图 5-2-4　葡萄枝条

图 5-2-5　葡萄芽

**2. 预处理**

①休眠材料，用 0.01％的细胞分裂素溶液浸泡 24 h，打破休眠，然后扦插到盛有无菌基质的苗床上，置于洁净的室内或培养箱中促使其萌发，温度控制在 25～28 ℃。

②生长季节取材，将材料插入培养液或自来水中，置于室内或培养箱中进行预培养。当催芽处理的材料长出新梢 10～15 cm 时，取 4～5 cm 的嫩梢，自来水冲洗 15～30 min，然后剪取 1 cm 的茎尖。进行灭菌处理。

**3. 葡萄外植体的灭菌流程**

葡萄外植体的灭菌流程见图 5-2-6。

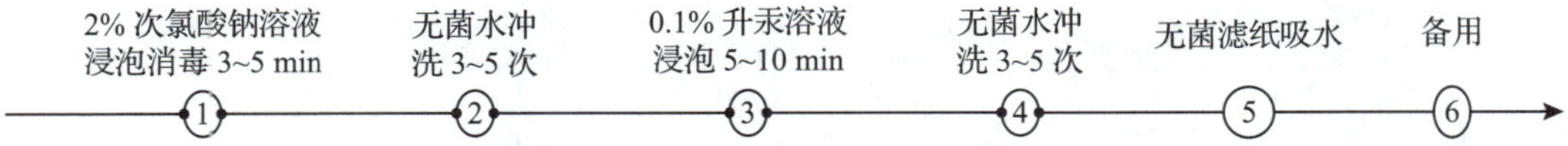


图 5-2-6　葡萄外植体的灭菌流程

# 工作任务　葡萄外植体的选择与灭菌

## 【任务描述】

各小组根据操作流程选取合适的葡萄茎段作为外植体材料，并进行灭菌，要求规范、熟练、安全。

## 【任务实施】

### 一、操作前准备

学生分组完成任务，每组 2 人。

**1. 准备工作**

准备所需试剂及设备用品，见表 5-2-1。

**表 5-2-1　实验仪器和材料**

| 实训仪器 | 器皿 | 材料 | 药品 | 其他 |
| --- | --- | --- | --- | --- |
| 接种工具 | 无菌杯、烧杯、培养皿、 | 葡萄茎段、培养基、脱脂棉、手推车、剪刀、镊子、洗衣粉、毛笔、记号笔、香皂 | 70%酒精、2%次氯酸钠、10%次氯酸钙，0.1%升汞、无菌水 | 工作服、拖鞋 |

**2. 人员卫生消毒及环境灭菌**

(1)人员卫生消毒：教师和学生在缓冲间内换上干净的实验服，戴上口罩，套上鞋套，戴上帽子等进入接种室。学生在教师带领指导下，完成接种前工具摆放及环境灭菌工作。

(2)工具摆放：消毒器、装有 75%酒精的消毒瓶、冷却架、酒精棉瓶、喷壶等工具置于台面惯用手侧；培养基、葡萄枝条等其他物品置于相对一侧；无菌培养皿、酒精灯放于人员正前方，酒精灯朝内；打开报纸包的工具，插入器械消毒器中。

(3)环境灭菌：先用 75%的酒精喷洒对空间进行降尘，再打开超净工作台和室内的紫外线灯照射 30 min。

### 二、教师演示

教师演示流程见图 5-2-7。

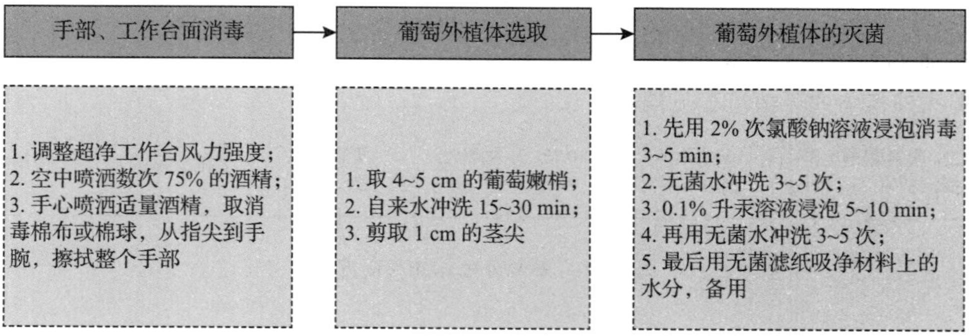


**图 5-2-7　教师演示流程**

### 三、学生实操

学生记录演示环节流程、操作技法与注意事项再次进行消毒，从风淋室进入接种室。每位学生一个工位。注意分工明确，团队合作完成。

## 四、讨论与评价

接种后各组自检任务完成情况并记录（表 5-2-2），并分析讨论操作存在的问题；教师复检后挑选典型情况进行点评。

**表 5-2-2　外植体的选取与消毒评分表**

配制人：　　　　　　　　　　　　　　　　　　　　　　配制日期：

| 序号 | 主要环节 | 考核内容 | 分值 | 自评 30% | 教师 70% | 总评 |
|---|---|---|---|---|---|---|
| 1 | 外植体的选择 | 外植体的正确选择 | 20 | | | |
| 2 | | 操作台、工具灭菌 | 20 | | | |
| 3 | 灭菌 | 材料预处理 | 10 | | | |
| 4 | | 材料灭菌程序 | 30 | | | |
| 5 | 团队配合 | 团队分工明确，操作过程井然有序 | 20 | | | |
| 6 | 综合得分 | | | | | |

## 【任务小结】

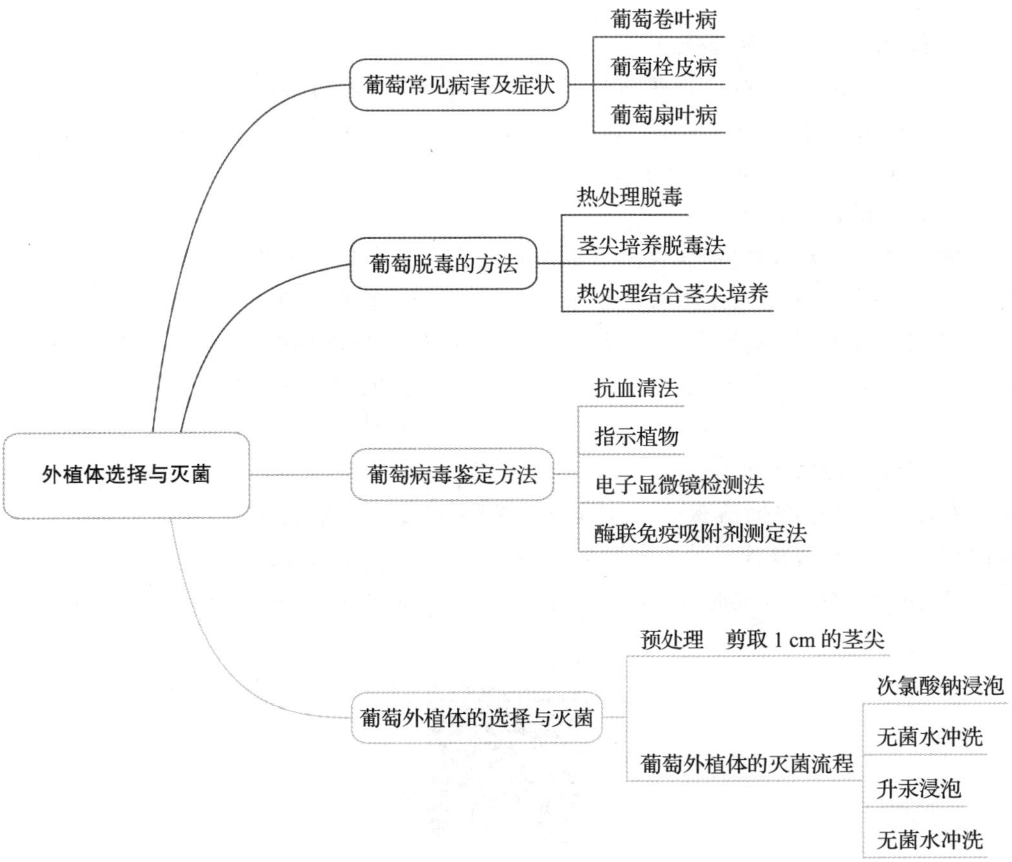

## 【问题探究】

1. 如何对葡萄外植体进行表面消毒？
2. 葡萄组培中脱毒的方法有哪些？如何鉴定脱毒苗是否带毒？
3. 无菌操作时应注意哪些问题？

## 【拓展知识】

### 外植体的选取原则

**1. 外植体来源要丰富**

为了建立一个高效而稳定的植物组织离体培养体系，往往需要反复实验，并要求实验结果具有可重复性。这就需要外植体材料丰富并易获得。

**2. 外植体要易于消毒**

在选择外植体时，应尽量选择带杂菌少的器官或组织，降低初代培养时的污染率。一般地上组织比地下组织容易消毒，一年生组织比多年生组织容易消毒，幼嫩组织比老龄受伤组织更易消毒。

**3. 选择优良的种质及母株**

要选择性状优良的种质、特殊的基因型和生长健壮的无病虫害植株，离体快速繁殖出来的种苗才有意义，才能转化成商品，取得较高的经济效益；生长健壮无病虫害的植株及器官或组织代谢旺盛，再生能力强，培养后容易成功。

**4. 选择最适合的时期**

植物组织培养选择材料时，要注意植物的生长季节和植物的生长发育阶段。对大多数植物而言，应在其开始生长或生长旺季采样，此时材料内源激素含量高，容易分化，不仅成活率高，而且生长速度快，繁殖率高。若在生长末期或进入休眠期时采样，则外植体可能对诱导反应迟钝或无反应。花药培养应在花粉发育到单核期时取材，这时比较容易形成愈伤组织。

**5. 选择适宜的大小**

培养材料的大小根据植物种类、器官和目的来确定。一般情况下，快速繁殖时叶片、花瓣等面积为 $0.5\ cm^2$，其他培养材料的大小在 0.5～1.0 cm。如果是胚胎培养或脱毒材料的培养，则应更小。材料太大时，不易彻底消毒，污染率高；材料太小时，多形成愈伤组织，甚至难以成活。

课程思政：校园安全与无菌操作

# 任务三　外植体接种与培养

## 【学习目标】

### 知识目标

掌握葡萄组培快繁的不同培养阶段。

掌握葡萄组培快繁的不同培养条件。

### 能力目标

能够通过试验筛选出葡萄组培的最适培养条件。

能够在不同培养阶段进行规范管理。

### 素养目标

通过葡萄组培不同阶段的生长监控，培养学生提出问题、解决问题的能力。

通过学习葡萄组培不同阶段培养条件，增强学生珍爱生命的意识。

## 【前导知识】

视频 35：葡萄外植体的接种与培养

## 一、初代培养

初代培养又称启动培养阶段，这一阶段最重要的就是基本培养基的选择和激素配比。在启动培养阶段，既需要芽萌发向上生长，也需要旺盛的细胞分裂，进行地上部分的分化。

葡萄组培初代培养基一般为：

MS＋蔗糖 3%＋琼脂 0.7%

$B_5$＋BA 0.5～1 mg/L＋IAA 0.1～0.3 mg/L＋蔗糖 3%＋琼脂 0.7%

外植体表面消毒后，去除茎段基部切口，切成 1～2 cm 长的带芽茎段，接种到初代培养基上进行培养。葡萄外植体的初代培养的培养条件为温度 25～28 ℃、光照每天 16 h、光照度 1 800 lx。2 周左右可看到不定芽出现，逐渐形成丛生芽。

不同葡萄品种需在实际实验中进行改良后得到最适培养基，以免埋土酿酒葡萄‘北馨’‘北玺’‘北香’为例，最适合其生长的初代培养基为：MS＋1 mg/L 6-BA＋0.3 mg/L NAA（图 5-3-1）。

## 二、继代培养

在植物组织培养过程中，快速增殖都需要诱导出丛生芽。在增殖阶段诱导丛生芽时，需要较高浓度的细胞分裂素，以促进细胞分裂、地上部的分化、侧芽的生长和叶片的扩大，同时抑制不定根和侧根的形成，延缓叶片的衰老。

葡萄组培继代培养基一般为：MS+BA 0.4～0.6 mg/L+蔗糖 3%+琼脂 0.7%。

培养条件：培养的茎尖形成不定芽时，选取较大不定芽，进行继代培养。3 周左右，小芽即可长成 4 cm 左右高的无根苗。培养条件为光照强度 2 000 lx，光照时间是每天 10 h，温度 25～28 ℃，30～40 d 可继代 1 次。培养基中培养 1～2 周，每块培养物可长出单芽苗或丛生芽苗，使数量增多。

不同葡萄品种须在实际实验中进行改良后得到最适培养基，以免埋土酿酒葡萄'北馨''北玺''北香'为例，以葡萄茎段为外植体，最适继代培养基为：

'北馨'：1/2MS+2 mg/L 6-BA+0.1 mg/L NAA。

'北玺'：1/2MS+2 mg/L 6-BA+0.1 mg/L NAA。

'北香'：1/2MS+2 mg/L 6-BA+0.2 mg/L NAA。

见图 5-3-2。

'北馨'　　'北玺'　　'北香'

**图 5-3-1　外植体最佳初始培养基接种情况**

'北玺'　　'北馨'　　'北香'

**图 5-3-2　葡萄茎段最佳继代培养基**

## 三、生根培养

生根培养待试管苗增殖到一定数量后，可将其转入生根培养基中进行壮苗生根培养。葡萄组培生根培养基一般为：1/2MS+NAA 0.1～0.3 mg/L+蔗糖 3%+琼脂 0.7%。

不同葡萄品种需在实际实验中进行改良后得到最适培养基，以免埋土酿酒葡萄'北馨''北玺''北香'为例，最适生根培养基为：1/2MS+0.4 mg/L IBA+0.1 mg/L NAA。见图 5-3-3。

'北玺'　　'北馨'　　'北香'

图 5-3-3　生根培养基组培苗生长情况

# 工作任务　葡萄外植体的接种与培养

## 【任务描述】

各小组在外植体的不同培养阶段配备合适的葡萄外植体培养基，分别完成初代培养、继代培养和生根培养，要求准确无误地配制培养基，接种操作流程规范、熟练、安全，污染率低。

## 【任务实施】

学生分组完成任务，每组 2 人。

### 一、准备工作

**1. 试验仪器及材料**

所需试验仪器及材料见表 5-3-1。

表 5-3-1　试验仪器及材料

| 实训仪器 | 器皿 | 材料 | 药品 | 其他 |
|---|---|---|---|---|
| 接种刀、剪刀、镊子、灭菌锅、 | 无菌杯、烧杯、外植体材料、培养皿、培养瓶 | 葡萄茎段、培养基、脱脂棉、手推车、剪刀、镊子、洗衣粉、毛笔、记号笔、香皂 | 70%酒精、蔗糖、琼脂、MS 配制母液、BA、IAA、NAA、IBA | 工作服、拖鞋 |

**2. 人员卫生消毒及环境灭菌**

教师和学生在缓冲间内换上干净的实验服，戴上口罩，套好鞋套，戴上帽子等进入接种室。学生在教师带领指导下，完成接种前工具摆放及环境灭菌工作。

工具摆放时，消毒器、装有75%酒精的消毒瓶、冷却架、酒精棉瓶、喷壶等工具置于台面惯用手侧；培养基等其他物品置于相对一侧；无菌培养皿、酒精灯放于人员正前方，酒精灯朝内；打开报纸包的工具，插入器械消毒器中。

环境灭菌时，先用75%的酒精喷洒对空间进行降尘，再打开超净工作台和室内的紫外线灯照射30 min。

## 二、教师演示

以'阳光玫瑰'葡萄组培快繁为例。

### (一)培养基的制备

参照模块一中培养基的制备。

初代培养：MS+1.5 mg/L 6-BA和0.2 mg/L NAA

继代培养：MS+在1.0 mg/L 6-BA+0.1 mg/L NAA

生根培养：1/2MS+0.4 mg/L IBA和0.2 mg/L NAA

### (二)接种

**1. 葡萄外植体初代培养**

外植体表面消毒后，去除茎段基部切口，切成1～2 cm长的带芽茎段，接种到初代培养基上进行培养。接种外植体100个。茎段离体培养20 d，腋芽萌发情况稳定，此时观察并统计外植体萌芽数，计算萌芽率。培养条件：温度(25±2)℃，光照度2 500～3 000 lx，每天光照时间12 h，完成记录表5-3-2。

**2. 继代培养**

培养的茎尖形成不定芽时，选取较大不定芽，进行继代培养。3周左右，小芽即可长成4 cm左右高的无根苗。将经启动培养获得的无菌单芽，接种于含有不同植物生长调节剂组合的继代培养基中，诱导不定芽产生，接种单芽100个。培养60 d，观察并统计每个接种单芽的总芽数，计算增殖系数，完成记录表5-3-3。

**3. 生根培养**

将继代培养中株高1.5～2.0 cm枝叶舒展的单芽切下，接种于不同的生根培养基中，接种100株。培养30 d观察并记录各单株的生根条数、根长等数据，计算生根率，完成记录表5-3-4。

**表5-3-2 '阳光玫瑰'葡萄初代培养记录表**

小组： 日期：

| 项目 | 接种时间 | 接种株数 | 萌芽率 | 平均萌芽率 | 污染率 | 观察情况说明 |
|---|---|---|---|---|---|---|
| 初代培养 | | | | | | |

表 5-3-3　‘阳光玫瑰’葡萄继代培养记录表

小组：　　　　　　　　　　　　　　　　　　　　　　　　　　日期：

| 项目 | 接种时间 | 接种株数 | 增殖系数 | 平均增殖系数 | 观察情况说明 |
|---|---|---|---|---|---|
| 继代培养 | | | | | |

表 5-3-4　‘阳光玫瑰’葡萄生根培养记录表

小组：　　　　　　　　　　　　　　　　　　　　　　　　　　日期：

| 项目 | 接种时间 | 接种株树 | 生根株数 | 生根率 | 平均根数 | 平均根长 | 观察情况说明 |
|---|---|---|---|---|---|---|---|
| 生根培养 | | | | | | | |

## 三、学生实操

学生集中观看教师外植体接种操作或者外植体接种视频，记录环节流程、操作技法与注意事项。每位学生一个工位，开始操作完成贴标签，标注组号。

实验完成后将所有使用过的器皿用具等清洗干净，擦干后放回原来的位置，关闭电源，放回原来的位置，将桌面擦干净，凳子摆放整齐。

## 四、课后管理

每 3 d 检查一次培养情况，组间互检接种效果及污染情况，讨论后做书面记录与改进方案。

## 五、讨论与评价

在初代培养、继代培养和生根培养接种后各组自检任务完成情况并记录(表 5-3-5)，并分析讨论操作存在的问题；教师抽检、点评，最后小组间互评实践成果。

表 5-3-5　‘阳光玫瑰’葡萄初代培养评分表

小组成员：　　　　　　　　　　　　　　　　　　　　　　　　日期：

| 序号 | 主要环节 | 考核内容 | 分值 | 自评 30% | 教师 70% | 总评 |
|---|---|---|---|---|---|---|
| 1 | 接种 | 是否处于无菌环境 | 10 | | | |
| | | 接种的规范操作 | 20 | | | |
| 2 | 计算 | 计算是否正确 | 20 | | | |
| 3 | 管理 | 是否按时观察和记录 | 20 | | | |
| 4 | 标签 | 是否贴标签 | 10 | | | |
| 5 | 团队配合 | 团队分工明确，操作过程井然有序 | 20 | | | |
| 6 | 综合得分 | | | | | |

注：继代培养与生根培养同上。

## 【任务小结】

- 外植体接种与培养
  - 初代培养
    - 葡萄组培初代培养基
      - MS+ 蔗糖 3%+ 琼脂 0.7%
      - $B_5$+BA 0.5~1 mg/L+IAA 0.1~0.3 mg/L+ 蔗糖 3%+ 琼脂 0.7%
    - 培养条件
      - 温度 25~28℃
      - 每天 16 h
      - 光照度 1 800 lx
  - 继代培养
    - 葡萄组培继代培养基 MS+0.4~0.6 mg/L BA+ 蔗糖 3%+ 琼脂 0.7%
    - 培养条件
      - 光照强度 2 000 lx
      - 温度 25~28 ℃，30~40 d
      - 每天 10 h
  - 生根培养
    - 葡萄组培生根培养基 1/2MS+0.1~0.3 mg/L NAA+ 蔗糖 3%+ 琼脂 0.7%
    - 培养条件

## 【问题探究】

1. 葡萄组培中增殖培养需注意哪些问题？
2. 简述葡萄组培不同培养阶段的培养条件。

课程思政：艾滋病病毒的危害

# 任务四　葡萄组培苗驯化、移栽

## 【学习目标】

### 知识目标

掌握葡萄组培苗驯化、移栽的方法。

掌握提高葡萄组培苗移栽成活率的技术要点。

### 能力目标

能够制定葡萄组培苗驯化、移栽工作规程。

能够针对生产实际动态调整技术规程。

### 素养目标

通过小组分工完成实验任务，培养学生自主学习和团队协作能力。

通过观察与记录移栽苗的生长状况，培养学生的责任意识。

## 【前导知识】

经组织培养获得的葡萄组培苗，能否大量用于生产，是否有效益，取决于最后一环节，即组培苗驯化移栽。这个过程主要包括从弱光变到强光、异养变成自养、无菌变成有菌、高湿转变为低湿、恒温变成变温的一系列过程，在这个过程中，环境发生了极大的变化。

葡萄组培苗在前期培养过程中，处于一个几乎封闭的恒温、高湿、弱光、无菌的环境中，营养均衡、条件舒适，导致其根、茎、叶在生理结构上，与外界条件下截然不同，从而给后期的移栽工作带来很大难度。

## 一、葡萄组培苗的特点

**1. 组培苗的根**

首先是根与疏导组织不通。有些组培苗的根是通过疏导组织形成的，其疏导系统与实生苗相比多了一个中间环节，所以水分、养分的运输能力比较差，而且这样的次生根容易从愈伤组织的连接处折断。其次是没有根毛或根毛很少，根系吸收能力极低，根吸收的水分难以满足蒸腾作用的需要，幼苗体内的水分难以达到平衡。

**2. 组织**

葡萄组培苗组织幼嫩、结构较松散、细胞含水率高、机械组织不发达，很容易发生机械损伤，而且对病虫害特别敏感，稍有不慎就会发生茎、叶，甚至整株腐烂。

**3. 叶片**

通过对不同作物叶片形态研究发现，在不同炼苗阶段的叶片其栅栏组织、维管束、角质和厚角组织有阶段性变化。组培苗在高湿、恒温、弱光和异养条件下，所分化和形成的叶片，叶表保护组织不发达或无保护组织，叶组织间隙大，气孔不能关闭，开口大，因而组培苗移栽后极易失水而干枯。

将不同炼苗阶段的葡萄组培苗置于相对湿度 43％的环境中来观察叶片萎蔫情况。根据表 5-4-1，未经炼苗的组培苗叶片，在 20 min 后即发生萎蔫，而处于不同炼苗阶段的光培苗、沙培苗和温室苗分别于 1.5 h、8 h 和 15 h 发生萎蔫。

**表 5-4-1　RH43％环境下不同炼苗阶段葡萄组培苗萎蔫时间**

| 组培苗 | 光培苗 | 沙培苗 | 温室苗 |
|---|---|---|---|
| 20 min | 1.5 h | 8 h | 15 h |

这反映出组培苗在驯化过程中，它的叶片保护组织在不断地增强。另外，葡萄组培苗的叶片光合作用能力也极低。

## 二、葡萄组培苗的驯化、移栽

视频 36：葡萄组培苗的驯化、移栽

为了提高组培苗移栽成活率，须采取一定措施，让组培苗有一个逐渐适应的过程，使幼苗能够安全过渡。无论哪种植物组培苗，要想顺利移栽，首先要加强移栽前的驯化（炼苗）工作；其次要选择适宜的过渡基质进行合理配比；最后要根据当地气候条件和生产需要选择

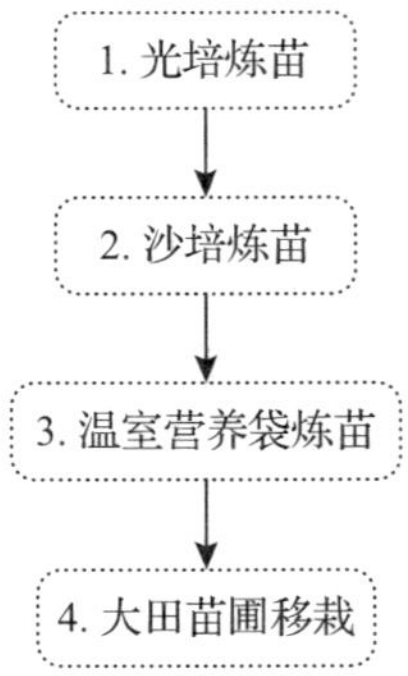


**图 5-4-1 葡萄组培苗驯化移栽(炼苗)四个阶段**

适宜的移栽时期。

葡萄组培苗驯化、移栽(炼苗)可分为以下 4 个阶段(图 5-4-1):

## (一)第一阶段光培炼苗

培养室培养的组培苗生长到达瓶口,有 3～4 枚正常叶片,根系生长良好,这时连同培养瓶转入温室或大棚内,逐步去掉瓶塞,在 2 万～4 万 lx 的自然光下炼苗 5～7 d,当瓶口长出油亮的叶片,幼茎变淡红色即可出瓶。

## (二)第二阶段沙培炼苗

准备好铺有电热线并能调节温度的沙床,沙床以 5 cm 间距布置电热线,其上铺垫 2 cm 的土,压平,再铺 8～10 cm 的干净细河沙,使床温维持在 25 ℃左右。喷雾器加水喷雾至“手捏成团,松手即散”时为宜。

在清晨或傍晚,将葡萄苗用镊子从培养瓶内轻轻取出,避免伤根伤苗。用清水洗掉根上附着的培养基,洗苗时一只手轻轻捏住苗的根茎上部,另一只手轻揉苗根,将附着在根上的琼脂和松散的愈伤组织清理掉。用消过毒的剪刀适当剪去过长的根,将苗放在干净的地方待栽。移栽至沙床时将葡萄组培苗的根系平展地置于事先做好的栽植沟内,使根茎部与苗床平齐,轻轻按压使细沙与根系充分接触。栽植株距 3～4 cm,行距 8～10 cm,每平方米栽 400～500 株苗。

栽入沙床后,盖好小拱棚,防止组培苗叶片水分散失,最初的 3 d,棚内温度保持在 25 ℃左右,最高不超过 30 ℃,最低不低于 20 ℃;相对湿度保持在 80%～95%;光照 7 000 至 10 万 lx。在中午强光时段可用遮阳网进行遮挡,达到逐渐增加光照的目的。经 6～7 d,拆除临时小拱棚。全部小拱棚撤除薄膜后视情况浇水,并随水施 1 次 0.5%的复合肥水。

通过控温、调湿、调光的过程,让组培苗逐渐适应,在几乎接近自然环境的条件下,能正常生长,新生叶取代老叶发挥功能叶的作用,根系逐渐产生根毛,恢复水分和营养吸收功能,转入自养阶段。

## (三)第三阶段温室营养袋炼苗

沙培苗应在沙床上培养 15 d 以上,当株高达到 5 cm 以上,有 2～3 片健康的功能叶,并有新根发生时,即可移入温室营养袋炼苗。小心挖出经沙培后的合格苗,在空气湿度不低于 70%,温度 20～25 ℃,无直射光条件下,栽入土、沙、腐熟有机肥 1∶1∶0.2 的营养袋中。最初几天对温、光、湿的管理与沙培苗相同。

## (四)第四阶段大田苗圃移栽

考虑到幼苗只有在 8 月初以前定植到大田,枝条才能成熟越冬,因此组培苗外移时期一般以 4—6 月为好。在其他时期可进行试管苗幼苗的继代繁殖。

为使幼苗适应温室外的自然条件,保证外移成活率。需要将营养袋苗移栽至大田苗圃。选择疏松肥沃、排灌水方便,距温室较近且日照良好的地块作苗圃,将营养袋苗移栽至苗圃即可。需要注意营养袋应摆放紧密,整齐平整。小苗有 3 个月的生长期,需及时打掉副梢,促进枝芽老化成熟，达到合格优质苗的标准。葡萄组培苗和其他组培苗一样较难移栽，主要原因在于其根系没有明显的根毛或根毛很少，因此在移栽后很难吸收基质中的养分以供植株需要；又由于叶片气孔开口过大且无关闭功能，极易散失水分而导致死亡。通过过渡基质的培养和逐步降低湿度、增加光照这样一个驯化过程，能够使葡萄组培苗的根系和叶片逐渐恢复到自然状态下，并且功能增强。在驯化过程中，需要抓住有利的自然条件适时移栽，做到精心管理，温和过渡，才能有效地提高其移栽成活率。

## 三、提高试管苗移栽成活率的措施

### （一）提高试管苗质量

试管苗驯化、移栽之后的成活率以及植株后期的生长状况与试管苗的生长发育质量有着密切的关系。$CO_2$ 是植物光合作用的主要的碳素来源，传统组培容器装置不利于培养瓶内的气体与外界环境的气体进行交换，使得光照期间培养瓶内氧气含量增多，$CO_2$ 含量减少，导致试管苗光合作用能力下降，影响了植物体的正常生长发育。因此，培养箱内 $CO_2$ 浓度的增加会提高试管苗的光合作用能力。有研究发现，培养箱内增施高浓度的 $CO_2$，并且在培养基中不加蔗糖对甘薯、葡萄、梨等植物的愈伤组织以及试管苗的生长发育具有显著的促进作用，有利于试管苗的壮苗。石戈等研究发现，增施高浓度的 $CO_2$ 会促进‘苹博一号’试管苗的生长，并且高浓度的 $CO_2$ 培养对大花蕙兰试管苗的生长也具有十分显著的促进作用；有前人对温室内所生长的黄瓜幼苗进行研究表明，增施 $CO_2$ 有利于其幼苗长势的增强，从而可以提高植株的抗病虫害能力。由于试管苗长期生长在培养箱内，其生长条件优渥，使其叶片不发达，具体表现为：机械组织与栅栏组织发育不完善、疏导组织不发达，而通气组织发达等特点，叶片发白，叶色不够浓绿，并且试管苗生长势较弱，光合作用速率较低。有研究发现，增施高浓度的 $CO_2$ 会促进试管苗根系（主要是侧根以及根毛）的发育；因此，在试管苗培养期间向培养箱内增施 $CO_2$ 有利于试管苗对水分及无机盐的吸收和运输，促进试管苗组织发育，从而提高试管苗驯化移栽的成活率。

### （二）驯化、移栽条件的优化

试管苗移栽后，幼苗生长的基质对移栽后幼苗的成活率高低起着异常重要的作用。如果选择基质配方不当会造成幼苗营养缺乏、烂根、徒长、杂草丛生、长青苔、脱水后结块结痂等问题；优质基质遴选的根本规则是基质具有良好的保水性、透气性、保肥性以及品质稳定的特性。此外，对不同种类的植物幼苗进行驯化移栽，其对基质的要求也是不完全一致的。刘彩霞等对酸枣试管苗的移栽试验中发现，适宜酸枣移栽的基质配比为珍珠岩：土＝1：1。徐礼庆等研究发现，彩叶草试管苗移栽的最适宜的基质配比为草炭：珍珠岩＝1：1，在这样的基质配比条件下，酸枣和彩叶草的移栽成活率大幅度上升。

此外，刚移栽的试管苗其叶片和茎段的生长都是比较嫩绿的，在不适宜的环境条件（外界环境温度过高或者过低）下生长时，植株较容易失水，根系吸收水分和无机盐的能力也比较弱，植株的成活率较低；所以移栽定植后的试管苗在一段时间内必须要进行遮阴处理，以防过强的光照和过高的温度使得幼苗失绿、失水萎蔫、等到幼苗慢慢地适应了外界环境条件之后，需要对幼苗进行缓慢地补光、通风，以促进幼苗的光合作用，提高光自养能力。

# 工作任务　葡萄组培苗驯化、移栽

## 【任务描述】

各小组以‘阳光玫瑰’葡萄组培苗为实验材料，对脱毒的试管苗进行了炼苗处理试验，试验采取未经过炼苗、实验室炼苗和光培炼苗 3 种处理方式，然后移栽在同一种移栽基质中，在同样的环境条件下，计算对移栽成活率的影响。

## 【任务实施】

学生分 2 大组完成任务，每小组 2 人。一组完成实验室炼苗，第二组完成光炼苗。

### 一、准备所需试剂及设备用品。

‘阳光玫瑰’葡萄组培苗、移栽工具、烧杯、细沙、蛭石、草炭土、土、手推车、剪刀、镊子、工作服、记号笔。

(1)组培苗准备：试管苗有 5～6 片浓绿的叶片和粗壮的根系时进行移栽，移栽成活率可大大提高。

(2)移栽基质消毒：用福尔马林对蛭石、草炭土、土基质消毒。

(3)基质的混配：蛭石∶土草∶炭土＝2∶3∶5。

### 二、教师演示

以‘阳光玫瑰’葡萄组培组培苗为实验材料。

(1)实验室炼苗：先将封口膜松开，但不要揭去，湿度保持在 80％～90％，逐渐适应室内环境。1 周后，叶片已渐渐顶开封口膜，这时就可以揭去封口膜，湿度保持在 70％～80％，再培养 1 周后茎叶发亮，就可以出瓶移栽。

(2)光培炼苗：把培养室的试管苗转移到温室。温室内要做到无菌，自然光下炼苗 3～4 d，如果阳光过于猛烈，还需用 50％遮阳网遮阳，以免晒伤苗，然后去掉封口膜炼苗，湿度保持在 100％～120％，注意遮阴，温度控制在 25 ℃左右，不要超过 30 ℃；1 周后，湿度控制在 80％～90％，增加光照，不要晒伤叶片；再 1 周后，湿度控制在 60％～70％，当幼苗伸出瓶口、叶片发亮、幼茎呈淡红色时即可出瓶移栽。

(3)基质移栽：将培养瓶内的苗轻轻倒出，洗去根上的附着培养基，按照株距 4 cm、行距 8 cm 栽入基质，每平方米大约栽 400 苗，并浇足定根水。移栽后，第 1～2 周要保持相对湿度 100％以上，避免强光直射，进行遮阴，第 3 周保持相对湿度在 80％以上，以后逐渐揭去遮盖物，增加光照。棚内温度控制在 25 ℃左右，最高不超过 30 ℃。生长期间要加强肥水管理，待苗长至 40 cm 高时，打顶去副梢，促进枝芽老化成熟。

填写表 5-4-2‘阳光玫瑰’葡萄组培苗驯化、移栽记录表。

表 5-4-2　'阳光玫瑰'葡萄组培苗驯化、移栽记录表

小组成员：　　　　　　　　　　　　　　　　　　　　日期：

| 项目 | 温度 | 湿度 | 出瓶移栽时间 | 出瓶移栽时生长状况 | 基质比例 | 移栽后环境条件 | 存活率 | 备注 |
|---|---|---|---|---|---|---|---|---|
| 实验室炼苗 | | | | | — | — | — | |
| 光培炼苗 | | | | | — | — | — | |
| 基质移栽 | — | — | — | — | | | | |

## 三、学生实操

学生集中观看教师示范流程，记录环节流程、操作技法与注意事项。完成后标注组号。实验完成后将所有使用过的器皿用具等清洗干净，擦干后放回原来的位置，清理大棚卫生。

## 四、课后管理

3 d检查一次培养情况，组间互检移栽成活情况，讨论后做书面记录与改进方案。

## 五、讨论与评价

各组自检任务完成情况并记录（表 5-4-3），分析讨论操作中存在的问题；教师抽检、点评，最后小组间互评实践成果。

表 5-4-3　'阳光玫瑰'葡萄组培苗驯化、移栽评分表

小组成员：　　　　　　　　　　　　　　　　　　　　日期：

| 序号 | 主要环节 | 考核内容 | 分值 | 自评(30%) | 教师(70%) | 总评 |
|---|---|---|---|---|---|---|
| 1 | 基质混配 | 比例是否正确 | 10 | | | |
| 2 | 炼苗管理 | 是否按时观察和记录 | 20 | | | |
| 3 | 移栽 | 移栽流程 | 20 | | | |
| | | 移栽管理 | 20 | | | |
| | | 移栽成活率 | 20 | | | |
| 4 | 标签 | 是否贴标签 | 5 | | | |
| 5 | 团队配合 | 团队分工明确，操作过程井然有序 | 5 | | | |
| 6 | 综合得分 | | | | | |

## 【任务小结】

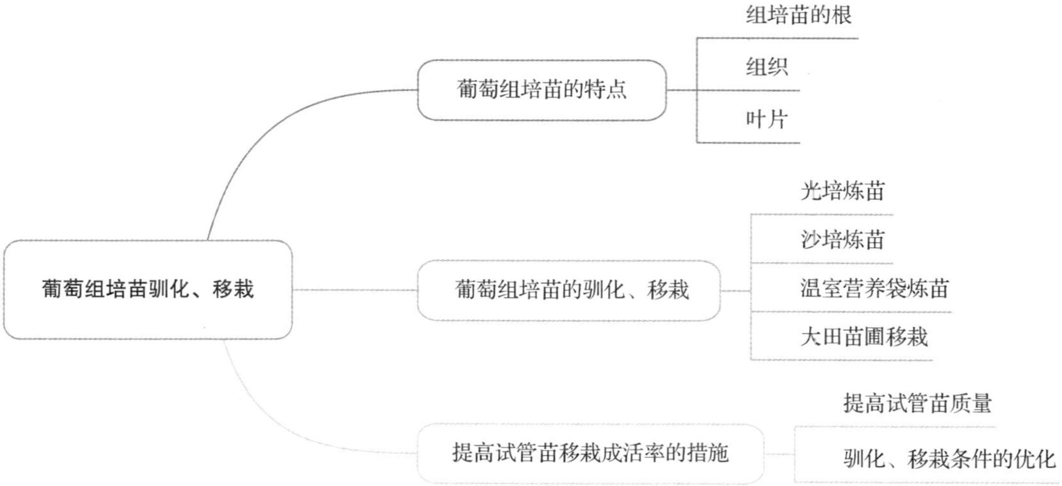


## 【问题探究】

1. 如何提高试管苗移栽的成活率？
2. 简述葡萄组培苗驯化、移栽过程。

课程思政:"工匠精神"与外植体的接种与培养

## 【拓展知识】

### 一、如何提高试管苗移栽的成活率

(1)试管苗的生理状况,应选择壮苗,以提高移栽后的成活率。
(2)加入植物生长调节物质,如生长素。
(3)降低无机盐的浓度。
(4)加入少量活性炭,尤其是用酸、碱和有机溶剂洗过的活性炭。
(5)环境因子,适当的环境条件能提高移栽的成活率。
(6)移栽过程中让试管苗从无菌向有菌逐渐过渡。

### 二、影响试管苗移栽成活的因素

试管苗长期的生长环境使其具有较高的蒸腾速率、较低的光合速率,并且伴随有根系不发达,侧根以及根毛较少等特性,这种性状往往使得试管苗根系和维管束的吸收以及运输水分和无机盐的能力比较弱;并且试管苗的叶片幼嫩,叶片表面的角质层或者蜡质层不发达,若是将其移至外界环境,将会导致植株蒸腾作用增强,植株失水速度较快,植株萎蔫。然而将培养箱中优良的生态环境进行适当的改变,使得试管苗生长在更适宜其壮苗的环境中,其植株的特性也会随之改变,随之也会提高试管苗在驯化移栽期间的成活率。对于健壮试管苗的基本要求为:叶片较厚、颜色为墨绿色并且其叶背有绒毛,茎段和根系发育较为粗壮,茎秆颜色较深，根系多侧根和根毛，根与茎段的维管束相通，根系所吸收的水分和无机盐等营养物质才会向上运输至试管苗的地上部分，促进地上部分的生长，保证植株在试管苗生长期间发育较为健壮，只有试管苗较为健壮，其在驯化、移栽期间的成活率才会提高。所以在培养试管苗期间要同时要兼顾根系发育的质量以及茎段和叶片的发育，这样才会有利于提高试管苗在驯化、移栽过程中的成活率。

试管苗驯化、移栽过程中所生活的外界环境条件将对移栽定植试管苗的成活率的显著的提高或者降低均有密切的关系，掌握试管苗由异养向自养逐步过渡原则，这是提高试管苗移栽成活率的主要方法。三角瓶内与驯化、移栽的外界环境条件相接近的情况下，驯化、移栽后试管苗才会比较容易成活，其中光照强度、温度以及湿度等条件是在试管苗驯化、移栽过程中尤为重要的外界环境因子。

## 三、驯化移栽的环境条件

试管苗在移栽后，一般都是由叶片进行光合作用以合成的葡萄糖（进一步形成淀粉）等有机物来维持试管苗其自身的正常生命活动。但是，若将移栽后的幼苗长期置于光照过强的环境中，会导致试管苗叶片发白失绿，蒸腾作用速率过快，植株叶片的气孔长期关闭，进而导致幼苗的光合作用速率降低，对于植物叶片光合产物的积累不利，从而使得移栽后的试管苗其成活率降低。

试管苗在驯化、移栽期间，外界环境的温度必须要保持在一定的范围，若是外界环境中的温度过高或过低都会导致移栽后的试管苗其死亡率大幅度上升。这是由于外界环境的温度过高或者过低都会直接影响与植物的光合作用相关的酶活性，温度过高会使得幼苗体内参与代谢相关的酶的活性降低，若是外界环境的温度过低，会抑制植株体内参与代谢相关酶的活性，所以无论外界环境中温度过高或者过低都不利于试管苗的成活和其正常的生长发育。并且有研究发现，移栽后试管苗生长环境的温度略低于试管苗所定植的基质的温度，有利于移栽试管苗的生根，并且可以提高其幼苗的成活率。研究发现，由于试管苗对生长环境要求的特殊性，试管苗在驯化、移栽期间对空气的湿度要求比较严格，若是外界环境的湿度没有达到幼苗生长的要求，则植株会很容易失水萎蔫，最终导致移栽后试管苗的死亡率升高；有研究发现，红枣以及河北杨在移栽后的一段时间内保持其所需要的湿度，它们的成活率会高达 90%左右。

# 任务五　葡萄组培中常见问题及解决方法

## 【学习目标】

### 知识目标

掌握配制培养基时遇到的问题及对策。

了解植物组培中出现的褐变苗、玻璃化苗。

掌握植物组培污染及对策。

### 能力目标

能够识别组培过程中出现的常见问题。

能够解决组培苗所遇到的现象。

### 素养目标

通过学习葡萄组培苗生长阶段常见问题，培养学生理论联系实际的科学思维。

通过实验发现异常苗，培养学生实事求是、发现问题、解决问题的能力。

视频 37：葡萄组培中常见问题及解决方法

## 【前导知识】

## 一、配制培养基时遇到的问题及对策

配制培养基时遇到的问题及对策见表 5-5-1。

**表 5-5-1 配制培养基时遇到的问题及对策**

| 编号 | 常见问题 | 原因 | 改进措施 |
|---|---|---|---|
| 1 | 大量元素配制时出现沉淀物 | 大量元素母液中，某些无机成分如 $Ca^{2+}$、$Mg^{2+}$、$SO_4^{2-}$ 和 $HSO_4^-$ 等离子在一起易生成沉淀 | ①选用纯度高的药品。②用重蒸水溶解。③操作时按顺序倒入烧杯中，用玻璃棒搅拌，在第一种化合物完全溶解后再加入第二种，直至最后一种。要特别注意将 $Ca^{2+}$、$Mg^{2+}$、$SO_4^{2-}$ 和 $HSO_4^-$ 等离子错开混合 |
| 2 | 有机母液如维生素类在低温保存中易受真菌污染 | 维生素类营养丰富，有利于菌类繁殖 | 配置时用无菌水溶解，用无菌棕色瓶装置，尽量缩短贮藏时间 |
| 3 | 刚刚制好的铁盐溶液放置冰箱后出现结晶 | 配制时加热搅拌时间过短，硫酸亚铁($FeSO_4$)与乙二胺四乙酸钠($Na_2$-EDTA)螯合不彻底，此时将其冷藏，硫酸亚铁($FeSO_4$)便会析出结晶 | ①两种物质应分别加热溶解再混合，倒入棕色磨口瓶中。②先放在室温下一段时间令其充分反应，再转入冰箱中保存 |

## 二、污染问题及对策

葡萄组培中出现的污染问题及对策见表 5-5-2。

**表 5-5-2 葡萄组培中出现的污染问题及对策**

<table>
<tr><th>编号</th><th>常见问题</th><th>原因</th><th>改进措施</th></tr>
<tr><td>1</td><td>接种前培养基出现污染(1)培养基表面污染</td><td>空气环境不干净，瓶口密封不严，而产生由真菌引起的污染</td><td rowspan="2">①保持室内洁净；<br>②严格检查瓶口是否封好；<br>③杜绝使用污染了的母液；<br>④严格遵守高压蒸汽灭菌程序；<br>⑤保证灭菌时间</td></tr>
<tr><td>2</td><td>接种前培养基出现污染(2)培养基内部污染</td><td>贮藏的母液受到了污染，培养瓶不洁净，灭菌不彻底等因素造成</td></tr>
</table>

续表 5-5-2

| 编号 | 常见问题 | 原因 | 改进措施 |
| --- | --- | --- | --- |
| 3 | 接种后外植体污染 | 外植体消毒不彻底 | 先用清水漂洗干净，再用流水洗 30 min 以上。进入无菌室，在 70%酒精中浸泡数秒，用 0.1%升汞溶液浸泡 8～10 min，再用无菌水冲洗 3～4 次，然后用无菌纸或无菌纱布吸干水后再接种 |
| 4 | 接种后培养基大面积污染 | 接种室不洁净、接种针带菌、操作人员手消毒未彻底、操作工作台气体不流畅、操作人员的呼吸等因素造成 | ①在接种前对接种室全面灭菌，打开紫外线灯 20～30 min 及超净工作台开启 15～20 min 再使用；<br>②工作人员进入接种室后应穿上灭过菌的工作服；<br>③操作时常用 75%的酒精棉擦洗手；<br>④接种工具严格灭菌，且接种时使用 1 次灭菌 1 次 |

## 三、离体培养过程中常出现的问题及对策

离体培养过程中常出现的问题及对策见表 5-5-3。

**表 5-5-3　离体培养过程中常出现的问题及对策**

| 编号 | 常见问题 | 原因 | 改进措施 |
| --- | --- | --- | --- |
| 1 | 培养物干枯死亡 | ①外植体灭菌过度：若外植体太小、太嫩，灭菌剂的用量过大或时间太长，会使材料受损严重，导致死亡。<br>②污染：受真菌或细菌浸染并大量繁殖，会导致培养物死亡。<br>③培养环境条件恶化：温度过高、透气不良、培养物过于密集、久不转移、有害气体积累等因素都会使培养的植物材料死亡 | 选用比较温和的灭菌剂，降低药剂浓度，减少消毒时间，选用其他部位，最好在生长季节取材。注意环境及个人卫生，严格按规程操作。改善培养环境，及时转移和分瓶，加强组培苗的过渡管理 |
| 2 | 褐化 | 受外植体种类、消毒的时间、培养基及培养条件、温度、光照等诸多因素影响 | 1. 选择适宜的外植体<br>①不同时期的外植体在培养中褐变的程度不同，成龄植株比实生幼苗老化程度高，其木质素的含量也就越高，越容易发生褐变。<br>②不同年龄夏季取材比冬季及早春和秋季取材更易褐化。冬季材料大都进入休眠阶段，不易生长，因而最好在早春和秋季取材 |
| | | | 2. 严格控制消毒的时间<br>①在外植体的消毒过程中，酒精虽然效果好，但渗透性强，易对材料造成伤害。<br>②升汞对外植体伤害轻，且消毒时间越长，效果越好，但褐化严重 |

续表 5-5-3

| 编号 | 常见问题 | 原因 | 改进措施 |
| --- | --- | --- | --- |
| | 褐化 | 受外植体种类、消毒的时间、培养基及培养条件、温度、光照等诸多因素影响 | 3. 适宜的培养条件<br>①培养温度不能过高。<br>②在采取外植体前，如果将材料和母株枝条进行遮光处理，然后再切取外植体培养，能够有效地抑制褐化的发生 |
| 3 | 玻璃化 | 受温度、湿度、培养基的硬度、培养基的成分、光照时间等方面影响 | ①降低培养基的水位；<br>②减少培养基中含氮化合物的含量；<br>③增加光照强度；<br>④调整培养基温度；<br>⑤降低培养基中细胞分裂素的浓度；<br>⑥提高培养基硬度可减少玻璃化的发生率 |

# 工作任务　葡萄组培过程中污染苗、褐变苗、玻璃化苗识别

## 【任务描述】

各小组能够识别组培过程中出现的污染苗、褐变苗、玻璃化苗，并找出发生上述现象的原因，并能够解决实际问题。

## 【任务实施】

### 一、操作前准备(表 5-5-4)

**表 5-5-4　实验分组和材料**

| 学生分组 | 实验材料 |
| --- | --- |
| 每小组 4 人 | 组培苗、放大镜、笔、纸等 |

### 二、教师演示

(1)做好进入培养室前的消毒、换工作服、换拖鞋等工作。

(2)进入组培苗培养室，在培养架上逐一检查，拣出全部异常苗。

(3)将所有发现异常的组培苗带到洗涤室或药品配制室，观察组培苗、培养基的情况(主要看组培苗是否茎叶透明、是否变褐、是否发霉等)。

(4)若有发现问题，但看不太清的，则借助放大镜进行仔细观察、判断。

### 三、学生实操

学生集中观看教师演示，记录环节流程、操作技法与注意事项。小组讨论、仔细观察分析有问题试管苗的特点，判断组培苗发生该现象的原因，制定预防措施，并将观察记录填写

在表 5-5-5 中，将观察图片与记录表上传学习平台。

**表 5-5-5　葡萄组培苗常见问题记录表**

组别：　　　　　　　　　　　　　　　　　　　　　　　　　　　　　　日期：

| 样品标号 | 问题 | 问题特征 | 预防措施 |
|---|---|---|---|
| | | | |

## 四、讨论与评价

各组自检任务完成情况并记录（表 5-5-6），并分析讨论存在的问题，教师抽检、点评，最后小组间互评实践成果。

**表 5-5-6　葡萄组培苗常见问题评分表**

组别：　　　　　　　　　　　　　　　　　　　　　　　　　　　　　　日期：

| 序号 | 主要环节 | 考核内容 | 分值 | 自评 30% | 教师 70% | 总评 |
|---|---|---|---|---|---|---|
| 1 | 消毒 | 是否采取穿实验服、套鞋套、戴帽子等无菌措施 | 20 | | | |
| 2 | 问题判断 | 葡萄组培苗常见问题判断是否正确 | 30 | | | |
| 3 | 措施 | 葡萄组培苗常见问题是否能给出解决方案 | 30 | | | |
| 4 | 团队配合 | 团队分工明确，操作过程井然有序 | 20 | | | |
| 5 | 综合得分 | | | | | |

## 【任务小结】

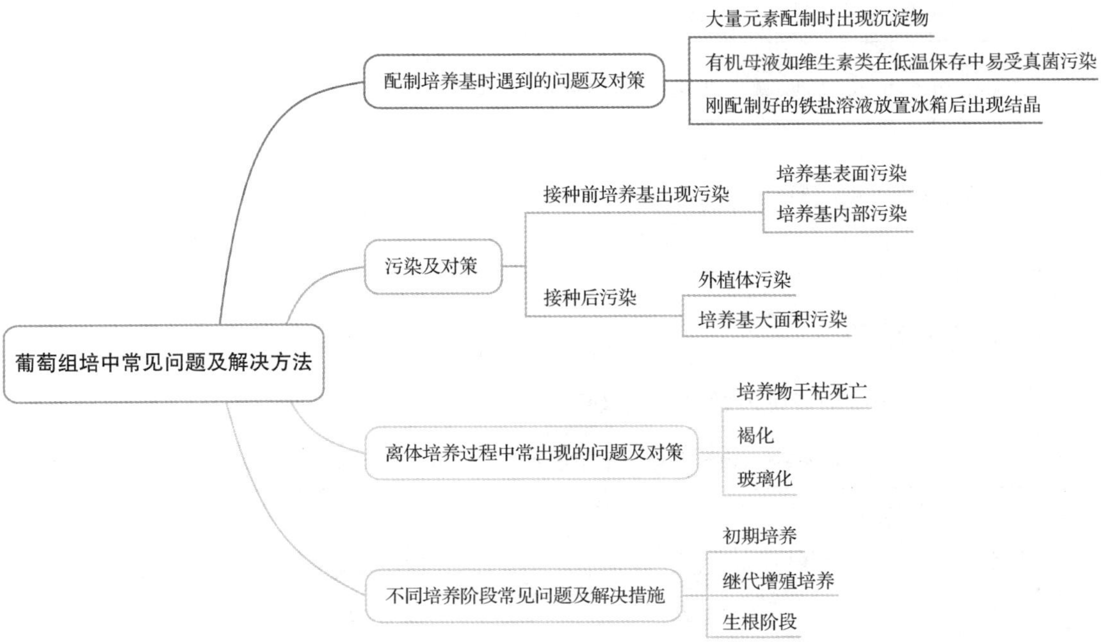

## 【问题探究】

1. 什么是玻璃化？葡萄组培过程中出现玻璃化问题如何解决？
2. 如何避免接种后培养基大面积污染问题？
3. 葡萄组培过程中出现幼苗生长无力，发黄落叶，死苗夹于丛生苗中，如何解决？

## 【拓展知识】

课程思政："主人翁意识"与组培苗驯化、移栽

葡萄组培苗不同培养阶段常见问题及解决措施

### 一、初期培养阶段

组培苗初期培养阶段常见问题及解决措施见表 5-5-7。

**表 5-5-7 组培苗初期培养阶段常见问题及解决措施**

| 编号 | 常见问题 | 可能原因 | 改进措施 |
| --- | --- | --- | --- |
| 1 | 培养物长期培养几乎无反应 | 基本培养基不适宜，生长素使用不当或用量不足，温度不适宜 | 更换基本培养基或调整培养基成分，尤其是调整盐离子浓度，增加生长素用量，试用 2,4-D，调整培养温度 |
| 2 | 培养物水浸状、变色、坏死、茎断面附近干枯 | 表面杀菌剂过量，消毒时间过长，外植体选用不当(部位或时期) | 调换其他杀菌剂或降低浓度，缩短消毒时间，在其他部位试用，生长初期取材 |
| 3 | 愈伤组织太紧密、平滑或突起，粗厚，生长缓慢 | 细胞分裂素用量过多，糖浓度过高，生长素使用过量 | 减少细胞分裂素用量，调整细胞分裂素与生长素比例，降低糖浓度 |
| 4 | 愈伤组织生长过旺、疏松，后期水浸状 | 激素过量，温度偏高，无机盐含量不当 | 减少激素用量，适当降低培养温度，调整无机盐(尤其是铵盐)含量，适当提高琼脂用量，增加培养基硬度 |
| 5 | 侧芽不萌发，皮层过于膨大，皮孔长出愈伤组织 | 枝条过嫩，生长素、细胞分裂素用量过多 | 减少激素用量，采用较老化的枝条 |

### 二、增殖培养阶段

组培苗继代增殖培养阶段常见问题及解决措施见表 5-5-8。

**表 5-5-8 组培苗继代增殖培养阶段常见问题及解决措施**

| 编号 | 常见问题 | 可能原因 | 改进措施 |
| --- | --- | --- | --- |
| 1 | 苗分化过多，生长慢，部分苗畸形，节间极度缩短，苗密集丛生微型化 | 细胞分裂素用量过多，温度不适宜 | 减少细胞分裂素用量或停用一段时间，调整培养温度 |

续表 5-5-8

| 编号 | 常见问题 | 可能原因 | 改进措施 |
|---|---|---|---|
| 2 | 苗分化数量少、生长慢、分枝少、个别苗细高 | 细胞分裂素用量不够、温度偏高、光照不足 | 增加细胞分裂素用量，适当降低温度，改善光照，改单芽继代培养为团块（丛生芽）继代培养 |
| 3 | 分化出苗较少，苗畸形，培养较久可能再次出现愈伤组织 | 生长素用量偏高，温度偏高 | 减少生长素用量，适当降温 |
| 4 | 再生苗的叶缘、叶面等处偶有不定芽分化出来 | 细胞分裂素用量偏高，或表明该种植物适于该种再生方式 | 适当减少细胞分裂素用量，或分阶段地利用这一再生方式 |
| 5 | 丛生苗过于细弱，不适于生根或移栽 | 细胞分裂素浓度过高或赤霉素使用不当，温度过高，光照短，光强不足，久不转移，生长空间窄 | 减少细胞分裂素用量，免用赤霉素，延长光照时间，增强光照，及时转接，降低接种密度，更换封瓶纸的种类 |
| 6 | 幼苗生长无力，发黄落叶，有黄叶、死苗夹于丛生苗中 | 瓶内气体状况恶化，pH 变化过大，久不转接导致糖已耗尽，营养元素亏缺失调，温度不适，激素配比不当 | 及时转接、降低接种密度，调整激素配比和营养元素浓度，改善瓶内气体状况，控制温度 |
| 7 | 幼苗淡绿，部分失绿 | 无机盐含量不足，pH 不适宜，铁、锰、镁等缺少或比例失调，光照、温度不适 | 针对营养元素亏缺情况调整培养基，调整 pH，调控温度、光照 |
| 8 | 叶粗厚、变脆 | 生长素用量偏高，兼有细胞分裂素用量偏高 | 减少激素用量，避免叶片接触培养基 |

## 三、生根培养阶段

组培苗生根阶段常见问题及解决措施见表 5-5-9。

**表 5-5-9　组培苗生根阶段常见问题及解决措施**

| 编号 | 常见问题 | 可能原因 | 改进措施 |
|---|---|---|---|
| 1 | 培养物久不生根，基部有伤口，没有适宜的愈伤组织生长 | 生长素种类不合适、用量不足；生根部位通气不好，pH 不合适，无机盐浓度不合适 | 更换使用的生长素种类和用量，适当降低无机盐浓度，改用滤纸桥生根 |
| 2 | 愈伤组织生长过快，过大，根部肿胀或畸形，几条根并联或愈合，苗发黄受抑制或死亡 | 生长素种类不合适，用量过大，或伴有细胞分裂素用量过高，生根诱导培养程序不对 | 调整生长素种类或几种生长素配合使用，降低使用浓度，附加维生素 $B_2$ 或 PG 等，改变生根培养程序 |

# 项目六　创新创业

## 任务一　种质保存

### 【学习目标】

**知识目标**

掌握种质资源长期保存和中短期保存的方法。

掌握超低温保存的基本流程。

**能力目标**

能够依据离体材料的特点，离体保存种质材料。

**情感目标**

具备优良的工作作风和严谨的科学态度，善于发现问题、解决问题。

具备开拓进取的创新精神。

### 【前导知识】

## 一、相关概念

**1. 种质**

种质是指决定生物的遗传性状，并将遗传信息从亲代传递给子代的遗传物质。种质资源包括动植物的个体、器官、组织、细胞甚至控制生物遗传性状的基因。

**2. 植物种质资源**

植物种质资源即为携带各种不同遗传物质的植物总称，又称遗传资源或品种资源，包括栽培、野生及人工创造的各种植物的品种或品系。

**3. 种质资源保存**

种质资源保存是指在天然或人工创造的适宜环境条件下，贮存植物种质，使其保持生命力与遗传性的技术。

## 二、种质资源保存方式

植物种质资源保存的方式有原生境保存和非原生境保存。原生境保存是指在原来的生态环境中，就地进行繁殖保存种质，如建立自然保护区或保护小区，甚至保护点等途径来保护作物及经济林木的野生近缘植物物种；非原生境保存是指种质保存于该植物原生态生长地以外的地方，包括异地保存（种质圃或植物园保存）、种质库（种子）保存、离体（试管）保存等。

种质资源离体保存是指对离体培养的小植株、器官、组织、细胞或原生质体等材料，采用限制、延缓或停止其生长的处理措施将其保存下来，在需要时可重新令其恢复生长，并再生植株的方法。

离体种质保存有以下优点：

①所占空间少，节省人力、物力和土地；

②有利于国际间的种质交流及濒危物种抢救和快繁；

③需要时，可以用离体培养方法快速、大量地繁殖；

④避免自然灾害引起的种质丢失。

## 三、种质资源的离体保存方法

### （一）常温限制生长保存

**1. 常温限制生长保存的概念**

正常条件下由于材料生长很快，需经常继代，增加了工作量及费用，不适合种质资源保存。通过提高渗透压、添加生长延缓剂或抑制剂、干燥、降低气压、改变光照条件等，限制培养物的生长，使转移继代的间隔时间延长以达到保存种质的方法。

**2. 常温限制生长保存的方法和原理**

（1）高渗保存法。利用培养基的高渗透压，减少离体培养物吸收养分和水分的量，减缓生理代谢过程，从而减缓生长速度，达到抑制离体培养材料生长的种质保存方法。高渗物质有甘露醇、蔗糖、PEG 等。高渗保存配合低温效果更明显。

如：在 6～10 ℃低温下，向培养基中加入 4%甘露醇，可保存马铃薯 1～2 年，存活率最高可达 90%以上。

（2）生长抑制剂保存法。在培养基中加入生长抑制剂以减缓培养材料的生长，达到长期保存种质材料的保存方法。常用的生长延缓剂有 ABA、青鲜素、CCC、多效唑、比久等。

（3）抑制生长的其他保存法。

低压保存法：降低培养材料周围气压，达到抑制生长的目的，分为低气压与低氧压两种，保存原理相似。

饥饿法：从培养基中减去 1～2 种营养元素，使植株缺乏相关营养而处于最小生长量。

干燥保存法：减少培养材料的含水量。

矿物油覆盖法：使培养材料与空气隔绝，延缓生长。

低光照培养：适当减弱光照强度，缩短光照时间，进而减缓试管苗生长。

## (二)低温保存

### 1. 低温保存的概念

用离体培养的方式在非冻结程度的低温下(一般为 1～9 ℃)保存种质的方法。

### 2. 低温保存的方法和原理

低温时植物生长速度受到抑制而减慢,老化程度延缓,因而延长了继代的时间间隔,从而达到保存种质的目的。

## (三)超低温保存

### 1. 超低温保存的概念

植物超低温种质保存是指将植物的离体材料包括茎尖(芽)、分生组织、胚胎、花粉、愈伤组织、悬浮细胞、原生质体等,经过一定的方法处理后在超低温(－196 ℃液氮)条件下进行保存的方法。

极端低温下,生活细胞内的物质代谢和生长活动几乎完全停止。因此,细胞、组织和器官在超低温保存过程中不会引起遗传性状的改变,也不会丢失形态发生的潜能。同时,由于超低温条件下,生物的代谢和衰老过程大大减慢,甚至完全停止,因此可以长期保存植物材料。

### 2. 超低温保存的原理

在液氮中离体种质几乎所有的细胞代谢活动、生长都停止,因而排除了遗传性状的变异,同时保存了细胞的活力和形态发生潜能。

低温冰冻过程中,细胞内水分结冰会直接破坏细胞结构。因此在冰冻过程中,通过避免或尽量减少其细胞内水分结冰而达到冰冻保存的目的。

### 3. 超低温保存的基本程序

植物材料(培养物)的选取→材料的预处理→降温冷冻及超低温保存→解冻:分快速解冻、慢速解冻→再培养→超低温保存后细胞或组织活力检测

(1)植物材料(培养物)的选取。植物细胞培养物的生理状态是决定冻后细胞成活率的重要因素。一般指数生长期和生长延滞后期的细胞抗冻力强,存活率高。

(2)植物材料(培养物)的预处理。预处理对于调整植物离体材料的生理状态非常有效。通过预处理的植物材料,减少了细胞内自由水的含量,使细胞能经受低温胁迫,减少或避免冷冻伤害,可大大提高材料的抗冻力。

预处理包括:增加培养基糖浓度、提高渗透压、减少细胞内自由水的含量,添加诱导抗寒力的物质或冰冻保护剂,如 0.3～1.0 mol/L 蔗糖、甘露醇、山梨醇等渗透调节剂,5%～10% DMSO 等冰冻保护剂。

(3)降温冷冻及超低温保存。常用方法有传统的降温冷冻方法(快速冷冻法、慢速冷冻法、两步冷冻法、逐级冷冻法)、玻璃化保存法、包埋脱水法超低温保存、包埋玻璃化法超低温保存。超低温保存程序见图 6-1-1。

(4)解冻。超低温保存效果与化冻速度有密切关系,不同的材料应采取不同的化冻方式。液泡小、含水量低的细胞(如茎尖分生组织),可采用快速化冻的方法。液泡大、含水量高的细胞采用慢速化冻法。生长季节中的材料,一般在 37～40 ℃水浴中慢速化冻比室温下

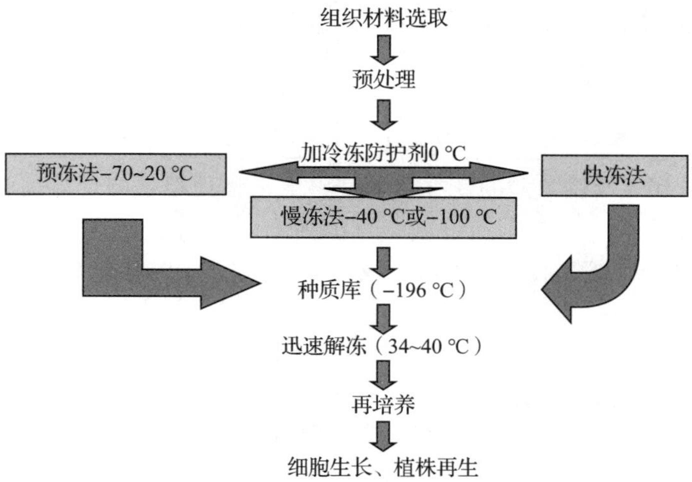


**图 6-1-1 超低温保存程序**

慢速化冻要好，而木本植物的冬芽，在超低温保存后，必须在 0 ℃下进行慢速化冻。玻璃化冻存的材料在保存终止后，要求快速化冻，以防止由于次生结冰对组织细胞造成的伤害。

(5)再培养。经冻存的材料会不可避免地受到不同程度的伤害。冻存的材料一般在黑暗或弱光下培养 1～2 周，再转入正常光下培养。再培养所用的培养基一般是与保存前的相同，但有时需将大量元素或琼脂含量减半，有时则在培养基中附加一定量的 PVP、水解酪蛋白等以利于生长的恢复。

# 工作任务 种质保存

## 【任务描述】

用限制生长离体试管苗保存技术保存马铃薯种质资源。

新建悬浮培养体系超低温保存技术。

## 【任务实施】

### 一、马铃薯限制生长离体试管苗保存技术

(1)获得马铃薯试管苗。

(2)将马铃薯试管苗分割，接种 MS 培养基，培养基中添加脱落酸和甘露醇，如欲增加保存时间，可以增加培养基用量。

(3)以塑料薄膜封闭试管口。

## 二、玉米新建悬浮培养体系超低温保存技术

(1)新建玉米悬浮培养体系。

种子消毒 → 剥离未成熟胚 → 愈伤组织诱导培养 → 悬浮培养

(2)经 3～4 d 用不含脯氨酸的新鲜培养基将上述预处理过的悬浮细胞洗净,重新悬浮培养于新鲜培养基中。

(3)将含有 20%脯氨酸的冷培养基分成 4 份,并在 1 h 内逐渐加入等量的冷细胞悬浮液中。

(4)将混合液在冰上保存 1 h 后,转移到灭过菌的聚丙烯安瓿瓶中,盖好螺帽(每两个安瓿瓶中用移液枪接入 1 mL 混合液)。

(5)用可控降温仪以 1 ℃/min 的速度将安瓿瓶冷却到−30 ℃,并停留 30～40 min 再投入到液氮冰箱中进行贮存。

(6)解冻时,从液氮冰箱中取出安瓿瓶,直接放到 40 ℃水浴锅中,停留 1～2 min。

(7)将混合液涂在琼脂平板培养基上进行重新培养。

(8)细胞生活力检查。

## 【任务小结】

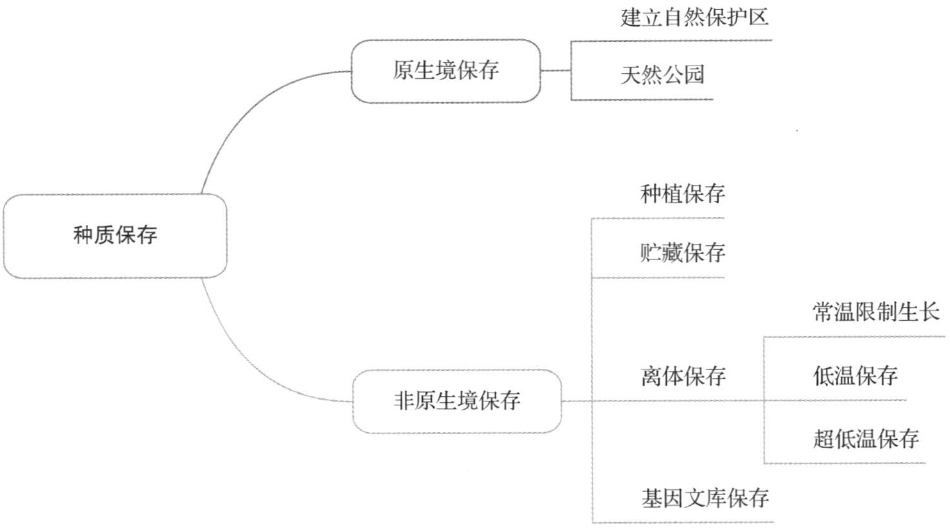


## 【拓展知识】

### 超低温冷冻保存为什么没有把细胞冻死?

**1. 细胞冰冻结冰保护性脱水理论**

常温下,细胞及其溶液处于渗透平衡的状态,当温度降到冰点以下时,首先是细胞外溶

液部分“冻结”出冰；胞外溶液的浓度升高，破坏了细胞内外溶液的平衡，水分由胞内通过细胞膜向外渗透，细胞收缩，细胞内浓度提高；当温度不断降低时，冻结和渗透过程不断进行，这种过程称为保护性脱水。

当复温时，温度升高，冻结的冰不断融化，水分由胞外向胞内渗透，使收缩的细胞膨胀，可能恢复原状。

精确控制上述过程，能使细胞在降温、复温、渗透过程中不被损伤而死亡。

课程思政：种质保存细胞分化的意义

**2. 溶液的玻璃化理论**

溶液在降温时，如果没有均一晶核或晶核生长缺乏足够的时间，就首先形成过冷溶液。继续降温，均一晶核形成。如果降温速度不够快，就形成尖锐的冰晶。降温速度足够快，均一晶核很少或几乎没有形成，或均一晶核生长缺乏足够的时间，溶液就进入无定型的玻璃化状态。它是一种透明的固态，与液态相比，分子没有发生重排，因此与晶态不同。被称为玻璃态，此时的温度叫玻璃化形成温度。在玻璃化形成过程中，既没有溶液效应对细胞的损伤，也没有冰晶的形成对细胞造成的机械伤害。

# 任务二　原生质体融合与体细胞杂交

## 【学习目标】

### 知识目标

理解原生质体的纯化的原因。

掌握原生质体的分离的常见方法。

掌握原生质体培养的方法与条件。

### 能力目标

能够灵活应用原生质体的分离的几种方法。

### 情感目标

通过原生质体的制备实验，培养学生在实验中养成系统化、规范化的思维意识和严谨的实验态度。

通过原生质体的制备实验，培养学生开拓进取的创新精神。

## 【前导知识】

原生质体是用特殊方法脱去植物细胞壁的、裸露的、有生活力的原生质团。就单个细胞而言，除了没有细胞壁，它具有活细胞的一切特征。通过大量的实验表明，没有细胞壁的原生质体仍然具有“全能性”，可以经过离体培养得到再生植株。目前已有 49 个科 160 个属的 360 多种植物经原生质体培养得到了再生植株。

## 一、材料来源和预处理

### （一）材料来源

供体材料是影响原生质体培养成功与否的关键因素之一，不但影响原生质体分离的效果，也影响原生质体的培养效果。一般来说根、茎、叶、花、果实、种子及愈伤细胞和悬浮细胞等都可作为分离原生质体的材料。目前较多采用叶片来分离原生质体，其叶肉组织是游离原生质体的一种良好材料，但分裂旺盛、再生能力强的愈伤组织或悬浮细胞，尤其是胚性愈伤组织或胚性悬浮细胞系是最理想的原生质体分离材料。

### （二）材料的预处理

为提高原生质体的产率和活性，逐步提高植物材料的渗透压，以适应培养基中的高渗环境，进行原生质体分离前要进行预处理，包括低温处理和等渗溶液处理。

## 二、原生质体的分离

### （一）机械法

步骤：使细胞质壁分离→切开细胞壁→获得原生质体。

其优点是能够排除外加酶对离体的原生质体的结构与代谢活性的有害影响。但原生质体的产量低，方法烦琐费力，因此没有得到广泛的应用。

### （二）酶法

**1. 确定酶的种类**

分离原生质体最常用的酶有纤维素酶、半纤维素酶和果胶酶。

**2. 分离方法**

酶分离法可分为一步法和两步法。

## 三、原生质体的纯化

纯化的原因：解离酶液中有原生质体、破碎细胞的细胞器等，也有未解离的组织或细胞，因此要进行纯化，获得纯净的原生质体。

方法：离心沉淀法、漂浮法、界面法。

## 四、原生质体的活力测定

原生质体的活力强弱是原生质培养成功与否的关键因素之一。了解分离提纯的原生质体的活力，对修正酶液的组合和原生质体培养至关重要。因此，在前期必须对原生质体的活力进行测定，主要的测定方法有以下几种：①目测法；②荧光素二乙酸法（FDA）；③酚藏花红染色法。

## 五、原生质体培养的方法与条件

### (一)原生质体培养方法

(1)液体浅层培养法:该方法使用液体培养基进行原生质体培养。

(2)固体平板培养法。

(3)液体-固体双层培养法:该种方法是原生质体培养方法中效果最好的,即在培养皿底部铺一层琼脂糖固体培养基,再将原生质体悬浮液滴于固体培养基表面。

(4)悬滴培养法。

(5)饲喂层培养法。

### (二)原生质体培养的条件

原生质体所用的基本培养基一般为 MS、$B_5$、$N_6$ 等,初期培养一般不需要光照,一般采用暗培养,温度一般为 27～29 ℃,因植物种类不同而有所差异,一般来说热带植物要求温度稍高,寒带植物要求温度稍低。

# 工作任务　马铃薯叶片原生质体快速制备

## 【任务描述】

各小组以马铃薯叶片为实验材料,通过用不同的 3 种方法处理叶片,获取原生质体后在显微镜下观察原生质体数目。

## 【任务实施】

学生分 2 大组完成任务,每小组 2 人。一组完成实验室炼苗,第二组完成光炼苗。

### 一、准备所需试剂及设备用品(表 6-2-1)

表 6-2-1　实验材料与试剂

| 试验材料 | 试剂 |
| --- | --- |
| 马铃薯完全展开的幼嫩叶片。 | 酶溶液:纤维素酶 R-10、离析酶 R-10,D-甘露醇 0.6 mol/L、氯化钙 0.5%、吗啉乙磺酸一水合物(MES)5.0 mmol/L,pH 5.8;W5 洗净液:$CaCl_2\cdot 2H_2O$ 125.0 mmol/L、NaCl 154.0 mmol/L、KCl 5.0 mmol/L、葡萄糖 5.0 mmol/L、MES 5.0 mmol/L,pH 5.8;25%蔗糖溶液 |

### 二、教师演示

**1. 叶片的处理**

称取完全展开的马铃薯叶片 0.5 g,采取 3 种处理方式。

(1)剪成细丝:用剪刀将叶片剪成 0.5～1 mm 宽的细丝后装入培养皿中备用(图 6-2-1a);

(2)撕去下表皮：截取一段透明胶布粘住马铃薯叶片上表皮后，轻轻拂拭使其粘牢，再截取一段透明胶布粘到马铃薯叶片下表皮后将下表皮撕下来，将叶片放进培养皿备用(图 6-2-1b)；

(3)撕去下表皮后剪成细丝：将马铃薯叶片用胶布撕去下表皮后剪成 0.5～1 mm 宽的细丝，装入培养皿中备用(图 6-2-1c)。

a. 叶片剪成细丝；　b. 叶片撕去下表皮；　c. 叶片撕去下表皮后剪成细丝

**图 6-2-1　马铃薯叶片的 3 种处理方式**

**2. 原生质体分离**

将处理的叶片装入培养皿中，加入 5 mL 酶溶液，封口后用铝箔纸遮光，恒温振荡(50 r/min)，培养箱中设置好适宜的酶解温度，显微观察酶解情况。纤维素酶 R-10 浓度 0.5%，离析酶 R-10 浓度 0.3%，酶解温度 28 ℃，酶解时间 8 h。重复 3 次。

**3. 原生质体的纯化**

用 200～400 目不锈钢网过滤去掉未酶解的组织。取 2 mL 25%蔗糖溶液加入 10 mL 离心管中，将过滤后的马铃薯原生质体-酶混合溶液沿离心管内壁缓慢加入，使之悬浮于蔗糖溶液之上，形成界面。使用低速离心机离心 10 min，收集界面上的原生质体。将盛有原生质体的离心管中加 W5 洗净液至 5 mL，为优化离心速度，以离心力 450×g、离心 5 min，弃掉上清液，洗涤 2 次。重复 3 次。

**4. 显微观察**

显微镜下观察制备的原生质体，血球计数板计数统计原生质体数目，取平均值。

## 三、学生实操完成任务

学生集中观看教师示范流程，记录环节流程、操作技法与注意事项。完成后标注组号。实验完成后将所有使用过的器皿用具等清洗干净，放回原来的位置。

## 四、讨论与评价

各组自检任务完成情况并记录(表 6-2-2)，并分析讨论操作中存在的问题；教师抽检、点评，最后小组间互评实践成果。

**表 6-2-2　马铃薯叶片原生质体快速制备评分表**

小组成员：　　　　　　　　　　　　　　　　　　　　　　日期：

| 序号 | 主要环节 | 考核内容 | 分值 | 自评(30%) | 教师(70%) | 总评 |
|---|---|---|---|---|---|---|
| 1 | 叶片的处理 | 天平的使用 | 10 | | | |
| 2 | 原生质体分离 | 操作规范度 | 20 | | | |
| 3 | 原生质体的纯化 | 操作规范度 | 20 | | | |
| 4 | 显微观察 | 显微镜的使用 | 10 | | | |
| 5 | 数据处理 | 计数准确度 | 20 | | | |
| 6 | 团队配合 | 团队分工明确，操作过程井然有序 | 20 | | | |
| 7 | 综合得分 | | | | | |

## 【任务小结】

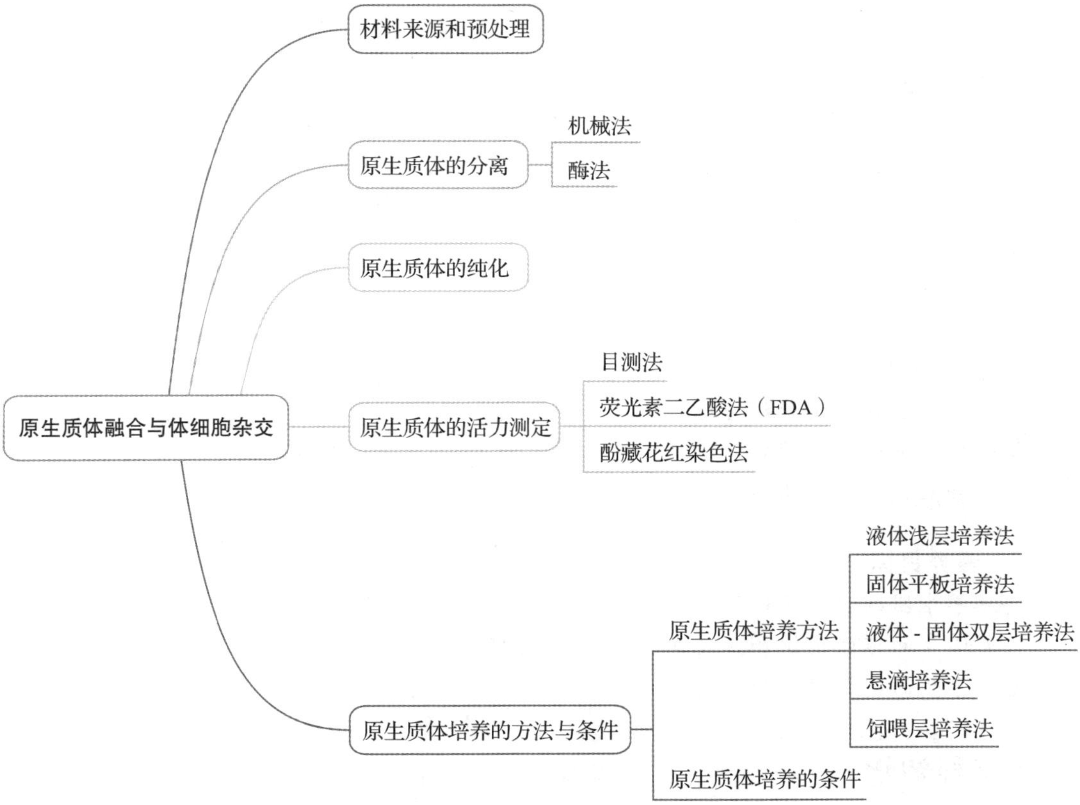


## 【问题探究】

1. 原生质体的培养方法有哪些？
2. 简述测定原生质体活力的方法。

课程思政：细胞融合　番茄马铃薯

## 【知识拓展】

### 植物原生质体融合

植物原生质体融合包括自发融合和诱发融合。

**1. 自发融合**

自发融合是在酶解细胞壁过程中，由于细胞间连丝的扩展和粘连，有些相邻的原生质体能彼此融合形成同核体，每个同核体包含 2～40 个核。

**2. 诱发融合**

由于质膜表面带负电性，原生质体间互相排斥，要采用一定的诱导方法，才能促进原生质体的融合。

# 任务三　创意组培

## 【学习目标】

**知识目标**

熟练掌握植物组织培养的基础知识。

掌握茎尖脱毒技术。

掌握植物组织培养的操作过程。

**能力目标**

能够优化植物快速繁殖的培养基。

能够独立进行植物的离体培养。

能够独立设计植物的培养基配方。

**素养目标**

培养学生团结协作的精神。

培养学生的环保意识和健康意识，树立保护环境的观念。

培养学生的创新精神和实践能力。

## 【前导知识】

## 一、微景观花房简介

### （一）微景观花房的概念

微景观花房是通过植物组织培养技术将具有观赏价值的植物微型化后，在无菌容器中采用艺术手法结合植物自然美进行造景，并配以颜色各异的培养基和配饰，最终构成的具有独特观赏价值的微型艺术景观。

### （二）微景观花房的特点

轻便易携带，无须打理，易养护。此外，花房处于无菌状态、透明度高，存活期长且观赏性高，还可随时在容器外驯化、移栽，其独特的造型，增加了观赏价值。

### （三）微景观花房的类型

（1）可随身携带的挂件或摆设。

（2）实用又美观的桌上景观。

## 二、微景观花房功能

**1. 生态功能**

植物作为微景观花房中主要的材料，可以清除室内空间中的废气和污染物，并释放出氧气，同时对于调节室内温度、湿度、噪声等都具有一定的作用。

**2. 装饰功能**

通过植物色彩、培养基调制以及造景方式，与室内空间工业化的装饰形式形成鲜明的对比，借助微景观花房增添室内空外的自然情趣，对室内绿化具有重要的装饰作用。

**3. 美学功能**

微景观花房是将自然与想象世界相结合的一种景观的微缩与再造，在有限的室内绿化空间中为人们营造了无限的美学空间，建构出虚实相间、独特精致的视觉空间。

**4. 心理功能**

微景观花房作为一种绿化空间中的载体，满足了人们对于生理和心理的双重要求，承载了人们精神和心灵休憩的个人空间。人们在观赏微景观的过程中，可以满足自己内心深处的渴望，从而获得现实世界难以获得的成就感。

## 三、微景观花房制作

**1. 观赏材料筛选**

微景观花房所使用的植物材料应具备体量不宜过大，植物的习性、光照、水分等需求不宜相差甚远，观赏价值高等特点。适宜的植物有岩生植物、多肉植物以及其他微缩版的植物。

**2. 容器选择**

兼具无菌、透明、透气，美观独特，可供观赏的特点。

**3. 培养基制备**

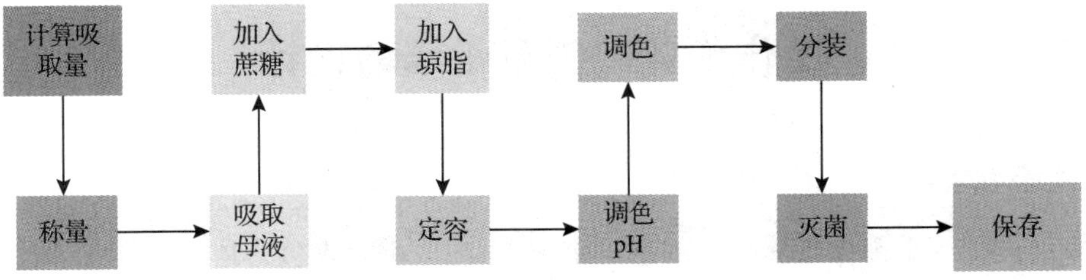

**4. 外植体选取**

选择适宜的外植体需要从植物基因型、外植体来源与选择部位、外植体大小、取材时期、外植体的生理状态和发育年龄等方面考虑。

**5. 外植体灭菌**

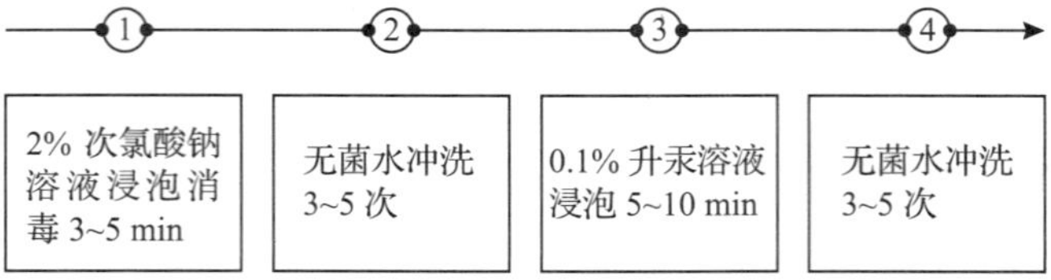


**6. 外植体接种**

**7. 包装销售**

将制作好的微景观花房进行包装设计,最后准备销售。

## 四、微景观花房常出现的问题及对策

### (一)问题

(1)植物种类单一,局限于某些低等草本植物,影响微景观花房造景多样性。

(2)种植的某类植物,如苔藓、蕨类等,要求高温、高湿的环境,易受到污染,不易养护,容易丧失观赏价值。

(3)由于低等草本植物生命周期短暂,致使微景观花房的观赏期通常只有一季或者一年。

### (二)对策

(1)要注意选择高低适宜、形态优美、颜色各异的植物作为材料,在造景时既可孤植又可与其他材料搭配,点缀景观色调,显示微景观花房的多样性。

(2)针对某类植物,如苔藓、蕨类等,提供适宜的栽培环境。

(3)为了避免植物材料生命周期短暂的缺点,可以采用多年生植物为主要造景植物,辅以多种科属材料为景观主体,延长微景观花房观赏周期。

微景观花房在我国花卉消费市场中已经显示出了非常大的潜力与实力。随着人们生活水平的提高和销售体系的完善,如果可以利用植物组织培养技术解决上述问题,微景观花房将能占领更多的市场份额,成为大型观赏植物的有益补充。

# 工作任务　创意组培的设计

## 【任务描述】

各小组设计一个固体培养基的创意组培配方,配方中要求包括培养基的基本组分,并将所需的营养物质的用量填写在表 6-3-1 中。要求操作流程规范、熟练、安全。

## 【任务实施】

### 一、操作前准备

学生分组完成任务，每组 4 人，准备所需仪器用具。

**表 6-3-1　所需仪器用具表**

| 药品 | 设备仪器 |
| --- | --- |
| 培养基母液、激素母液、琼脂、蔗糖、无菌水、75%酒精、0.1%升汞 | 植物材料、电子天平、超净工作台、电炉、移液管、搪瓷量杯、烧杯、量筒、定容瓶、电炉、酸度计或 pH 试纸、母液瓶、标签、冰箱等 |

### 二、教师演示操作

**1. 观赏材料筛选**

微景观花房所使用的植物材料体量不宜过大，搭配使用的植物生长习性应相近，观赏价值要高。

**2. 容器选择**

兼具无菌、透明、透气，美观独特，可供观赏的特点。

**3. 培养基制备**

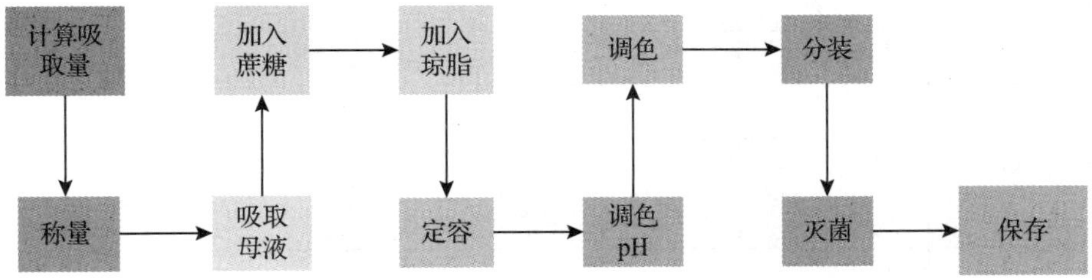


**4. 外植体选取**

选择适宜的外植体需要从植物基因型、外植体来源与选择部位、外植体大小、取材时期、外植体的生理状态和发育年龄等方面考虑。

**5. 外植体灭菌**

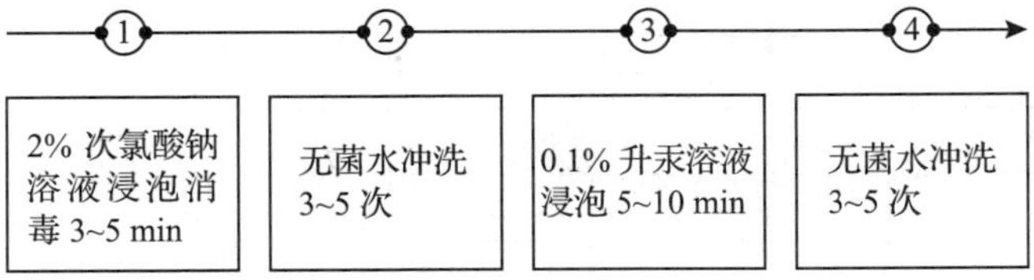


**6. 外植体接种**

**7. 包装销售**

将制作好的微景观花房进行包装设计，最后准备销售。

## 三、学生实操

学生按分组确定培养基配方，进行 MS 培养基的配制，注意分工明确，团队合作完成。培养基各种母液的成分和称取量见表 6-3-2。

**表 6-3-2　培养基各种母液的成分和称取量**

| 化合物名称 | 原配方量/mg | 扩大倍数 | 称取量/mg | 母液体积/mL | 配制 1 L 培养基应移取量/mL | 母液名称 |
|---|---|---|---|---|---|---|
| $NH_4NO_3$ | 1 650 | | | | 1L | 大量元素母液 |
| $KNO_3$ | 1 900 | | | | | |
| $CaCl_2 \cdot 2H_2O$ | 440 | | | | | |
| $MgSO_4 \cdot 7H_2O$ | 370 | | | | | |
| $KH_2PO_4$ | 170 | | | | | |
| $MnSO_4 \cdot H_2O$ | 22.3 | | | | 1L | 微量元素母液 |
| $ZnSO_4 \cdot 7H_2O$ | 8.6 | | | | | |
| $CoCl_2 \cdot 6H_2O$ | 0.025 | | | | | |
| $CuSO_4 \cdot 5H_2O$ | 0.02 | | | | | |
| $H_3BO_3$ | 6.2 | | | | | |
| $Na_2MoO_4 \cdot 2H_2O$ | 0.25 | | | | | |
| KI | 0.83 | | | | | |
| $FeSO_4 \cdot 7H_2O$ | 28.7 | | | | 1L | 铁盐母液 |
| $Na_2$-EDTA | 37.3 | | | | | |
| 烟酸 | 0.5 | | | | 1L | 有机物母液 |
| 盐酸吡哆醇（维生素 $B_6$） | 0.5 | | | | | |
| 盐酸硫胺素（维生素 $B_6$） | 0.1 | | | | | |
| 肌醇 | 100 | | | | | |
| 甘氨酸 | 2 | | | | | |
| NAA | | | | | 1L | 激素母液 |
| 6-BA | | | | | | |
| 2,4-D | | | | | | |
| IAA | | | | | | |
| 蔗糖 | | | | | | |
| 琼脂 | | | | | | |

## 四、注意事项

（1）由于 MS 培养基成分完全，适于许多植物的培养，因此选择培养基时，首先用 MS 培养基试用，合适就定为基本培养基，不合适再选择其他培养基配方。

（2）通常是细胞分裂素和生长素各浓度之间的配比组合。各激素的选择和浓度的配比要适合该培养基的用途。

（3）有时要根据培养基用途的不同考虑加入其他物质，如有机附加物、活性炭、抗坏血酸等。选择时要根据各物质的用途确定是否加入和加入的量。

## 五、讨论与评价

小组自检任务完成情况，并分析讨论存在的问题；教师抽检、点评，最后小组间互评实践成果（表 6-3-3）。

**表 6-3-3　MS 培养基母液配制评分表**

配制人：　　　　　　　　　　　　　　　　配制日期：

| 序号 | 主要环节 | 考核内容 | 分值 | 小组自评（30%） | 教师评价（70%） | 总评 |
|---|---|---|---|---|---|---|
| 1 | 计算 | 母液移取量与蔗糖、琼脂称取量计算正确 | 10 | | | |
| 2 | 称取蔗糖、琼脂 | 天平称量，操作规范、正确 | 4 | | | |
| 3 | 培养基熬制 | 培养基不糊锅，熬制好的培养基清澈透明 | 10 | | | |
| | 移取母液 | 母液移取操作规范、正确（移液管润洗，一次性移取，移液管与母液瓶一一对应，母液勿吸入吸耳球等） | 10 | | | |
| 4 | 定容 | 定容操作规范、迅速，平视溶液凹面与刻度线齐平 | 4 | | | |
| 5 | 调 pH | 培养基温度在 50～55 ℃范围内准确迅速检测 pH（5.8±0.2） | 10 | | | |
| | | 不要调过头，以免影响培养基内离子浓度 | 5 | | | |
| 6 | 分装 | 分装厚度 1～1.5 cm，不要溅到瓶口，以免引起污染 | 4 | | | |
| 7 | 封口 | 封口时培养瓶倾斜不超过 45° | 4 | | | |
| 8 | 标识与记录 | 注明培养基名称、配制时间等 | 4 | | | |

续表 6-3-3

| 序号 | 主要环节 | 考核内容 | 分值 | 小组自评（30％） | 教师评价（70％） | 总评 |
|---|---|---|---|---|---|---|
| 9 | 操作顺序 | 整个培养基配制过程按正确顺序进行，规范操作 | 20 | | | |
| 10 | 团队配合 | 团队出勤率，分工明确，操作过程井然有序，操作台卫生干净 | 15 | | | |
| 11 | 小组综合得分 | | | | | |

## 【任务小结】

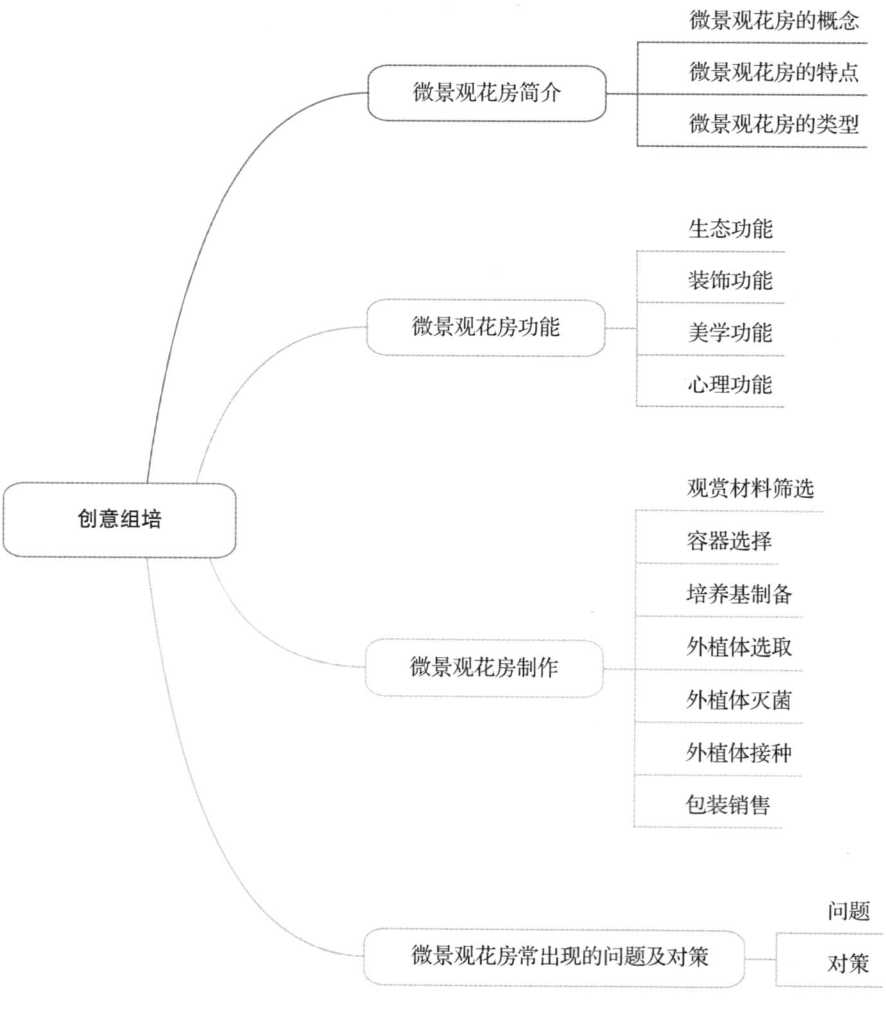

## 【问题探究】

1. 微景观花房为什么采用多年生植物为主要造景植物？
2. 查找资料，独立设计一个固体培养基的创意组培，探讨其优越性有哪些。

## 【拓展知识】

### 配制母液和培养基时需要注意的问题

**1. 储备母液**

使用储备的母液时，应在量取各种母液之前轻轻摇动盛放母液的瓶子，如果发现瓶中有沉淀、悬浮物或被微生物污染，应立即淘汰该母液，重新进行配制。

**2. 量取母液**

用量筒或移液管量取培养基母液之前，必须用所量取的母液将量筒或移液管冲洗 2 次；量取母液时，最好将各种母液按量取的顺序写在纸上，量取 1 种划掉 1 种，以免出错。

**3. 制备培养基**

在加热琼脂、制备培养基的过程中，操作者千万不能离开，否则沸腾的琼脂外溢，就需要重新称量、制备。此外，如果没有搪瓷量杯，可用大烧杯代替，但要注意大烧杯底的外表面不能沾水，否则加热时烧杯容易炸裂，使溶液外溢，造成烫伤。

**4. 调节 pH**

调 pH 时，用滴管吸取 0.1 mol/L 的 $NaOH$ 或 $HCl$，逐滴滴入溶化的培养液中，边滴边搅拌，并随时用 pH 试纸(5.4～7)测试培养液的 pH，一直到培养液的 pH 为 5.8 为止。

**5. 分装培养液**

培养液分装时，先将培养液倒入烧杯中，然后倒入锥形瓶或培养瓶中。注意不要让培养液黏附到瓶口和瓶壁上。培养瓶中培养液的量为锥形瓶容量的 1/5～1/4，每升培养液可分装 20～30 瓶，培养液分装完毕后，应及时封盖瓶口。

课程思政：创意组培

“叩诊法诞生”与创意组培

# 参考文献


[1] 吴玥琳,凌永胜,林金秀．马铃薯脱毒试管苗组织培养技术概述[J]．农业科技通讯,2017,(8):238-241.

[2] 卢娟．马铃薯脱毒快繁技术[J]．河南农业,2017,(14):23-24.

[3] 秦晓萍．马铃薯脱毒苗组培快繁技术[J]．中国种业,2015,(4):81-83.

[4] 袁继平,胡成来,陈雪燕．惠州市冬种马铃薯种薯繁育技术[C]//马铃薯产业与科技扶贫(2011):哈尔滨工程大学出版社(Harbin Engineering University Press),2011:421-422.

[5] 刘小凤．马铃薯组织培养脱毒和病毒检测研究[D]．西北农林科技大学,2005

[6] 梁东超,梁俊梅,云庭．马铃薯组织培养污染化学防控研究进展[J]．安徽农业科学,2018.

[7] 马吉义．暗紫贝母组织培养和快速繁殖的研究[D]．青海师范大学,2011

[8] 符国芳,李青．植物组织培养脱毒方法综述[J]．福建林业科技,2007,(3):255-258.

[9] 丛靖宇,董婷婷,刘国军,等．甜高粱组织再生研究[J]．作物杂志,2011,(3):24-28.

[10] 张秋萍,黄醒师,贡剑,等．马铃薯组培苗内生菌治理方法研究[J]．上海农业科技,2020,(4):95-96.

[11] 胡文斌,张少飞,孙娜．陇南红提葡萄茎段组织培养研究[J]．陕西林业科技,2018,46(01):

[12] 冯文华,代红军．"赤霞珠"葡萄组培快繁体系研究[J]．北方园艺,2016(13):104-106.

[13] 徐美隆,刘静,王巧珍等．酿酒葡萄"赤霞珠"组织培养快繁技术优化[J]．北方园艺,2016(22):117-120.

[14] 苏玲,宫磊,尹向田等．贵妃玫瑰葡萄组培技术探究[J]．安徽农业科学,2020,48(08):51-53+65.

[15] 王颖．不同碳源对'黑比诺'葡萄试管苗驯化移栽的影响[D]．甘肃农业大学,2019.

[16] 张雁丽,周子发,王洁琼,彭绍峰．非洲菊试管苗移栽[J]．中国花卉园艺,2012,16:20.09:32-34.

[17] 曹芳凤,王冠,张宵娟,连芳青．牛耳秋海棠试管苗的壮苗与移栽技术研究[J]．黑龙江农业科学,2015,

[18] 李蒙,王平,刘松虎,等．砻糠灰复合基质在番茄穴盘育苗中的应用[J]．北方园艺,2021(24):57-63.

[19] 蔺玉红,马嘉伟,张雪艳．蚯蚓粪、草炭与生物炭混合对基质理化性质和细菌群落组成、代谢的影响[J]．中国农业大学学报,2022,27(7):84-94.

[20] 黄建全,李博,郭艳芳．蚯蚓粪对'紫甜'葡萄扦插苗生长及根系的影响[J]．中国农学通报,2020,36(27):61-65